U0311416

建设工程监理（下）

建设工程质量监理

韩明　邓祥发　主编

内容提要

本书主要讲述建设工程监理相关的质量和安全监理知识，包括：工程材料质量监理、房屋建筑工程质量监理、公路、桥梁工程质量监理、港口与航道工程质量监理、市政工程质量监理、信息系统工程质量监理，并附有与建设监理有关的法律、法规等文件，内容丰富、翔实。

本书是土木工程类专业本专科学生教材，也可作为建设监理业工程技术人员的参考用书。

图书在版编目（CIP）数据

建设工程监理．下，建设工程质量监理/韩明，邓祥发主编．—天津：天津大学出版社，2004.9（2018．5 重印）

ISBN 978－7－5618－2034－6

Ⅰ．建… Ⅱ．①韩…②邓… Ⅲ．建筑工程－监督管理 Ⅳ．TU712

中国版本图书馆 CIP 数据核字（2004）第 094839 号

出版发行 天津大学出版社
地　　址 天津市卫津路 92 号天津大学内（邮编：300072）
电　　话 发行部：022—27403647
印　　刷 昌黎县佳印印刷有限责任公司
经　　销 全国各地新华书店
开　　本 185mm×260mm
印　　张 15
字　　数 374 千
版　　次 2004 年 9 月第 1 版
印　　次 2018 年 5 月第11次
定　　价 27.00 元

《建设工程监理》（下册）

《建设工程质量监理》

编写人员

主　　编	天津大学建筑工程学院	韩　明
	北京中联环建设监理有限责任公司	邓祥发
副 主 编	王卫星　苏　乾	
编写人员	第一章　苏　乾　孙向辉　曹　跃	
	第二章　邓祥发　刘尔亮　邓　奎	
	第三章　韩　明　宋步山　牟奇正	
	第四章　韩　明　成立芹　王爱民	
	第五章　徐玉华　王卫星　孟玲珩	
	第六章　卫　红　史慧芳　杨　蓉	
	附　录　邓祥发　成立芹　王宝洲	

前　言

伴随着我国加入 WTO 的进展，中国在各个领域都面临着与世界同步前进的挑战。尤其是作为国家发展的基础产业——土木工程行业更是先行一步，土木工程项目建设和开发速度在不断加快，建设监理队伍对人才的需求日趋紧张。目前我国建设监理人才的培养远远不能满足社会需求，为此，土木工程类专业开设《建设工程监理》课程是十分必要的。本书即是为此课程编写的教材。

该教材是在天津大学出版社出版的由韩明主编的《土木工程建设监理》一书的基础上，由天津大学建筑工程学院和北京中联环建设监理有限责任公司联合进行修订、改编，进一步丰富和完善了原教材的内容。该教材分成上、下册编写，上册为《建设工程监理基础》，主要讲述建设工程监理的基础知识，包括：建设工程监理基本概念、合同管理、投资控制、进度控制、质量控制、安全生产管理、组织协调、信息文档管理等八个方面的知识。下册为《建设工程质量监理》，主要讲述建设工程实施阶段的质量和安全管理知识，包括：工程材料质量控制，房屋建筑工程质量监理，公路、桥梁工程质量监理，港口与航道工程质量监理，市政工程质量监理，信息系统工程质量监理，并附有与建设监理有关的法律、法规等文件。

该教材力求使学生在懂设计、会施工的基础上，进一步加强法律、合同、质量、安全意识，强化工程建设管理和监督的技能，提高工程质量、投资、进度的主动控制意识，学会工程建设过程的动态管理方法，加强在可行性研究及决策阶段、设计阶段、招投标阶段、施工阶段、保修阶段的管理手段和组织协调能力，从而能够运用所学知识解决工程实际问题。

该书根据建设监理行业的需要和教学要求编写。内容更加结合实际，通俗易懂，可作为土木工程专业类本专科学生用书，也可以作为从事工程建设监理业的工程技术人员的参考资料。

本书编写过程中得到顾晓鲁、赵奎生、刘津明等专家的指导、关心和大力支持，在此谨向他们致以衷心的感谢。

由于编写、组织水平有限，有不妥之处，敬请批评指正。

前言

目　录

第一章　建设工程材料的质量监理

任何一项工程项目的质量都和它所用的材料密切相关。材料的质量如何，决定着工程项目的质量和使用寿命。道路、桥梁、码头、房屋、大坝等工程项目不仅承受着各种较大的荷载，而且常年经受着自然条件的影响（如空气、冷冻、日晒、雨淋等），如果工程材料质量不能保证，则工程项目就难以承受各种荷载的影响，更不可能达到工程项目的目标要求（如承载力要求、抗侵蚀要求、保温隔热要求、防水要求、装饰要求等等）。因此，对于工程材料的质量应予以充分的重视。

第一节　概　　论

一、工程材料质量监理的任务

（一）控制材料供应的源头

所有的工程材料都由材料供应商提供，其材料的来源是保证材料质量的第一个关键因素，进入施工现场的材料必须检查是否正规厂家出品，是否有质量保证书，外观是否符合质量要求，对三无产品应一律拒绝使用。当地材料的来源可以在设计施工图中标明，这种材料的质量一般是可以接受的。为了使材料达到规范要求，承包单位应负责确定材料所需的加工工序、加工设备的种类和数量，因为仅以样品来确定整个进料的质量是不够的，还必须对进料过程中的变化情况予以考虑，监理工程师根据进料的型号、批次、数量进行检查，可以确定采用某一批材料，也可以拒绝某一批材料。对于选定的材料设备承包单位应加强管理，防止材料的污染、锈蚀、失效。如水泥不能露天堆放，钢筋不能被油渍污染、不能生锈等等。把握好材料使用前的各个环节是至关重要的，有了材料源头的质量，才能有后续工作的质量。

（二）加强对材料的质量监理

材料监理从工程开工至工程竣工贯穿于工程项目建设的全过程，在此期间所有进场的材料都在监理工程师的检查范围之内，监理工程师根据规范要求可以对材料进行检查，可以要求抽样试验和复试，对于不符合设计要求和规范标准的材料有权拒绝使用。

在工程中使用了未经批准的或未按规定进行测试的材料，后果由承包单位负责，一旦发现承包单位使用了不合格材料，监理工程师有权要求返工，应由承包单位自费拆除，对由此造成的一切损失由承包单位负责赔偿。承包单位在施工期间应设足够的取样员，在监理工程师或甲方见证员的监督下，随时按监理工程师的要求进行取样测试，并由见证员（或监理工程师）陪同取样员将所取样品打包加封，送往实验室测试，只有试验合格的材料才能在工程中使用。

（三）控制材料的试验工艺

材料测试工艺必须符合规范要求，测出的数据才能准确可靠。如果是工地实验室，承包单位应负责所有的工艺控制，应对试验仪器定期检测，对试验工艺定期检查，确保其操作符合规范；监理工程师对承包单位的实验室，应检查和核实设备是否有效，运转是否正常，有关试验设备、物品、人员是否能满足试验需要，对存在的不足之处，监理工程师有权要求承包单位进行整改，并发出书面整改通知书。如果是送样到国家指定的有资质的实验室去测试，监理工程师要确保取样环节的准确，操作要规范，样品要真实，对所送样品由取样员和见证员共同负责。

二、工程材料监理试验程序

（一）加强工程项目的质量控制

为了加强工程项目的质量控制，必须明确承包单位、现场监理工程师及试验工程师在试验检测方面的职责，相互配合，保证工程顺利进行。

1. 试验室的主要职责

（1）完成合同条款规定的对所送样品的试验任务，如混凝土立方体的抗压强度试验，钢筋的抗拉强度试验，材料元素含量试验等。

（2）试验操作要符合试验规范的要求，对试验结果的准确性和可靠性负责。

（3）对所送材料质量有疑问的或无抽样人、见证人签字的样品一律拒收。

（4）按时出具试验结果并加盖专用章，发现质量问题应明确提出重新复试。

2. 抽样人员的职责

（1）抽样人员必须按技术标准、规范规定进行抽样。

（2）抽样前必须通知见证人，抽样时必须有见证人在现场进行见证。

（3）抽样人员必须和见证人一起将试样送至检测单位，有专用送样工具的应进行封样。

（4）抽样人员必须在抽样单上签字，并出示“抽样人员证书”。

（5）抽样人员对试样的代表性和真实性负有法律责任。

3. 见证人员的职责

（1）见证人员必须按技术标准、规范规定在现场进行见证。

（2）见证人员必须对试样进行监护。

（3）见证人员必须和抽样人一起将试样送达检测单位，有专用送样工具的见证人必须与抽样人共同封样。

（4）见证人必须在检测抽样单上签字，并出示“见证人员证书”。

（5）见证人员对试样的代表性和真实性负有法律责任。

4. 监理工程师的主要职责

（1）由承包单位发出指令，责成其及时进行各项试验。

（2）安排好见证员与抽样人共同对试验进行的项目取样，以保证样品的代表性和真实性。

（3）随时检查现场材料，发现问题及时责令承包单位进行试验。

（4）对承包单位自己的实验室进行监督，确保每一环节符合技术规范要求。

（5）对“成品”或“半成品”的质量进行监督，确保工程质量达到技术规范所要求的标准。

（二）试验监理程序（图 1-1）

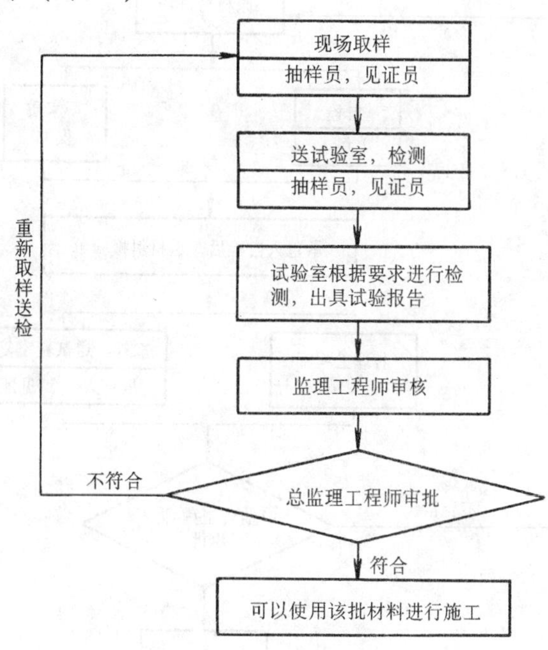

图 1-1　材料抽样检测程序

第二节　基本原材料质量监理

基本原材料包括：水泥、砂、石、石灰、土、粉煤灰以及混合料等，对基本原材料的质量把关是至关重要的，只有原材料合格，才能有工程项目合格的基础。

一、基本原材料监理工作程序（图 1-2）

二、基本原材料质量控制标准及检验

（一）硅酸盐水泥、普通硅酸盐水泥（GB175—1999）

（1）检验项目：①不溶物；②烧失量；③氧化镁；④三氧化硫；⑤细度；⑥凝结时间；⑦安定性；⑧强度等级；⑨碱含量。

（2）检验规则：水泥出厂前按同品种、同强度等级编号和取样。袋装水泥和散装水泥应分别进行编号和取样。每一编号为一取样单位。水泥出厂编号按水泥厂年生产能力规定。

（3）取样数量：取样应有代表性，可连续取，亦可从 20 个以上不同部位取等量样品，总量至少 12 kg。

（4）取样方法：①散装水泥，随机从不少于 3 个车罐中各取等量水泥，混拌均匀后，从中称取 12 kg；②袋装水泥，随机从不少于 20 袋中各取等量水泥，混拌均匀后，从中称取 12 kg。

（5）废品：凡氧化镁、三氧化硫、初凝时间、安定性中任一项不符合本标准规定时，均为废品。

（6）不合格品：凡细度、终凝时间、不溶物和烧失量中的任一项不符合标准规定或混合材料掺加量超过最大限量和强度低于商品强度等级的指标时为不合格品。水泥包装标志中水

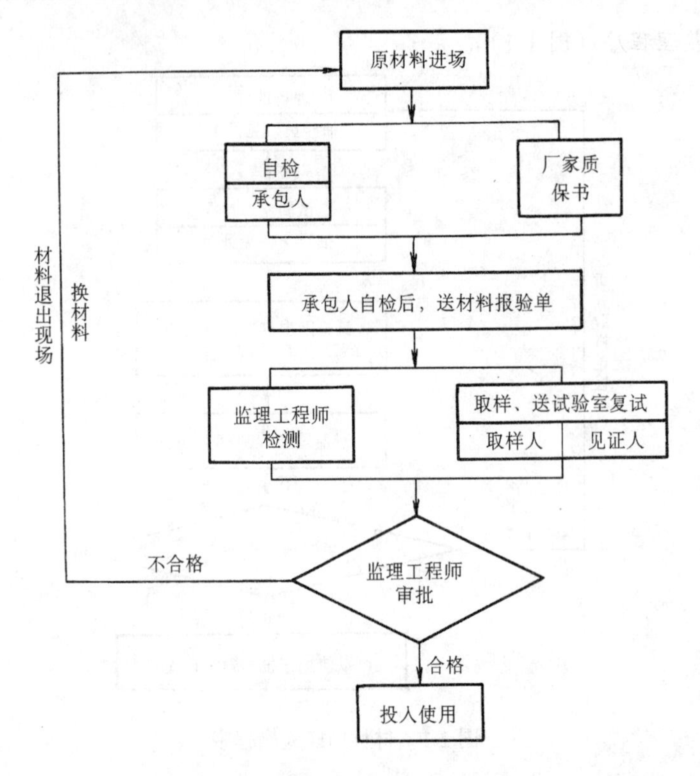

图 1-2 原材料质量监理工作程序

泥品种、强度等级、生产者名称和出厂编号不全的也属于不合格品。

(7) 标志：水泥袋上应清楚标明产品名称，代号，净含量，强度等级，生产许可证编号，生产者名称和地址，出厂编号，执行标准号，包装年、月、日。掺火山灰质混合材料的普通水泥还应标上“掺火山灰”字样。包装袋两侧应印有水泥名称和强度等级，硅酸盐水泥和普通水泥的印刷采用红色。

(二) *矿渣硅酸盐水泥、火山灰质硅酸盐水泥及粉煤灰硅酸盐水泥*（GB1344—1999）

(1) 检查项目：①氧化镁；②三氧化硫；③细度；④凝结时间；⑤安定性；⑥强度等级；⑦碱含量。

(2) 检验规则：水泥出厂前按同品种、同强度等级编号和取样。袋装水泥和散装水泥应分别进行编号和取样。每一编号为一取样单位。水泥出厂编号按水泥厂年生产能力规定。

(3) 取样数量：取样应有代表性，可连续取，亦可从 20 个以上不同部位取等量样品，总量至少 12kg。

(4) 取样方法：①散装水泥，随机从不少于 3 个车罐中各取等量水泥，混拌均匀后，从中称取 12 kg；②袋装水泥，随机从不少于 20 袋中各取等量水泥，混拌均匀后，从中称取 12 kg。

(5) 废品：凡氧化镁、三氧化硫、初凝时间、安定性中任一项不符合标准规定时，均为废品。

(6) 不合格品：凡细度、终凝时间中的任一项不符合标准规定或混合材料掺加量超过最大限量和强度低于商品强度等级的指标时为不合格品。水泥包装标志中水泥品种、强度等级、生产者名称和出厂编号不全的也属于不合格品。

（7）标志：水泥袋上应清楚标明产品名称，代号，净含量，强度等级，生产许可证编号，生产者名称和地址，出厂编号，执行标准号，包装年、月、日。掺火山灰质混合材料的矿渣水泥还应标上“掺火山灰”字样。包装袋两侧应印有水泥名称和强度等级，矿渣水泥的印刷采用绿色；火山灰和粉煤灰水泥采用黑色。

散装运输时应提交与袋装标志相同内容的卡片。

（三）快硬硫铝酸盐水泥、快硬铁铝酸盐水泥（JC933—2003）

（1）检查项目：①比表面积；②凝结时间；③强度等级。

（2）检验规则：水泥出厂前按同等级编号和取样。每一编号为一取样单位，取样方法按GB12573进行。日产量超过120t时，以不超过120t为一编号，不足120t时，应以不超过日产量为一编号。

（3）取样数量：取样应有代表性，可连续取，亦可从20个以上不同部位取等量样品，总量至少12kg。

（4）取样方法：①散装水泥，随机从不少于3个车罐中各取等量水泥，混拌均匀后，从中称取12 kg；②袋装水泥，随机从不少于20袋中各取等量水泥，混拌均匀后，从中称取12 kg。

（5）不合格品：凡比表面积、凝结时间（除用户要求变动外）中的任一项不符合标准规定或强度低于商品强度等级的指标时为不合格品。水泥包装标志中水泥品种、强度等级、生产者名称和出厂编号不全的也属于不合格品。

（6）标志：包装袋上应清楚标明产品名称、代号、净含量、强度等级、生产许可证编号、生产者名称和地址、出厂编号、执行标准号、包装年、月、日及严防受潮等字样。包装袋两侧应清楚标明水泥名称和强度等级，并用黑色印刷。

（四）砂

1. 采用标准

《普通混凝土用砂质量标准及检验方法》（JGJ52—92）。

2. 组批规则

按同一产地、同规格、同一进场时间分批验收，以400 m^3 或600 t为一验收批，不足400 m^3 或600 t以一批论。

3. 抽样数量

取22 kg。

4. 抽样方法

（1）在料堆取样，应均匀从不同部位铲除表层后，抽取大致相等的8份，组成一组试样。

（2）从皮带运输机上取样，应在皮带运输机的出料处用接料器定时抽取4组组成一组试样。

5. 检验项目

（1）河砂。①筛分析（累计筛分百分率，细度模数）；②堆集厚度；③含泥量；④泥块含量。

（2）海砂。①筛分析（累计筛分百分率、细度模数）；②含泥量；③泥块含量；④堆集密度；⑤氯离子含量。

6. 判定结果

（1）颗粒级配。根据标准，将砂分为粗砂（直径大于 5 mm 颗粒含量占全重的 50%以上）；中砂（颗粒直径在 5 mm～0.63 mm 之间的含量占全重的 50%以上）；细砂（颗粒直径小于 0.63 mm 的含量占全重的 50%以上）。

（2）含泥量、泥块含量、氯离子含量应符合标准。

（3）筛分析、含泥量、泥块含量均采用两个试样平行检验，两次结果值超过标准规定时，应重新取样。

（五）*碎石、卵石*

1. 采用标准

《普通混凝土用碎石或卵石质量标准及检验方法》（JGJ53—92）；

《公路路面基层施工技术规范》（TJJ034—2000）。

2. 组批规则

每验收批取样，当最大粒径不大于 20 mm 时，取样 40 kg，当最大粒径为 31.5～40 mm 时取样 80 kg。

3. 检验项目

（1）筛分析（颗粒级配）、含泥量、泥块含量、针片状颗粒总含量检验。

（2）用于配制 C50 混凝土时应进行压碎值检验。

（3）道路交通基层垫石应做压碎值检验。

重交通道路，压碎值＜26%；

中交通道路，压碎值＜30%；

轻交通道路，压碎值＜35%。

（六）*粉煤灰*

1. 采用标准

《用于水泥和混凝土中的粉煤灰》（GB1596—91）；

《粉煤灰在混凝土和砂浆中应用技术规程》（JGJ28—86）；

《粉煤灰混凝土应用技术规程》（GBJ146—90）。

2. 组批规则

以连续供应 200 t 同厂制、同等级的粉煤灰为一批，不足 200 t 者按一批论。

3. 抽样数量

每批取样不少于 2 kg。

4. 检验项目

（1）细度。

（2）需水量比。

（3）烧失量。

（4）SiO_2、Al_2O_3 含量。

（5）SO_3 含量。

（6）含水率。

5. 结果判定

(1) 检验项目中任何一项不符合标准要求的，应重新加倍取样，复验。

(2) 复验不合格的需降级处理。

(3) 凡低于技术标准最低要求的为不合格产品。

(七) 水

1. 采用标准

《混凝土拌合用水标准》(JGJ63—89)。

2. 抽样数量

分析水质用水不得少于 5 L。

3. 抽样方法

(1) 采集水样具有代表性，采集时应防止人为污染。

(2) 采集水样用容器应彻底清洗，水样采集后应加盖密封。

(3) 采集水样应注意季节、气候、雨量的影响，并在采集水样记录中注明。

(4) 采集水样应标明取样地点、水的类型、取样日期、水的外观等。

4. 检验项目

(1) pH 值。

(2) 不溶物含量。

(3) 可溶物、氯化物、硫化物、硫酸盐含量。

5. 判定结果

含量符合标准规定，即可用于混凝土拌制。

第三节 钢材的质量控制及检测

一、钢材监理的主要内容

钢材是土木工程中应用最广泛的一种金属材料，土木工程用钢材主要有：型钢、钢板、钢筋、钢丝等，其力学性能主要有抗拉、冷弯、冲击韧性、硬度、耐疲劳等。

钢材监理的内容主要有：

(1) 钢材进场外观检查（资料审核、出厂合格证、质量证明书）；

(2) 钢材取样试验（取样、送检、复试）；

(3) 钢材加工检验（形状、规格、尺寸、数量、绑扎、焊接等）；

(4) 钢材施工质量的认可。

二、钢材进场的检验程序（图 1-3）

钢材进场投入使用阶段，监理工程师仍需对所用钢材进行监督与管理，所用之材是否经过检验的同一批钢材，如在使用过程中发现有可疑现象，仍需抽样检测，对不合格的材料严禁使用，把好材料进场关。

三、钢材进场的质量控制

(一) 热轧圆钢盘条

1. 采用标准

《低碳钢热轧圆盘条》(GB701—1997)；

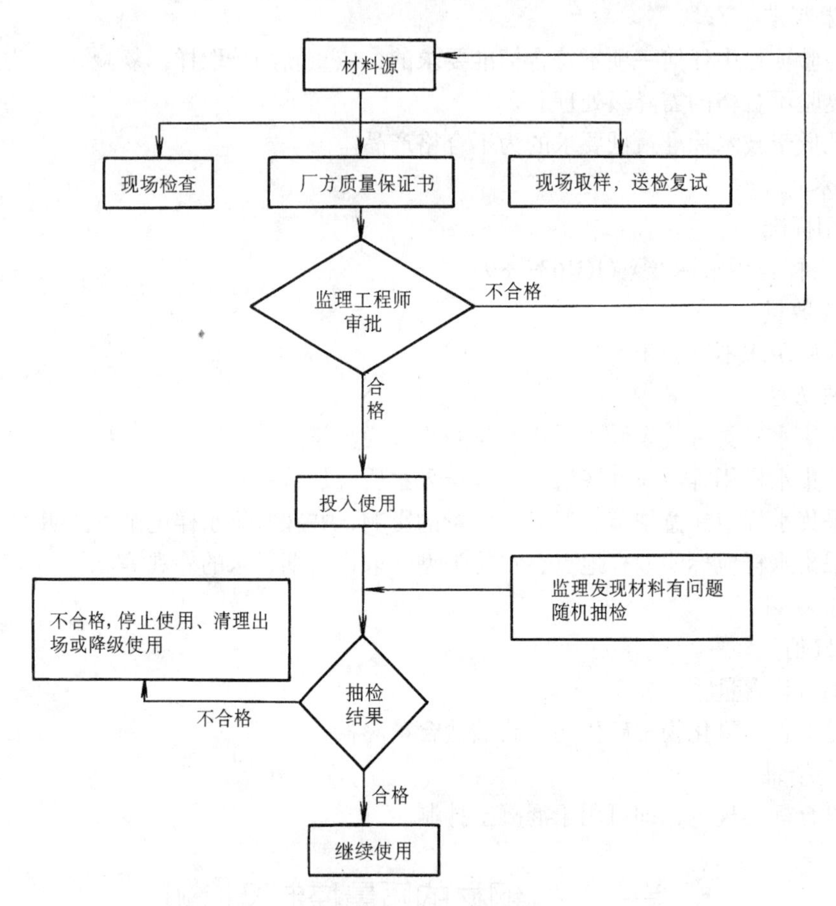

图 1-3 钢材质量监理程序

《金属材料室温拉伸试验方法》（GB/T 228—2002）；

《金属弯曲试验方法》（GB232—1999）；

《钢的化学分析用试样取样法及成品化学成分允许偏差》（GB222—84）。

2. 组批规则

每批盘条重量不大于 60 t，每批应由同一牌号、同一炉罐号、同规格、同一交货状态的钢筋组成。

3. 抽样数量

每批盘条取拉伸试件 1 根，弯曲试件 2 根，化学分析试件 1 根，4 根为一组。

4. 抽样方法

第一盘钢筋从端头截去 500 mm 后取拉伸试件 1 根，弯曲试件 1 根；第二盘钢筋从端头截去 500 mm 后取弯曲试件 1 根，化学试件 1 根，试件长度符合规定要求。

5. 检测项目

（1）拉力试验。冷拉用：①抗拉强度；②伸长率。建筑用：①屈服点；②抗拉强度；③伸长率。

（2）弯曲试验。①弯心直径；②弯曲角度。

(3) 化学成分试验。碳 (C)、硫 (S)、锰 (Mn)、硅 (Si)、磷 (P) 含量。

6. 判定结果

(1) 试验结果有不符合标准要求项，则从同一批中任取双倍数量的试样进行不合格项目的复试。

(2) 复试结果仍有指标不合格，则该批材料为不合格。

(二) 钢筋混凝土用热轧光圆钢筋

1. 采用标准

《钢筋混凝土用热轧光圆钢筋》(GB13013—91)；

《钢的化学分析用试样取样法及化学成分允许偏差》(GB222—1984)；

《钢铁及合金化学分析方法》(GB223—1997)；

《金属拉伸实验方法》(GB228—1987)；

《金属弯曲实验方法》(GB232—1999)。

2. 组批规则

钢筋应按批进行检查验收，每批重量不大于 60 t。

每批应由同一牌号、同一炉罐号、同一规格、同一交货状态的钢筋组成。

公称容量不大于 30 t 的冶炼炉冶炼的钢坯和连铸坯轧成的钢筋，允许由同一牌号、同一冶炼方法、同一浇注方法的不同炉罐号组成混合批，但每批不应多于 6 个炉罐号。各炉罐号含碳量之差不得大于 0.02%，含锰量之差不得大于 0.15%。

3. 抽样数量

每批拉伸试件 2 根，弯曲试件 2 根，化学分析试件 1 根。

4. 抽样方法

任取 2 根钢筋，从第一根的一端头截去 500 mm 后取拉伸试件 1 根，弯曲试件 1 根，从另一端截去 500 mm 后取拉伸试件 1 根，弯曲试件 1 根；从另一根钢筋中抽取化学试件 1 根。

5. 检测项目，判定结果

同热轧圆盘钢条。

(三) 钢筋混凝土用热轧带肋钢筋

1. 采用标准

《钢筋混凝土用热轧带肋钢筋》(GB1499—1998)；

《钢化学分析用试样取样法及化学成分允许偏差》(GB222—1984)；

《金属拉伸实验方法》(GB228—1987)；

《金属弯曲实验方法》(GB232—1999)。

2. 组批规则

钢筋应按批进行检查和验收，每批重量不大于 60 t。

每批应由同一牌号、同一炉罐号、同一规格的钢筋组成。

允许由同一牌号、同一冶炼方法、同一浇注方法的不同炉罐号组成混合批，但各炉罐号含碳量之差不大于 0.02%，含锰量之差不大于 0.15%。

3．抽样数量

每批取样拉伸试件2根，弯曲试件2根，反向弯曲试件1根，化学分析试件1根。

4．抽样方法

任取2根钢筋，从第一根一端头截去500 mm后取拉伸试件1根，弯曲试件1根，从另一端截去500 mm后取拉伸试件1根，弯曲试件1根；从另一根钢筋中抽取化学试件1根。

5．检测项目，判定结果

同热轧圆盘钢条。

（四）冷拉钢筋

1．采用标准

《混凝土结构工程施工验收规范》（GB50204—2002）；

《金属材料室温拉伸试验方法》（GB/T 228—2002）；

《金属弯曲试验方法》（GB232—1999）。

2．组批规则

每批由重量不大于20 t的同级别、同直径的冷拉钢筋组成。

3．抽样数量

每批取样拉伸试件1根，弯曲试件2根。

4．抽样方法

每批冷拉钢筋中任取2根，每根从端头截去500 mm后，依次切取拉力试件1根，弯曲试件1根。

5．检验项目

（1）拉力试验：屈服强度、抗拉强度、伸长率。

（2）弯曲试验：弯心直径、弯曲角度。

6．结果判定

当其中有结果不符合规范规定项时，应另取双倍数量的试样重新做各项试验，当重试时仍有试样不合格时，则该批冷拉钢筋为不合格品。

（五）冷轧带肋钢筋

1．采用标准

《冷轧带肋钢筋》（GB13788—2000）；

《钢的化学分析用试样取样法及成品化学成分允许偏差》（GB222—84）。

2．组批规则

每批取不大于50 t的同一牌号、同一规格、同一级别的钢筋组成。

3．抽样数量

每批取弯曲试件2根，化学分析试件1根，拉力试件1根。

4．抽样方法

任取一盘钢筋从端头截去500 mm后，切拉伸试件1根；从切取拉力试件后的钢筋中任取两小盘，在一盘上切取1根弯曲试件，1根化学试件，在另一盘上切取1根弯曲试件。

5．检测项目

（1）拉力试验：屈服强度、抗拉强度、伸长率。

(2) 弯曲试验：弯心直径、弯曲角度。

(3) 化学成分：碳（C）、硫（S）、锰（Mn）、硅（Si）、磷（P）含量。

6. 结果判定

(1) 拉力试验有不合格项，则该盘不得使用。

(2) 弯曲试验如有不合格项，则该盘不得使用；并从未经取样的钢筋中取双倍试件进行不合格项目的复试，复试结果仍有试样不合格，则该批不合格。

(3) 化学成分如有不符合标准要求项，从同一批未经检验的钢筋中取双倍数量的试件复试，复试结果仍有试件不合格，则该批不合格。

(六) 冷拔低碳钢丝

1. 采用标准

《混凝土结构工程施工验收规范》(GB50204—2002)；

《金属材料线材反复弯曲试验方法》(GB/T238—2002)。

2. 组批规则

(1) 甲级钢丝逐盘检验。

(2) 乙级钢丝以同一直径每 5 t 为一批。

3. 抽样数量

(1) 甲级钢丝每盘切取拉伸试件 1 个，反复弯曲试件 1 个。

(2) 乙级钢丝每批切取拉伸试件 3 个，反复弯曲试件 3 个。

4. 抽样方法

(1) 甲级钢丝从每盘钢丝上的任一端截去不少于 500 mm 后，再切取拉伸试件 1 个，反复弯曲试件 1 个。

(2) 乙级钢丝，从每批钢丝中任取 3 盘，从每盘钢丝的任一端截去不少于 500 mm 后，再切取拉伸试件 1 个，反复弯曲试件 1 个。

5. 检验项目

(1) 抗拉试验：测抗拉强度（σ_b）、伸长率（δ_{100}）。

(2) 反复弯曲试验：测弯曲角度、弯曲次数。

6. 判定结果

(1) 甲级钢丝力学性能符合规范规定判其合格，按抗拉强度确定该盘钢筋的组别。

(2) 乙级钢丝力学性能符合规范规定判其合格。如果有试样不合格，则该盘报废，并应在未取过试样的钢丝盘中，另取双倍数量试样，再做试验，凡有不合格的试样，该批不能使用。

(七) 钢绞线

1. 采用标准

《预应力混凝土用钢绞线》(GB/T5224—2003)；

《线材拉力试验法》(YB39—64)。

2. 组批规则

预应力钢绞线应成批验收。每批由同一钢号、同一规格、同一生产工艺制造的钢绞线组成，每批重量不大于 60 t。

3. 抽样数量

每批取拉伸试件 3 根，如每批少于 3 盘，则逐盘检验。

4. 抽样方法

在每批钢绞线中选取 3 盘，从每盘所选的钢绞线端部正常部位截取 1 根试样，试样长度不少于 800 mm。

5. 检验项目

(1) 拉力试验。

(2) 测破坏负荷、伸长率。

6. 结果判定

(1) 钢绞线力学性能符合标准规定为合格。

(2) 如有不合格项则该盘报废，再从未试验过的钢绞线中取双倍数量的试件复验，如仍有不合格项，则该批判为不合格。

(八) 碳素钢结构

1. 采用标准

《碳素钢结构》(GB700—88)；

《钢及钢产品力学性能试验取样位置及试样制备》(GB/T2975—1998)；

《金属材料室温拉伸试验方法》(GB/T 228—2002)；

《金属弯曲试验方法》(GB232—1999)；

《钢的化学分析用试样取样法及成品化学成分允许偏差》(GB222—84)。

2. 组批规则

钢材应成批验收，每批由同一牌号、同一炉罐号、同一等级、同一尺寸、同一交货状态组成，每批重量不得大于 60 t。

3. 抽样数量

每批钢材取拉伸试件 1 个，化学分析试件 1 个，根据生产需要，切取冷弯试件 1 个。

4. 抽样方法见表 1-1。

表 1-1 抽样方法

	说 明	图 示
取样坯要求	1. 应在外观尺寸合格的钢材上切取 2. 应防止因受热、加工硬化及变形而影响其力学性能及工艺性能 3. 用烧割法切取时，从切割线至样坯边缘必须留有足够的加工余量，一般应不小于钢材的厚度或直径，最小不少于 20 mm 4. 冷剪样坯所留加工余量根据样坯直径或厚度选取	
	1. 截面尺寸≤60 mm 的圆钢、方钢、六角钢，应在中心切取拉力试件	D<60mm D<60mm D<60mm

（续）

	说　明	图　示
样坯切取位置	2. 截面尺寸＞60 mm 的圆钢、方钢、六角钢，在直径或对角线距外端 1/4 处切取	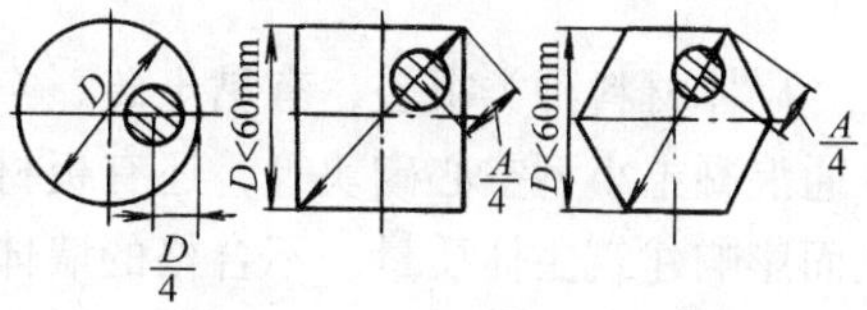
	3. 样坯不需要热处理时，截面尺寸≤40 mm 的圆钢、方钢、六角钢，使用全截面拉力试验	
	4. 从圆角、方钢、六角钢端部沿轧制方向切取弯曲样坯，截面尺寸≤35 mm 时，应以全截面进行试验	
	5. 截面尺寸＞35 mm 的圆钢、六角钢，切取弯曲试件，应加工成 $D=25$ mm 的试件，方钢应加工成厚为 20 mm 的试件	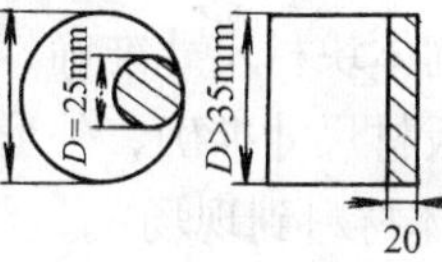
	6. 工字钢、槽钢应从高 1/4 处沿轧制方向切取拉力、弯曲试件	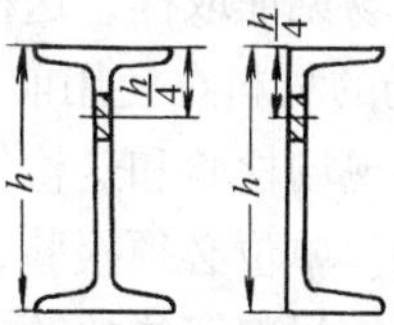
	7. 角钢、异型钢材从腰高的 1/3 处切取拉力、弯曲试件	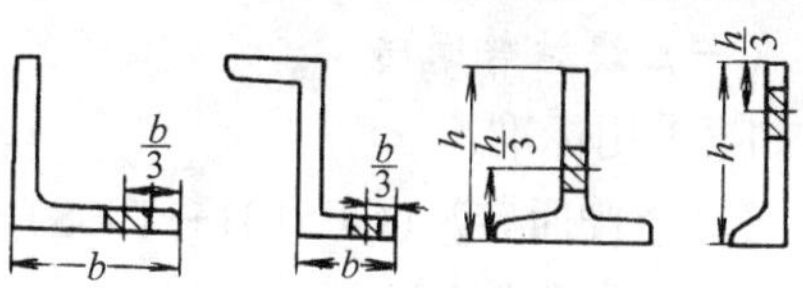
	8. 扁钢应从端部沿轧制方向在距边缘宽度 1/3 处切取拉力、弯曲试件	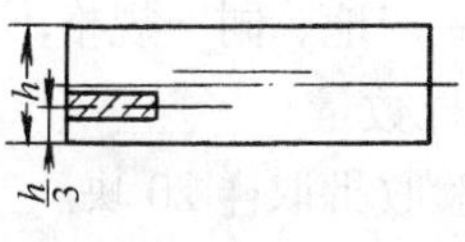
	9. 钢板应在钢板端部垂直于轧制方向在板宽的 1/4 处切取拉力、弯曲试件	

5. 检验项目

(1) 抗拉试验：屈服点（σ_s）、抗拉强度（σ_b）、伸长率（δ_5）。

(2) 化学分析试验：碳（C）、硫（S）、锰（Mn）、硅（Si）、磷（P）含量。

(3) 根据生产需要做冷弯或反复弯曲试验，包括：弯心直径、弯曲角度。

6. 结果判定

(1) 钢材试验结果符合标准的为合格。

(2) 其中有试验结果不符合标准要求项，则从同一批中任取双倍数量的试件进行该项目的复试，若复试该项目有任一指标不合格，则该批钢材不合格。

第四节 砌体材料质量控制及检测

砌体材料种类很多，有黏土砖、空心砖、加气混凝土砌块、轻型混凝土小型空心砌块、普通混凝土小型空心砌块等，还有板材等墙体材料。墙体材料的质量直接影响墙体的质量，从而影响建筑主体质量。不合格的墙体材料可引起墙体开裂，严重的会倒塌，对人民的生命财产和安全生产会造成严重损失。

一、墙体材料的质量控制内容

1．墙体材料进场要求

必须有出厂质量保证书、试验报告，必须有建材行业管理部门出具的准运证。

2．墙体材料进场外形检验

(1) 砌体块材尺寸准确，没有变形，烧结均匀。

(2) 板材尺寸准确，外形规整、无开裂、无变形。

3．墙体材料到现场

必须现场见证取样，送检复试。

4．进场的材料在使用前

(1) 经现场检验和送检复试报告确认合格后，方可投入使用；

(2) 承包单位必须报验，经监理工程师签认后，方可施工。

二、墙体材料取样检验

(一) 烧结普通砖

1．采用标准

《烧结普通砖》(GB5101—1998)。

2．组批规则

以同一产地、同一规格不超过15万块为一验收批。

3．抽样数量

每一验收批取样20块。

4．抽样方法

每一验收批随机抽样，从外观质量和尺寸偏差检验合格的样品中抽取2组，每组10块，其中一组送检，一组备用。

5．检验项目

(1) 尺寸偏差。

(2) 外观质量。

(3) 抗压强度。

6．结果判定

(1) 检验结果符合标准规定要求，判定为强度等级合格，否则判定为不合格。

(2) 检验不合格，应退出施工现场，或作降级处理。

(二) 烧结空心砖和空心砌块

1．采用标准

《烧结空心砖和空心砌块》(GB13545—2003)。

2. 组批规则

以同一产地、同一规格不超过 3 万块为一验收批。

3. 抽样数量

每一验收批取样 15 块。

4. 抽样方法

每一验收批从尺寸偏差和外观质量检验合格的样品中随机抽样 15 块，其中 10 块送检，5 块备用。

5. 检查项目

（1）尺寸偏差。

（2）外观质量。

（3）大面抗压强度。

（4）小面抗压强度。

6. 结果判定

同烧结普通砖。

（三）轻集料混凝土小型空心砌块

1. 采用标准

《轻集料混凝土小型空心砌块》（GB/T15229—2002）；

《混凝土小型空心砌块试验方法》（GB/T 4111—1997）。

2. 组批规则

以同一原材料制成的同标号混凝土，用同一生产工艺制成的相同等级的砌块每 1 万块为一验收批，不足 1 万块按一批计算。

3. 抽样数量

每一验收批取 5 块。

4. 抽样方法

每一验收批从尺寸偏差和外观质量合格的砌块中随机抽样 5 块。

5. 检验项目

（1）尺寸偏差。

（2）外观质量。

（3）表观密度。

（4）抗压强度。

6. 结果判定

（1）检验结果符合标准规定判为强度等级合格，否则为不合格。

（2）检验结果有指标不合格项可进行复验，复验结果符合规定要求判为合格，否则为不合格。

（四）普通混凝土小型空心砌块

1. 采用标准

《普通混凝土小型空心砌块》（GB8239—1997）；

《混凝土小型空心砌块试验方法》（GB/T 4111—1997）。

2. 组批规则

以同一种原材料制成的同一标号混凝土，用同一生产工艺制成的相同等级的砌块每 1 万块为一验收批，不足1万块按一批计算。

3. 抽样数量

每一验收批取样5块。

4. 抽样方法

同轻集料混凝土小型空心砌块。

5. 检验项目

(1) 尺寸偏差。

(2) 外观质量。

(3) 抗压强度。

6. 结果判定

(1) 检验结果符合标准规定判为强度等级合格，否则为强度等级不合格。

(2) 检验不合格应清出场外（退货）或降级处理。

(五) 烧结多孔砖

1. 采用标准

《烧结多孔砖》(GB13544—2000)。

2. 组批规则

每3.5～15万块为一批，不足3.5万块按一批计算。

3. 抽样数量

每一验收批取样20块。

4. 抽样方法

每一验收批随机抽样，从外观质量合格、尺寸合格的样品中抽取2组共20块，其中10块送检，10块备用。

5. 检验项目

(1) 尺寸偏差。

(2) 外观质量。

(3) 抗压强度。

6. 结果判定

(1) 强度性能合格，按尺寸偏差、外观质量等检验中的最低质量等级判定，其中任一项不合格则判该产品质量不合格。

(2) 检验结果符合标准规定要求，判为强度等级合格，否则判定为不合格。

第五节 保温材料

一、保温材料的基本性能和使用功能

保温材料一般均系轻质、疏松、多孔、纤维材料。按其成分可分为有机材料和无机材料两种，有机保温材料保温性能较好，但其持久性不如无机保温材料。

热导率是衡量保温材料性能优劣的主要指标。热导率越小，则通过材料传送的热量就越少，其绝热性能也越好。材料的热导率决定于材料的组分、内部结构、表观密度；也决定于传热时的环境温度和材料的含水量。

建筑工程上使用保温材料一般要求其热导率不大于0.15 W/（m·K），表观密度600 kg/m³以下，抗压强度不小于0.3 MPa。在建筑中合理地采用绝热材料，能提高建筑物的使用效能，更好地满足要求，保证正常的生产、工作和生活。在采暖、冷藏等建筑中采用必要的绝热材料，能减少热损失，节约能源，降低成本。据统计，绝热良好的建筑可节能25%～50%。因此，在建筑工程中，合理地使用保温材料具有重要意义。对保温材料的质量进行有效的监控，是监理工程师的重要职责。

二、常用的保温材料

1. 无机纤维状保温材料

（1）玻璃棉及其制品；

（2）矿棉及其制品。

2. 无机散粒状保温材料

（1）膨胀蛭石及其制品；

（2）膨胀珍珠岩及其制品。

3. 无机多孔类保温材料

（1）泡沫混凝土；

（2）加气混凝土；

（3）硅藻土；

（4）微孔硅酸钙；

（5）泡沫玻璃。

4. 有机保温材料

（1）泡沫塑料；

（2）植物纤维类绝热板；

（3）窗用绝热薄膜（又名新型防热片）。

三、保温材料的质量控制及检测

（一）膨胀珍珠岩绝热制品

1. 技术要求

制品表面结构均匀，无孔洞、分层、疏松及其他夹杂物。

膨胀珍珠岩绝热制品的技术性能规定见表1-2。

表1-2　膨胀珍珠岩绝热制品的技术性能表

项目 分类 / 等级	200		250		300		350	
	优等品	合格品	优等品	合格品	优等品	合格品	优等品	合格品
密度　不大于 kg/m³	200		250		300		350	
导热系数（25±5℃） W/（m·K） （kcal/（m·h·℃））	0.056 (0.048)	0.060 (0.052)	0.064 (0.055)	0.068 (0.058)	0.072 (0.062)	0.076 (0.065)	0.080 (0.069)	0.087 (0.075)

2. 检验规则

（1）检验方法：按GB5485、GB 5486、GB5486.2、GB 5486.3的规则检验。

（2）检验项目。

出厂检验：产品尺寸、外观质量、密度、抗压强度及含水率等项目。每批产品均应检验。

形式检验：产品的导热系数每半年至少要检验一次。

当原材料、配合比和生产工艺有变化时，必须检验上述的全部性能。

(3) 产品的复验。按 GB5485 判定产品是否合格。

产品不合格时应按 GB 5485 进行复验；用户在使用时发现产品质量不符合标准要求时，亦有权要求复验。但确因运输及保管所造成的质量问题与供方无关。

产品复验时应按规定进行。所得数据与第一次试验数据平均，其值仍不合格时，则该批产品为不合格品，剔除不合格品的产品应可重新验收。

(4) 标志：产品出厂必须附有商标及合格证，合格证应包括：生产厂名称及地址；产品名称、生产日期及编号；产品规格、等级、性能数据及测定时间。

(5) 包装：产品的包装应保证产品质量，形式由供需双方商定。

(6) 运输：产品装运时应轻拿轻放，防止损坏；产品装运时应有防雨和防潮措施。

(7) 贮存：不同种类、规格产品应分别堆放，堆场应设有明确的标记；产品堆场应有防雨、防潮设施。

(二) 隔热用聚苯乙烯泡沫塑料

1. 技术要求（见表 1-3）

表 1-3 长度、宽度、厚度及偏差要求（mm）

厚度	偏差	长度、宽度	偏差
＜50	±2	＜1 000	±5
50～75	±3	1 000～2 000	±8
＞75～100	±4	＞2 000～4 000	±10
＞100	买卖双方决定	＞4000	正偏差不限，－10

2. 检验规则

同一配方、同一种规格的产品数量不超过 2 000 m^3 为一批。

产品经生产厂检验部门检验合格并附有合格证方可出厂。

3. 检验分类

(1) 出厂检验项目：尺寸、外观、密度、压缩强度 、熔结性、氧指数。

(2) 型式检验项目：导热系数、尺寸变化率、水蒸气透湿系数、吸水率，在正常生产时每半年至少检验一次。

4. 判定规则

尺寸偏差及外观任取 20 块进行检验，其中 2 块以上不合格时，整批剔除不合格品后取双倍抽样检验，4 块以上不合格时，该批为不合格。

物理力学性能从该批产品中随机取样，任何一项不合格时应重新从原批中双倍取样，对不合格项目进行复验，复验结果取双倍试样的算术平均值，仍不合格时整批为不合格。

用户在到货 3 个月内可按 GB 10801 进行验收。

供需双方对产品质量发生异议时，按 GB 10801 进行仲裁检验，仲裁单位应会同有关单位重新在该批中取样，对有争议项目进行试验。

(三) 绝热用岩棉、矿渣棉及其制品

1. 技术要求

棉：棉的物理性能应符合 GB11835—89 规定。

板：制造板用的棉，应符合上述棉的规定。有防水要求时，其质量吸湿率不大于5%，憎水率不小于98%。

带：带的尺寸及极限偏差应符合GB11835—89的规定。其他尺寸可由供需双方商定。

2. 检验规则

以同一原料、同一生产工艺、同一品种、稳定连续生产的产品为一个检验批。一个检验批由一个或多个均匀的交付批组成。包括出厂检验和型式检验。

(1) 出厂检验。产品出厂时，必须进行出厂检验，其抽样方案、检查项目及判定规则，按GB88135—89标准的规定。

(2) 型式检验。有下列情况之一时，应进行型式检验：新产品试验定型鉴定；正式生产后，原材料、工艺有较大的改变，可能影响产品性能时；正常生产时，半年至少进行一次；出厂检验结果与上次型式检验有较大差异时；国家质量监督机构提出进行型式检验要求时。

型式检验的抽样方案、检查项目及判定规则，按GB88135—89标准的规定。

(3) 标志、包装、运输和贮存。

在包装箱上应标明：制造厂名称；产品名称；商标；产品质量等级；产品标记；净重或数量；加盖质量检验章；制造日期；“切勿挤压”、“勿雨淋”等字样。

包装：应使用防潮材料包装。在每一包装箱内应附有产品合格证和有关主要物理性能的说明。每个包装箱中应放入同一等级、同一规格的产品。特殊包装由供需双方商定。

(四) 硬质聚氨酯泡沫塑料

1. 采用标准

《建筑物隔热用硬质聚氨酯泡沫塑料》(GB10800—89)；

《塑料导热系数试验方法、护热平均法》(GB3399)；

《泡沫塑料和橡胶表面密度的确定》(GB6343)；

《泡沫塑料燃烧性能试验方法、水至燃烧法》(GB8332)；

《硬质泡沫塑料吸水率试验方法》(GB8810)；

《硬质泡沫塑料水蒸气透过量试验方法》(SB390)。

2. 技术性能（见表1-4）

表1-4　技术性能

项目 \ 分类 \ 等级	类型			
	Ⅰ		Ⅱ	
	A	B	A	B
密度，kg/m^3　不小于	30	30	30	30
压缩性能（屈服点时或变形10%时的压缩应力），kPa　不小于	100	100	150	150
导热系数，W/(m·K)　不小于	0.022	0.027	0.022	0.027
尺寸稳定性（70℃，48h），%　不小于	5	5	5	5
水蒸气透湿系数（23±2℃/0%至85%RH），ng/(m·s·Pa)　不小于	6.5		6.5	
吸水率 V/V，%　不小于	4		3	

（续）

等级 \ 项目 \ 分类				类型			
				Ⅰ		Ⅱ	
				A	B	A	B
燃烧性	1级	垂直燃烧法	平均燃烧时间，s 不小于	30		30	
			平均燃烧高度，mm 不小于	250		250	
	2级	水平燃烧法	平均燃烧时间，s 不小于	90		90	
			平均燃烧范围，mm 不小于	50		50	
	3级	非阻燃型		无要求		无要求	

注：①类型Ⅰ，适用于轻负载。如屋顶、地面下隔墙等；类型Ⅱ，适用于重负载。如冷库地板等。

②按导热系数值不同分为A、B两级；根据使用要求，燃烧性能分为三级。

3．检测规律

同一配方、同一工艺条件生产的产品每批不超过500 m^3。

4．检测项目

规格、尺寸、外观、导热系数、水蒸气透湿系数、吸水率、密度、压缩性能、燃烧性能。

5．结果确定

（1）尺寸公差和外观每批抽检20块，其中2块以上（包括2块）不合格时，应重新从原批中双倍取样复验，4块以上（包括4块）不合格则该批为不合格。

（2）技术性能。每批抽取2块进行检验，其中任何一项不合格时，应重新从原批中双倍取样对不合格项目复验，复验结果按双倍样的算术平均值计算，仍不合格时则整批为不合格。

第六节　装饰装修材料的质量控制及检测

一、装饰装修材料的分类

装饰装修材料是用于建筑内、外表面，主要起装饰作用的材料，而建筑装饰性的体现和质量在很大程度上仍受装饰材料的制约，由于材料质量问题往往会引发装饰工程质量事故，因此，装饰材料的材质应作为监理工程师重点控制的内容。

装饰工程材料可以从不同角度进行分类。如按材料使用部位，装饰装修材料可分为：外墙装饰材料、内墙装饰材料、地面装饰材料、吊顶材料、室内装饰用品及配套设备等。若按其化学成分，可以分为四大类。

（1）无机材料：又可分为金属和非金属两种，其中金属材料包括黑色金属和有色金属（铜、铝等）及不锈钢；非金属材料包括天然石材（大理石、花岗石 、石英岩等）、各种陶瓷制品（瓷砖、墙地砖、琉璃瓦等）、胶凝材料（水泥、石灰、石膏等）、玻璃。

（2）有机材料：如木材、竹材、壁纸、装饰布、橡胶等。

（3）高分子材料：如塑料、高分子涂料、防水材料等。

（4）各种复合材料：如玻璃钢等。

二、质量控制方法与程序

(1) 对主要装饰材料应在定货前要求厂家提供样品或看样定货。

(2) 新型装饰材料的应用，必须通过使用试验和鉴定，并符合设计要求。

(3) 装饰材料进场时，必须具备正式的出场合格证和厂家批号。

(4) 材料质量抽样和检验方法，应符合《建筑材料质量标准与管理规程》，要能反映该批材料的质量性能。

三、装饰装修材料的环保检测

1. 无机非金属装饰装修材料

民用建筑工程所使用的无机非金属装修材料，包括石材、建筑卫生陶瓷、石膏板、吊顶材料等，进行分类时，其放射性指标限量应符合表 1-5 的规定。建筑材料和装修材料放射性指标的测试方法应符合现行国家标准《建筑材料放射性核素限量》的规定。

表 1-5　无机非金属装修材料放射性指标限量

测定项目	限量
内照射指数（I_{Ra}）	≤1.0
外照射指数工（I_{y}）	≤1.0

2. 人造木板及饰面人造木板

民用建筑工程室内人造木板，必须测定游离甲醛含量或游离甲醛释放量。人造木板及饰面人造木板，应根据游离甲醛含量或游离甲醛释放量划分为 E_1 类和 E_2 类。当采用环境测试舱法测定游离甲醛释放量，并依此对人造木板进行分类时，其限量应符合表 1-6 的规定。当采用穿孔法测定游离甲醛释放量，并依此对人造木板进行分类时，其限量应符合表 1-7 的规定 。当采用干燥器法测定游离甲醛释放量，并依此对人造木板进行分类时，其限量应符合表 1-8 的规定。

表 1-6　环境测试舱法测定游离甲醛释放量限量

类别	限量（mg/m³）
E_1	≤0.12

表 1-7　穿孔法测定游离甲醛含量分类限量

类别	限量（mg/100g，干材料）
E_1	≤9.0
E_2	>9.0，≤30.0

表 1-8　干燥器法测定游离甲醛释放量分类限量

类别	限量（mg/L）
E_1	≤1.5
E_2	>1.5，≤5.0

饰面人造板可采用环境测试舱法或干燥器法测定游离甲醛释放量，当发生争议时应以环境测试舱法的测定结果为准。胶合板、细木工板宜采用干燥器法测定游离甲醛释放量，刨花

板、中密度纤维板等宜采用穿孔法测定游离甲醛释放量。穿孔法及干燥器法应符合国家标准《人造板及饰面人造板理化性能试验方法》GB/17657－1999的规定。

3．涂料

民用建筑工程室内用水性涂料，应测定总挥发性有机化合物（TVOC）和游离甲醛的含量，其限量应符合表1-9规定。

表1-9　室内用水性涂料中总挥发性有机化合物（TVOC）和游离甲醛的限量

测定项目	限量
TVOC（g/L）	≤200
游离甲醛（g/kg）	≤0.1

民用建筑工程室内用溶剂型涂料，应按其规定的最大比例混合后，测定总挥发性有机化合物（TVOC）和苯的含量，其限量见表1-10。

表1-10　室内用溶剂型涂料中总挥发性有机化合物（TVOC）和苯的限量

涂料名称	TVOC（g/L）	苯（g/kg）
醇酸漆	≤550	≤5
硝基清漆	≤750	≤5
聚氨酯漆	≤700	≤5
酚醛清漆	≤500	≤5
酚醛磁漆	≤380	≤5
酚醛防锈漆	≤270	≤5
其他溶剂型涂料	≤600	≤5

聚氨酯漆测定固化剂中游离甲苯二异氰酸酯（TDI）的含量后，应按其规定的最小稀释比例计算出的聚氨酯漆中游离甲苯二异氰酸酯（TDI）含量，且不应大于7 g/kg。测定方法应符合国家标准。

4．胶粘剂

民用建筑工程室内用水性胶粘剂，应测定其总挥发性有机化合物（TVOC）和游离甲醛的含量，其限量应符合表1-11规定。

表1-11　室内用水性胶粘剂中总挥发性有机化合物（TVOC）和游离甲醛限量

测定项目	限量
TVOC（g/L）	≤50
游离甲醛（g/kg）	≤1

民用建筑工程室内用溶剂型胶粘剂，应测定其总挥发性有机化合物（TVOC）和苯的含量，其限量应符合表1-12规定。

表1-12　室内用溶剂型胶粘剂中总挥发性有机化合物（TVOC）和苯的限量

测定项目	限量
TVOC（g/L）	≤750
苯（g/kg）	≤5

聚氨酯胶粘剂应测定游离甲苯异氰酸酯（TDI）的含量，并不应大于10 g/kg，测定方法可按国家标准《气相色谱测定氨基甲酸酯预聚物和涂料溶液中未反应的甲苯二异氰酸酯（TDI）单体》（GB/T18446－2001）进行。

水性胶粘剂中总挥发性有机化合物（TVOC）、游离甲醛含量的测定方法，应符合（GB50325－2001）规范附录B的规定。

溶剂型胶粘剂中总挥发性有机化合物（TVOC）、苯含量测定方法，应符合（GB50325－2001）规范附录C的规定。

5. 水性处理剂

民用建筑工程室内用水性阻燃剂、防水剂、防腐剂等水性处理剂应测定其总挥发性有机化合物（TVOC）和游离甲醛的含量，其限量应符合表1-13规定。

表1-13　用水性处理剂中总挥发性有机化合物（TVOC）和游离甲醛的限量

测定项目	限量
TVOC（g/L）	≤200
游离甲醛（g/kg）	≤0.5

第七节　防水材料质量控制及检测

防水材料比较多，根据工程的不同，所用防水材料也不同。建筑工程、道路工程、桥梁工程、水利工程等都会遇到防水问题，由于材料质量问题往往会引起房屋渗漏、道路冲毁、大坝垮塌等一系列严重问题，因此，防水材料的材质应作为监理工程师重点控制的内容。

一、防水材料质量控制的内容

（1）防水材料进场必须有出厂质量证明书、试验报告。

（2）防水材料必须具有准运证。

（3）防水材料进入现场应进行外观检验，卷材应表面平整、无裂、无折痕，应有一定的柔性，液体材料应均匀、无沉淀，应有一定的黏结性，黏稠度适当。

（4）防水材料不变质、不老化。

（5）防水材料必须取样、送检，经试验合格方可使用。

（6）防水材料在工程使用前，必须申报监理工程师批准，根据各检测报告决定能否使用。

二、防水材料见证取样检测

（一）石油沥青油毡

1. 采用标准

《石油沥青纸胎油毡、油纸》（GB326—89）；

《沥青防水卷材试验方法》（GB238.1～7—89）。

2. 组批规则

以同一生产厂、同一品种、同一标号、同一等级的产品不超过1 000卷为一验收批。

3. 抽样数量

每一验收批取长度为500 mm卷材2块。

4. 取样方法

从每一验收批中抽取一卷，切除距外层卷头 2 500 mm 部分后顺纵向截取长度为 500 mm 的全幅卷材 2 块。一块作物理性能试验，一块备用。

5. 检验项目

(1) 拉力试验。

(2) 耐热度。

(3) 不透水性。

(4) 柔度。

6. 结果判定

(1) 试验结果符合标准规定判为合格。其中若有任一项指标达不到要求时应加倍取样复验。经复验合格为合格品。否则为不合格品。

(2) 不合格品应退货或调换。

(二) 聚氯乙烯防水卷材与氯化聚氯乙烯防水卷材

1. 采用标准

《聚氯乙烯防水卷材》(GB12952—2003)；

《氯化聚氯乙烯防水卷材》(GB12953—2003)。

2. 组批规则

以同一生产厂、同一类型、同一规格的卷材不超过 5 000 m^2 为一验收批。

3. 取样数量

每一验收批取长度为 3 000 mm 卷材一块。

4. 取样方法

从每一验收批外观质量合格卷材中任取 1 卷在距端部 300 mm 处截取 3 000 mm 卷材。

5. 检验项目

(1) 拉伸强度。

(2) 断裂伸长率。

(3) 低温弯折性。

(4) 抗渗透性。

6. 结果判定

(1) 试验结果符合标准规定判为合格。其中若有任一项指标达不到要求时应加倍取样复验。经复验合格为合格品。否则为不合格品。

(2) 不合格品应退货或调换。

(三) 建筑石油沥青、普通石油沥青、道路石油沥青

1. 采用标准

《建筑石油沥青》(GB494—1998)；

《普通石油沥青》(SY1665—77)；

《道路石油沥青》(SY1661—77)；

《石油沥青针入度测定法》(GB4509—84)；

《沥青延度测定法》(GB/T4508—1999)；

《石油沥青软化点测定法》(GB4507—84)。

2. 组批规则

以同一产地、同一品种、同一标号不超过 20 t 为一验收批。

3. 抽样数量

每一验收批取样 2 kg。

4. 抽样方法

在料堆上取样时，取样部位应均匀分布，同时应不少于 5 处，每处取洁净的等量试样共 2 kg，1 kg 检验、1 kg 备用。

5. 检验项目

(1) 软化点。

(2) 针入度。

(3) 延度。

6. 结果判定

检验结果符合标准规定判为合格。若有任一项指标达不到要求时应加倍取样复验。复验合格判为合格，否则为不合格。

(四) 水性沥青基防水涂料

1. 采用标准

《水性沥青基防水涂料》(JC408—91)。

2. 组批规则

以同一生产厂、同一品种、同一等级的涂料每 10 t 为一验收批，不足 10 t 按一批论。

3. 抽样数量

每验收批取样 2 kg。

4. 抽样方法

(1) 从每验收批中随机抽取整桶样品，取样桶数量见表 1-14。

表 1-14　验收批中取样桶数量

交货产品的桶数	取样数
2～10	2
11～20	3
21～35	4
36～50	5
51～70	6
71～90	7
91～125	8
126～160	9
161～200	10
此后每增 50 桶	增 1 桶

(2) 将取样的整桶样品搅拌均匀后，用取样器在液面上、中、下三个不同水平部位取相同量的样品，进行再混合，搅拌均匀后，装入样品容器中，并作好标志。

5. 检验项目

(1) 延伸性。

(2) 柔韧性。

(3) 耐热性。

(4) 不透水性。

(5) 黏结性。

(6) 固体含量。

6. 结果判定

(1) 对于耐热性、柔韧性、不透水性若有任一个试件不合格时，应双倍抽样检验，复检合格为合格。复检时仍有任一个试件不合格，则该项技术要求不合格。

(2) 产品抽样检查结果全部符合标准规定要求者判为该批合格，若有任一项技术要求不符合时判为该批不合格。

(五) 聚氨酯防水涂料

1. 采用标准

《聚氨酯防水涂料》(JC/T500—1996)。

2. 组批规则

以同一生产厂、同一品种、同一进场时间的甲组分每 5 t 为一验收批，不足 5 t 亦为一验收批，乙组分按产品重量相应增加。

3. 抽样数量

每一验收批按产品的配比取样，甲乙组分样品总重为 2 kg。

4. 抽样方法

(1) 从每一验收批随机抽取整桶样品，抽取的桶数见表 1-14（交货产品的桶数是指进场甲组分产品的桶数）。

(2) 将取样的整桶样品搅拌均匀后，用取样器在液面上、中、下三个不同部位取相同量的样品，进行再混合，搅拌均匀后，装入样品容器中，样品容器应留有 5% 的空隙，密封并作好标志。

(3) 甲、乙组分取样方法相同，但应分装不同的容器中。

5. 检验项目

(1) 拉伸强度。

(2) 断裂时的延伸率。

(3) 低温柔性。

(4) 不透水性。

(5) 固体含量。

6. 结果判定

每个试验项目以全部试件合格为合格，若有某项不合格，就应双倍抽样重检，若仍不合格，则判该项技术要求不合格。

(六) 弹性体改性沥青防水卷材 (SBS)、塑性体改性沥青防水卷材 (APP)

1. 采用标准

《弹性体改性沥青防水卷材》(GB18242—2000)；

《塑性体改性沥青防水卷材》（GB18243—2000）。

2. 组批规则

以同一类型、同一规格 10 000 m² 为一批，不足 10 000 m² 亦可作为一批。

3. 抽样数量

每一验收批抽取纵向长 800 mm 的全幅卷材试样 2 块。

4. 抽样方法

在每批卷材中随机抽取 5 卷进行卷重、面积、厚度与外观的检查。从以上项目均合格的卷材中随机任意抽取 1 卷，在距端部 2 500 mm 处沿纵向切取长度为 800 mm 的全幅卷材 2 块。一块进行物理力学性能试验，另一块备用。

5. 检验项目

（1）可溶物含量。

（2）拉力。

（3）最大拉力时的延伸率。

（4）耐热度。

（5）低温柔度。

（6）不透水性。

6. 结果判定

可溶物含量、拉力、最大拉力时延伸率各项结果平均值达到标准规定的指标时为该项合格。不透水、耐热度每组 3 个试件分别达到标准规定指标判为该项合格。低温柔度 6 个试件至少 5 个达标准规定判为合格。单项指标若有任一项不合格，允许在该批产品中随机抽取 5 卷，并从中任取一卷进行单项复检，达到标准规定时，则判该批产品合格。

（七）沥青复合柔性防水卷材

1. 采用标准

《沥青复合柔性防水卷材》（JC/T 690—1998）。

2. 组批规则

以同一品种、同一规格、同一等级 1 000 卷为一批，不足 1 000 卷也可按一批。

3. 抽样数量

每一验收批抽取沿纵向截取长度为 1 000 mm 的全幅卷材 2 块，一块用作试验，一块备用。

4. 抽样方法

从每批中抽取 3 卷进行外观、尺寸偏差的检验。从外观、尺寸偏差均合格的产品中任取一卷，在距端部 2 500 mm 处沿纵向截取长度为 1 000 mm 的全幅卷材 2 块。一块用作物理试验，一块备用。

5. 检验项目

（1）柔度。

（2）耐热度。

（3）拉力。

（4）断裂延伸率。

（5）不透水性。

6. 结果判定

拉力、断裂延伸率3个试样的算术平均值达到标准规定的要求判为合格。不透水性、耐热度3个试件均合格判为该项合格。柔度6个试件至少5个合格判为该项合格。若有任一项不符合指标要求，则按以上抽样方法再取样进行单项复检，达到标准要求时，该批产品判为合格。复检后仍不合格，判该批产品不合格。

(八) 三氯乙丙橡胶片材

1. 采用标准

《高分子防水材料，第一部分片材》(GB18173.1—2000)。

2. 组批规则

以同一生产厂、同一品种、同一规格的5 000 m^2 片材为一批。

3. 抽样数量

沿纵向截取1 m长试件2块。

4. 抽样方法

在一批片材中随机抽取3卷进行规格尺寸和外观质量检验，在检验合格的样品中再按上述数量抽取足够的试样，进行检验，一块备用，一块准备试验。

5. 检验项目

(1) 断裂拉伸强度（常温）。

(2) 扯断伸长率（常温）。

(3) 不透水性。

(4) 低温弯折。

6. 判定规则

规格尺寸、外观质量及物理性能各项指标全部符合技术要求，则为合格品。若物理性能有任一项不符合技术要求，应另取双倍试样进行该项复试，复试结果如仍不合格，则该批产品为不合格。

每批数量不超过100 t，如生产数量少，生产期7天尚不足100 t则以7天产量为一批。

第八节　水暖材料质量控制与检测

水暖材料（管材、管件等）质量控制在工程项目中也是很重要的，近年来，由于水暖材料不合格，造成跑水、漏水、砂眼、锈蚀等一系列问题，严重影响了群众生活和工业生产，由于管件的损坏，往往会造成停水、停电，给国家和人民的财产造成损失。因此，对水暖材料的质量控制，是监理工程师的重要工作之一。

一、水暖材料质量控制的任务

(1) 水暖管材、管件进场必须有出厂质量证明文件、检验报告。

(2) 水暖管材、管件有备案要求的应有地方或行业部门出具的准用证或备案证明文件。

(3) 水暖管材、管件进场应进行质量验收，对管材的外观、尺寸、壁厚、新旧程度等进行检查测量。

(4) 水暖管材、管件一般不需取样送检，对质量产生怀疑或与施工单位对材料质量产生争议时可取样送检，检验合格方可使用（一些常用管材取样标准和方法附后）。

（5）阀门、散热器除应具有上述质量证明材料和进行外观验收外，进场还应进行压力试验。

（6）卫生洁具应有备案资料、出厂合格证和检测报告。

（7）管材在使用前必须报监理工程师检验合格并批准、签字。

二、材料订货程序

主要材料订货程序如图 1-4。

对于一般材料供货，可由施工单位选择供货厂家，进场由监理检验产品。

三、水暖主要材料的进场检验要点

按照上述程序确定材料供货厂家后，在材料进场时还要进行进场检验，下面是一些水暖主要材料的进场检验要点。

（一）各类管材、管件进场检验验收要点

（1）外观检验（主要检查管材的外观、尺寸、壁厚、新旧程度等）。

（2）审查相关质量证明文件（生产厂家资质、出厂合格证等）。

（3）审查质量检测报告（报告必须是相同厂家同类材料的，并应在规定的有效期内）（注：钢管一般不需检测报告）。

（4）有备案或准用要求的还应具有相应部门出具的备案证或准用证。

（5）新产品新材料还应出具产品鉴定和产品可行性论证等相关资料。

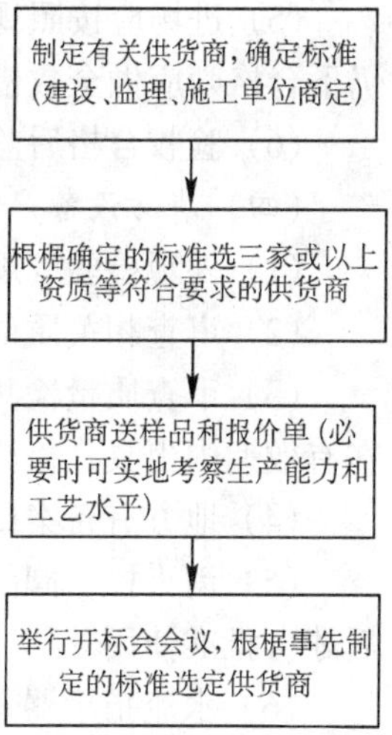

（6）必要时对各类管材、管件现场进行压力实验（尤其是塑料类管材、管件等）。

制定有关供货商，确定标准（建设、监理、施工单位商定）

↓

根椐确定的标准选三家或以上资质等符合要求的供货商

↓

供货商送样品和报价单（必要时可实地考察生产能力和工艺水平）

↓

举行开标会会议，根椐事先制定的标准选定供货商

图 1-4 主要材料供货商的确定程序

（7）镀锌管材还应检查镀锌情况，区分冷镀热镀，注意使用部位。

（8）铸铁管道除注意检查管道承插口尺寸和管道砂眼，排水铸铁管还要注意是否为机制铸铁管。

（9）验收合格后监理工程师签字批准材料合格方可进场使用。

（二）各类散热器进厂检验验收的要点

（1）外观检验（规格、型号、工作压力、砂眼、对口要求平整无偏口、上下口中心距离一致等）。

（2）审查相关质量证明文件（生产厂家资质、出厂合格证等）。

（3）审查质量检测报告（报告必须是同一厂家、同一规格、同一型号的散热器检验报告且必须在有效期内）。

（4）相应部门出具的备案证或准用证。

（5）进场应按照规范规定数量和压力进行压力试验，压力试验出现不合格取双倍抽检数量进行加倍复试，仍不合格的则应全数试验，不合格的散热器退场。

（6）翼型散热器翼片完好，不松动卷曲破损。

（7）钢制和铝合金等其他新型散热器制造美观，表面喷塑喷漆牢固完好。

（8）成组散热器平整度符合要求，进场后也要按规定进行试压。

（9）验收合格后监理工程师签字批准材料合格方可进场使用。

（三）各类阀门进场检验验收的要点

(1) 外观检验（规格、型号、工作压力、新旧程度、启闭是否灵活等）。

(2) 审查相关质量证明文件（生产厂家资质、出厂合格证等）。

(3) 审查质量检测报告（报告必须是相同厂家、同规格型号的阀门，报告必须在有效期内）。

(4) 有备案或准用要求的还应出具相应部门出具的备案证或准用证，审查质量证明文件。

(5) 进场应按照规范规定进行压力试验，压力试验出现不合格，取双倍数量加倍复试，仍不合格则应做全数检查，不合格的应退场。

(6) 验收合格后监理工程师签字批准材料合格方可进场使用。

（四）消防设备产品进场检验验收的要点

(1) 外观检验（规格、型号、工作压力等）。

(2) 审查相关质量证明文件（生产厂家资质、出厂合格证等）。

(3) 审查质量检测报告（检测报告必须是相同厂家同规格、型号的消防产品，报告必须在有效期内出具，检测报告部门必须是国家规定的检验部门）。

(4) 地方有备案或准用要求的还应出具相应部门出具的备案证或准用证。

(5) 消火栓、阀门、闭式喷洒头、水泵结合器等进场还应按照规定进行试压抽查，合格后才可批准使用。

(6) 水流指示器、压力开关等自动监测装置应进行主要功能检查，不合格不得使用。

(7) 消火栓箱箱体表面平整光洁，箱体无锈蚀、划伤，箱门开启灵活，箱体方正，配件齐全合格。

(8) 稳压用气压罐应具有压力容器质量证明文件，其生产厂家应具有压力容器生产许可。

(9) 验收合格后监理工程师签字批准材料合格方可进场使用。

（五）卫生洁具

(1) 外观检验（规格、型号符合设计要求）。

(2) 审查相关质量证明文件（生产厂家资质、出厂合格证等）。

(3) 审查质量检测报告（报告必须是相同厂家同规格、型号的洁具，检测报告必须在有效期内，国家或地方对洁具有节水要求的，检测报告中用水指标应满足节水型卫生器具要求）。

(4) 洁具配件也要有相应的检测报告和合格证等质量证明文件。

(5) 地漏水封高度应大于 5 cm。

(6) 主要产品应有安装使用说明。

(7) 必要时可对洁具及配件进行通水抽查。

(8) 备案证明文件或准用证。

(9) 验收合格后监理工程师签字批准合格方可进行安装。

（六）水箱

(1) 外观检验（规格、型号、保温、箱体表面、加固、进出口泻水口位置、清洗检修口等）。

(2) 审查质量证明文件（单位资质、卫生许可证、合格证，必要时还要有水箱设计图纸等)。

(3) 审查质量检测报告（卫生防疫部门出具的检测报告)。

(4) 卫生防疫部门对本工程水箱安装监督备案资料。

(5) 满水实验。

(6) 合格后还应督促安装单位报卫生防疫部门验收。

(七) 水泵、锅炉及分、集水器等以及设备开箱检验

(1) 生产厂家的资质（营业执照、资质等级证书、生产许可证等)。

(2) 开箱应由建设单位、施工单位、监理单位和供货单位、设计单位共同参加。

(3) 开箱检查要点：

外观检查（设备是否完好、规格、型号是否符合设计要求)；

检查随机文件是否齐全（说明书、装相单、合格证、技术文件)；

主机附件、专用工具、备用配件是否齐全；

针对不同设备要求进行一些基本性能检验。

(4) 合格后监理工程师签认合格后进场安装。

四、一些主要管材取样送检标准

(一) 镀锌钢管

1. 采用标准

《低压流体输送用焊接钢管》(GB/T 3091—93)。

2. 组批规则

镀锌钢管按批进行验收，同一牌号、同一规格 1 000 根为一验收批，不足 1 000 根按一批计算。

3. 取样数量

每批钢管截取 4 个全截面管段组成一组试样。

4. 抽样方法

每批取钢管 4 根，从每根钢管的一端处截取全截面管段 4 个，试样尺寸为 150 mm 长的管段 2 根，30 mm 或 35 mm 长的管段 2 根。

5. 检验项目

(1) 表面质量。

(2) 镀锌层均匀性。

(3) 镀锌层质量。

6. 结果判定

(1) 检验项目均合格的产品为合格；

(2) 某一项不符合产品要求标准时，从同一批钢管中任取双倍数量的试样进行不合格项目的复试，复试结果不合格的则判该批材料不合格。

(二) 建筑排水用硬聚氯乙烯管材

1. 采用标准

《建筑排水用硬聚氯乙烯管材》(GB/T 5836.1—1992)。

2. 组批规则

同一原料、配方、工艺情况下生产的同一规格管材为一批，每批数量不超过 30 t；如生

产数量少，生产期6天尚不足30 t则以6天产量为一批。

3. 取样数量

同一检验批管材取500 mm长共10根（分别在不同的10根管材上截取）。

4. 检验项目

（1）颜色。

（2）外观。

（3）平均外径、壁厚。

（4）管材同一截面壁厚偏差。

（5）拉伸屈服强度。

（6）断裂延伸率。

（7）扁平试验。

（8）维卡温度。

（9）落锤冲击。

（10）纵向回缩率。

5. 判定原则

外观、尺寸偏差应符合标准规定。物理机械性能中有任一项不合格，可随机抽取双倍试样进行该项复检，如仍不合格，则判为不合格。

（三）给水用硬聚氯乙烯（PVC－V）管材

1. 采用标准

《给水用硬聚氯乙烯（PVC－V）管材》（GB/T 10002.1—1996）。

2. 组批规则

同一原材料、同一配方和工艺相同情况下生产的同一规格管材为一批，每批数量不超过100 t，如生产数量少，生产期7天尚不足100 t则以7天产量为一批。

3. 取样数量

同一检验批管材取700 mm长共10根（分别在不同的10根管材上截取）。样品数量不包括卫生指标。

4. 检验项目

（1）外观。

（2）不透水性。

（3）平均外径、不圆度。

（4）壁厚。

（5）密度。

（6）维卡温度。

（7）纵向回缩率。

（8）二氯甲烷浸渍试验。

（9）冲击试验。

（10）液压试验。

（11）卫生指标（由卫生部门检测）。

5. 判定原则

外观及尺寸偏差应符合标准规定。物理力学性能中有任一项达不到指标时，则随机抽取双倍样品进行该项复检。如仍不合格，则判该批管材为不合格。卫生指标有任一项不合格，判为不合格。

(四) 给水用聚丙烯（PPR）管材

1. 采用标准

(轻工业行业标准)《给水用聚丙烯（PPR）管材》(QB1929—1993)。

2. 组批规则

用同一批原料、配方和工艺生产的同一规格管材作为一批，每批数量不超过10 t。一次交付可由一批或多批组成，交付时应有批号，同一交付批号产品为一个交付检验批。

3. 取样数量

同一检验批取700 mm长共10根（分别在不同的10根管材上截取）。样品数量不包括卫生指标。

4. 检验项目

(1) 外观。

(2) 壁厚偏差。

(3) 纵向回缩率。

(4) 液压试验。

(5) 落锤冲击。

5. 判定原则

外观尺寸偏差中任一项不符合要求时则判单位样本不合格。其他各项中有任一项不合格可随机抽取双倍样品进行该项目复检，如仍不合格，则判该批管材为不合格。卫生指标有任一项不合格，判为不合格。

(五) 铝塑复合压力管（搭接焊）

1. 采用标准

《铝塑复合压力管（搭接焊）》(GJ/T 108—1999)。

2. 组批规则

同一原料、配方和工艺连续生产的同一规格产品，每90 km作为一个检验批，如不足90 km，以上述生产方式6天产量作为一个检验批。

3. 取样数量

在同一检验批中抽取400 mm长15根（在不同的管上截取）。

4. 检验项目

(1) 感官指标。

(2) 结构尺寸。

(3) 管环径向拉伸力。

(4) 层间黏合强度。

(5) 工作压力。

(6) 爆破强度。

(7) 静水压力。

5. 判定原则

每一项检验合格后判为合格，有任一项不合格判为不合格。

（六）其他化学管材

应按相应标准进行抽样检测。PP－R管、PE管、地热采暖半透明软管目前尚无国标，抽样时应按企标或按ISO国标进行。

第九节　电气材料的质量控制与检测

电气材料的质量控制在建筑工程中是非常重要的，随着科学技术的进步，新材料、新工艺不断涌现，各种电气产品的种类繁多，市场上一些伪劣产品也混杂其中，给建筑工程质量造成了严重的影响，从而导致了一系列事故的频繁发生，给国家和人民的财产造成损失，生命安全也带来了危险。因此，对电气材料的质量监控是监理人员的重要职责。

一、电气材料的质量控制任务

检查电气材料出厂合格证和试验报告，对于重要材料应和建设单位、施工单位一起到生产厂家实地考察。对于有异议的材料应送有资质的试验室进行抽样检测，检测合格后方能在施工中使用。

依法定程序进入市场的电气设备和新材料还应提供安装、使用、维修和试验要求的技术文件。

对进口的电气设备和材料应提供商检证明和中文的质量合格证明文件、规格、型号、性能检测报告及中文的安装、使用、维修和试验要求的技术文件。

电气材料使用前，应有监理工程师批准、签字。

二、电气材料的质量控制

主要的电气材料包括：电线、电缆、管材、线槽、开关、插座、灯具、配电箱、变压器和低压设备等。

下面分别介绍一些常见材料的质量控制要点。

1. 电缆、电线及母线

（1）检查材料型号及电压等级是否符合设计要求，检查生产厂家的生产许可证和有中国电工产品认证的合格证书。

（2）检查材料材质检验报告，检查进场的电缆上是否标明电缆型号、电压等级、出厂日期。

（3）进场材料的外观应完好无损，绝缘层厚度均匀，无明显褶皱或扭曲现象。耐热和阻燃的电线、电缆应有明显的标志和制造厂商。

2. 导管和线槽类

（1）检查生产厂家钢管和线槽的材质证明和出厂合格证。凡阻燃型（PVC）塑料管，应有材质检测报告，其氧指数不应低于27%的阻燃指标。

（2）钢导管无压扁，内壁光滑，壁厚均匀，无劈裂，镀锌管表面覆盖完整，无锈斑，非镀锌管无严重锈蚀，阻燃管应有阻燃标记和厂标。

（3）线槽表面要光滑不变形，无扭曲、无毛刺，附件齐全。

3. 照明灯具类

（1）检查照明灯具出厂合格证明，专用灯具要随带技术文件。

（2）检查防爆灯具防爆标志、防爆合格证号，检查防水灯具防水胶圈，检查各种灯具“CCC”认证标志。

（3）检查灯具的涂层是否完整，无损伤，附件齐全。

（4）灯具内的接线应满足绝缘要求，绝缘电阻值不小于 2 MΩ，对水下灯要密闭，如有异议，应送有资质的试验室检测合格后才能使用。

4. 变压器及箱式变电所

（1）检查合格证和随带技术文件，变压器应有出厂记录。

（2）设备应有铭牌，附件齐全，绝缘无损坏、裂纹，充油部分不渗漏，充气高压设备气压指示正常，涂层完整。

（3）铭牌上应注明额定容量、电压、电流及接线组别等技术数据。

（4）要检查生产厂家是否符合资质要求，生产厂家的级别有高级（红证）、一般型（绿证）、三箱类（黄证），符合要求的才允许采用。

5. 开关、插座和风扇

（1）相关材料要符合设计要求，并有产品合格证和“CCC”认证标志。

（2）防爆产品要有防爆标志和防爆合格证号。

（3）开关、插座的面板及接线盒应完整无碎裂，零件齐全，风扇无损坏，调速器应适配。

（4）现场抽样检查如下：不同极性带电部件间的电气间隙和爬电距离不小于 3 mm；绝缘电阻值不小于 5MΩ；用自攻螺钉或自切螺钉安装的，其旋合长度不小于 8 mm，与软塑固定件要经过 10 次旋合后，无松动、掉渣现象；金属间相旋合的螺钉螺母，拧紧退出 5 次后，仍能正常使用。

6. 成套配电柜、动力照明配电箱

（1）检查出厂合格证及随带的技术文件，设备材料应符合国家或部颁发的现行标准。

（2）配电箱、柜内主要电气元件应为“CCC”认证产品，规格、型号应符合设计要求，柜内配线、线槽应与主要元器件相匹配。

（3）配电箱、柜上应有铭牌，柜内元器件无损坏丢失，接线无脱落。

7. 镀锌制品（支架、横担、接地极避雷用型钢）

（1）按批检查出厂合格证和镀锌质量证明书。

（2）镀锌层应覆盖完整，表面无锈斑，金具配件完整无砂眼。

（3）对镀锌材料有异议的，应按批抽样送有资质的试验室检测。

8. 火灾报警系统常用材料

（1）常用材料主要为探测器，检查其规格、型号是否符合设计要求。

（2）产品的技术文件应齐全，并有合格证和铭牌。

（3）设备的外壳、漆层及内部仪表、线路、绝缘应完好，附件齐全。

（4）感温、感烟及气体火灾探测器，在安装前应逐个模拟试验，不合格的不能使用。

9. 公用天线系统中常用材料

（1）相应的材料包括：放大器、分支器、分配器、混合器及转换器等。

（2）对这些设备要检查外观是否完整，内部机件是否齐全，然后作通电试验，检查工作是否正常。各种铁件应镀锌处理，不能镀锌的要做防腐处理。

(3) 产品的合格证及相关的技术资料和说明书要齐全。

10. 电话通讯系统中常用材料

(1) 电话通讯系统常用设备材料包括交接箱、分线设备及电缆等。

(2) 交接箱和分线设备应采用有端子或针式螺钉压接结构形式，不应采用无端子和夹接形式。组线箱有木制和铁制两种，木制箱体不得有劈裂破损等现象，铁制箱体表面应光滑平整，不得有凹凸不平现象。

(3) 采用防水、防尘、防腐的箱体时，应有闭锁装置。

(4) 产品的技术文件应齐全，并有合格证和铭牌。

11. 广播系统

(1) 主要包括扬声器、线间变压器、分线箱及控制器等。

(2) 进场时要检查规格、型号、功率及阻抗参数是否符合设计要求。

(3) 宜选用定型产品，并有产品合格证及相关技术文件。

12. 直接数字控制系统

(1) 直接数字控制器又称下位机（DDC），通过对被控设备的测量，达到对控制目标的控制。

(2) 由于DDC基本是由国外进口，所以要检查相关的商检证明、中文说明书、出厂合格证及检测报告。特别应注意产品的时效期。

(3) 在现场要对产品反复通电试验，满足技术要求时才可允许使用。

在施工中材料、设备、配件的质量如不符合要求，会直接影响到工程的质量，监理应该按照相应的质量标准进行监督控制，在进场时要严格按照有关标准进行检查和验收，进场后应加强监督保管，在使用前还要经过监理工程师的确认才可使用。

思考题

1. 工程材料质量监理的任务是什么？
2. 监理工程师在工程材料质量监理中的主要职责是什么？
3. 如何监控和检测钢筋质量？
4. 水泥、砂、石等基本原材料的监理工作程序及质量控制和检验标准是什么？
5. 墙体材料的质量控制内容是什么？
6. 装饰装修材料的环保检测都有哪些限量指标？
7. 装饰装修材料的控制方法主要有哪些？
8. 防水材料质量控制的内容有哪些？
9. 阀门进场验收的要点有哪些？
10. 水暖材料质量控制的任务是什么？
11. 电气材料在进入施工现场时应注意哪些事项？
12. 简述“CCC”认证在电气材料中的重要性。

第二章　房屋建筑工程质量监理

房屋建筑安装工程的特点是建设周期长、工程量大、涉及面广、技术复杂、分部分项多、露天作业多、隐蔽工程多、施工过程多、工种交叉作业多、管理难度大。

由于上述特点决定了房屋建筑工程质量必须自始至终全方位进行监理。根据工程项目的不同，设置相应的监理队伍，其专业工种应包括房屋建筑工程所需的所有专业：建筑、结构、给排水、采暖、通风与空调、电气、智能建筑、电梯、设备等，对工程项目施工全过程进行质量控制，确保国家利益和人民的生命财产安全不受损害，确保工程质量目标的实现。

第一节　房屋建筑工程质量监理的任务

房屋建筑工程质量监理的任务是在建设单位的委托下，依据国家法律、法规，技术规范、标准、设计文件、建设工程承包合同、监理合同，监督承包单位按设计文件、规范、规程、标准施工，使建筑工程项目有序地进行，最终形成合格的、具有完整使用功能的、达到国家验收标准、设计要求、合同目标的竣工工程。

监理工程师监理的具体任务是在施工全过程中对各环节进行有效的质量控制，从资料到现场，形成完整的管理体系。

一、开工前的质量监理

在开工前（即施工准备阶段）监理工程师应做如下工作：

1. 对承包单位资质的审查（其中包括分包单位，材料、设备供应单位）

承包单位资质通常在招标阶段已进行审查，但为确保施工质量目标的实现，在承包队伍进场时，仍需对其资质进行审核，其中包括：

(1) 企业注册证明和资质等级，要求交验有关证件（复印件）（如：营业执照、资质证书、技术负责人、项目经理、质量员、安全员、资料员等资格证书；电工、电焊工、塔吊司机、信号工、架子工等特殊工种上岗证书等）；

(2) 了解施工企业的施工经历、工程业绩、技术力量等情况；

(3) 本工程机械设备配备情况；

(4) 现场项目组织机构及管理人员特别是项目经理、技术负责人是否按投标书或承诺安排。

2. 对所需原材料、构配件的监理

主要材料进场要审查产品合格证、质量证明书、出厂检验报告。需复试的材料监理工程师有权要求复试，涉及结构安全的试块、试件以及有关材料应按规定进行见证取样检测，监理工程师还应检查见证取样检测单位及结构安全检测单位相应的资质。合格的材料方可使用。对某些工程材料、构配件还应事先提取样品，经认可后，方能采购、订货。

3. 机、电、水暖设备的监理

在施工中配备的机械应提交设备产品的合格证、设备运行检验报告等有关资料（如：塔式起重机、人货两用电梯、搅拌机等)。对用电安全应进行审核、检查，尤其是临时用电安全，必须按规定操作。对于永久性设备（水、暖、电)，应按图纸设计要求采购，设备进场应开箱检验。

4. 检查砂、石供应情况及配合比

砂、石是混凝土中的重要材料，其质量对混凝土质量影响很大。故对砂、石质量应严格控制，对进场材料应取样、复试，经检测合格后方可使用，否则应勒令退扬。

5. 审核混凝土、砂浆配合比

混凝土、砂浆必须经过有关部门试配，包括选择适用的外加剂，其质量应达到设计和规范要求，经监理工程师认可后，方可施工。

使用商品混凝土，审核考察商品混凝土供应单位资质、供货能力、质量管理体系、装备、原材料等情况。

6. 审核施工组织设计、施工方案

施工组织设计是组织施工的必要文件，对施工组织设计应进行认真审核，包括：质量管理体系；安全保证体系；质量与安全措施；组织机构；施工技术、工艺；机械设备；进度计划；材料组织；配套工作等。对于特殊要求的项目，应有施工方案，如：吊装、防水、玻璃幕墙工程等。

7. 施工现场管理

(1) 审核施工总平面图布置是否合理。

(2) 审核测量标桩控制点位置是否准确、牢固。

(3) 审查测量放线方案，检查建筑物的定位、放线。

(4) 审核基坑开挖、放坡、支护、降水方案。

(5) 检查周边环境问题的处理。

8. 参加设计交底和图纸会审

(1) 设计交底。

(2) 图纸会审。

9. 向承包单位发布监理工作计划

(1) 监理范围及控制目标。

(2) 监理组织机构及其职责。

(3) 监理与有关各方的关系。

(4) 质量、进度、投资控制要求，安全生产管理要求。

(5) 变更、事故处理。

(6) 隐蔽工程验收、分项工程验收、分部工程验收、竣工验收的要求。

(7) 资料管理，使用的表格要求等。

(8) 监理例会的时间、参加人员、要求等内容。

二、施工过程质量监理

(1) 检查、督促承包单位完善质量管理体系，把影响各工序质量的因素都纳入受控范围。

(2) 严格工序间的交接检查、审核批准制度。各工序施工完毕承包单位应进行自检，确认合格后进行申报，经监理工程师验收合格签字认可后，方可进行下一道工序施工。

(3) 审批设计变更和修改的图纸。设计变更无论由谁提出，必须经监理工程师审批。所有的变更要经设计单位出具书面的设计变更，由建设单位认可后，监理工程师签字批准，方可执行。

(4) 工程质量事故的处理。①责成事故责任方及时写出事故报告，并提出处理方案，经审批后，监督其实施。对于重大施工质量事故，应在事故发生 24 h 内发出监理通知单，通知承包单位，向建设单位报告，协助有关部门进行事故调查处理。②事故发生后应立即下达停工令，监督施工单位保护事故现场，限期对事故隐患进行整改，经验收合格后，监理工程师签署复工令。

三、建筑工程质量验收（详见《建设工程监理基础》第四章）

四、建筑工程质量验收的程序和组织（详见《建设工程监理基础》第四章）

第二节　测量工程监理

一、施工前的准备工作

1. 图纸的核对

监理工程师应在开工前审核施工图，其中包括：

(1) 结合总平面图提供的楼定位坐标，反算间距是否符合施工图的几何尺寸；

(2) 结合总平面图提供的用地线坐标，核对拟建的室外设施尺寸是否吻合。

2. 查验施工单位测量人员资格

施工单位测量人员必须持有上岗资格证，方能上岗工作。监理工程师应见人对证，看原件留复印件。

3. 检查施工测量所用的仪器设备

依据《中华人民共和国计量法实施细则》第二十五条规定："任何单位和个人不准在工作岗位上使用无检定合格印、证或者超过检定周期以及经检定不合格的计量器具。""所有计量器具的检定，必须到国家技术监督局受权的检定部门进行检定。"

施工测量所用的经纬仪、垂准仪、激光经纬仪、水准仪和钢卷尺等均必须有上述部门检定的合格证书，并且在检定周期内。监理工程师必须逐一核对仪器与合格证的号码是否统一。看原件留复印件。

二、校桩

(1) 接桩。测绘单位根据规划局"钉桩放线通知单"上的条件坐标，在现场钉出楼角定位桩及用地线交点桩。同时，还要提供两个以上控制高程用的水准点（统称交桩资料）。接桩单位应有建设单位、监理单位、设计单位和施工单位。交桩资料由建设单位、监理单位和施工单位各保存一份。

(2) 施工单位应对所接桩位及水准点进行复核。监理单位应督促检查施工单位对所接的桩位及时进行复核，监理工程师应进行旁站或同测，所测误差记录在案，超限或错误应及时反映给测绘单位，予以更正。

(3) 监理单位应监督检查施工单位对桩的加固和引桩工作。同时，根据测量方案检查施工单位所做的平面控制网及各轴线控制桩。此项工作应按报验手续进行实地检查认真审批。

三、场地测量

场地测量包括场地控制网测量和场地平整测量。场地控制网测量是整个场地内各建筑物和构筑物平面、标高定位以及高层建筑竖向控制的基本依据；场地平整测量是对实测场地地形，按竖向规划进行场地平整测量。

监理工程师的任务是检测承包单位测设的方格网及各方格点的标高，并在图纸上签署意见；监理工程师还要监督承包单位保护好场地控制网。

监理工程师首先应审查承包单位的场地测量方案，然后在承包单位控制网测定、自检合格申报后，进行验线。

1. 场地控制网方案的审查

(1) 场地控制网应均布全场，控制线间距要适宜。

(2) 场地控制网定位点的起始点和起始边要定位准确。

(3) 场地控制网各控制点之间应通视，易丈量。

(4) 根据建筑物要求应设置 2 个或 3 个水准点（或者 ±0.000 水平线），场地内各水准点应构成闭合图形。

(5) 各水准点应设在能长期保留的位置。

2. 场地控制网的检测

(1) 承包单位要按监理工程师批准的方案测设控制网。

(2) 要以规划红线定位控制点和控制线。

(3) 承包单位测定控制网后应自检，合格后申报，同时递交控制网的闭合校验资料。

(4) 监理工程师根据闭合校验资料进行分析认定后，到现场验线，签证认可。

四、放线测量

放线包括定位线放线和基础放线。

1. 定位线放线

在控制网的基础上测定，在控制网上设有建筑物的中线点和轴线点，建筑物定位后，进行土方开挖，挖至设计标高后，根据控制网上中线点和轴线点恢复建筑物的中线和轴线。

2. 基础放线

基础垫层浇筑后，承包单位在垫层上放基础线，建筑物的轴线、边界线、墙宽线、桩位线等必须准确，自检合格后报验，经监理工程师检查、验收、签字认可。

五、竖向测量

竖向测量主要是控制建筑物的垂直度。轴线竖向投测精度要求很高，是监理工程师控制的重点。

竖向测量方法可用外控法和内控法，两种方法都是将建筑物轮廓和各细部轴线精确弹到 ±0.000 首层地面上，随后将轴线逐层向上投测，作为上一层放线的依据。不同的是，外控法用于场地较宽阔时，可用经纬仪施测，内控法用于场地窄小的作业区，此时无法使用经纬仪，可用激光铅垂仪施测。

两种方法测量后，监理工程师应检查验收，可用仪器也可用铅坠吊线检测。

六、沉降观测

1. 沉降观测的时间和次数

沉降观测的时间和次数，应根据工程性质、工程进度、地基土质情况及基础荷重等决定。

施工期间沉降观测次数：

（1）较大荷载增加前后（如基础浇灌、回填土、安装柱子、房架、每层主体施工、设备安装等）均应进行沉降观测；

（2）施工期间中间停工时间较长，应在停工前和复工后进行沉降观测；

（3）当基础附近地面荷重突然增加，周围大量积水及暴雨后或周围大量挖土等均应进行沉降观测；

（4）建筑物沉降观测从基础施工开始设临时观测点，当首层柱、墙施工之后，在±0.000标高线上，沿房屋四周轴线及沉降缝两侧设置永久性观测点，一般观测点间距不大于9 m，以后每施工一层测沉降一次，直到竣工。

2. 沉降观测工作要求

（1）固定人员观测和整理成果。

（2）固定使用水准仪和水准尺。

（3）使用固定的水准点。

（4）按规定的日期、方法及路线进行观测。

（5）对一般精度要求的沉降观测，要求仪器的望远镜放大率不小于24倍，气泡灵敏度不大于$15^{11}/2$ mm。

（6）沉降观测记录随竣工档案资料一同归档。

第三节　地基与基础工程质量监理

地基指基础以下（包括垫层）的工程部分，基础指垫层以上至±0.000标高的工程。这两部分工程是非常重要的，是整个工程项目的基石，任何一项出现质量问题，都将对整个项目造成不可估量的损失。国家规范规定，地基与基础分部工程必须在政府工程质量主管部门监督之下进行分部验收。

一、深基坑支护与降水工程质量监理

深基坑支护、降水关系到基坑周边原有建筑物正常使用，周边环境的安全，新建筑的正常施工的问题，必须高度重视，切实做好监理工作。

（1）调查、了解、掌握支护、降水范围内地下障碍物、周边环境、工程地质、水文地质等情况，做到心中有数。

（2）审核、确认深基坑土方开挖、土钉墙、护坡墙、预应力锚杆、钢板桩等支护，深基坑降水施工单位的资质等级、营业执照、工程业绩符合要求后，才允许承揽本工程任务。

（3）审核、确认深基坑支护、深基坑降水的施工方案，达到满足施工工期、工程质量、降低造价、安全生产、周边环境的安全等各项要求，并经批准后才允许施工。

（4）检查施工单位是否严格按照审批的施工方案施工，检查支护、降水各道工序的施工质量，发现问题及时商量处理。

（5）检查支护结构在使用过程中是否稳定、牢固、安全，变形控制在允许范围内，检查深基坑降水是否达到最高水位在基坑底50 cm以下，保证达到规范要求。

二、地基工程质量监理

(一) 地基工程质量监理工作程序

如图 2-1。

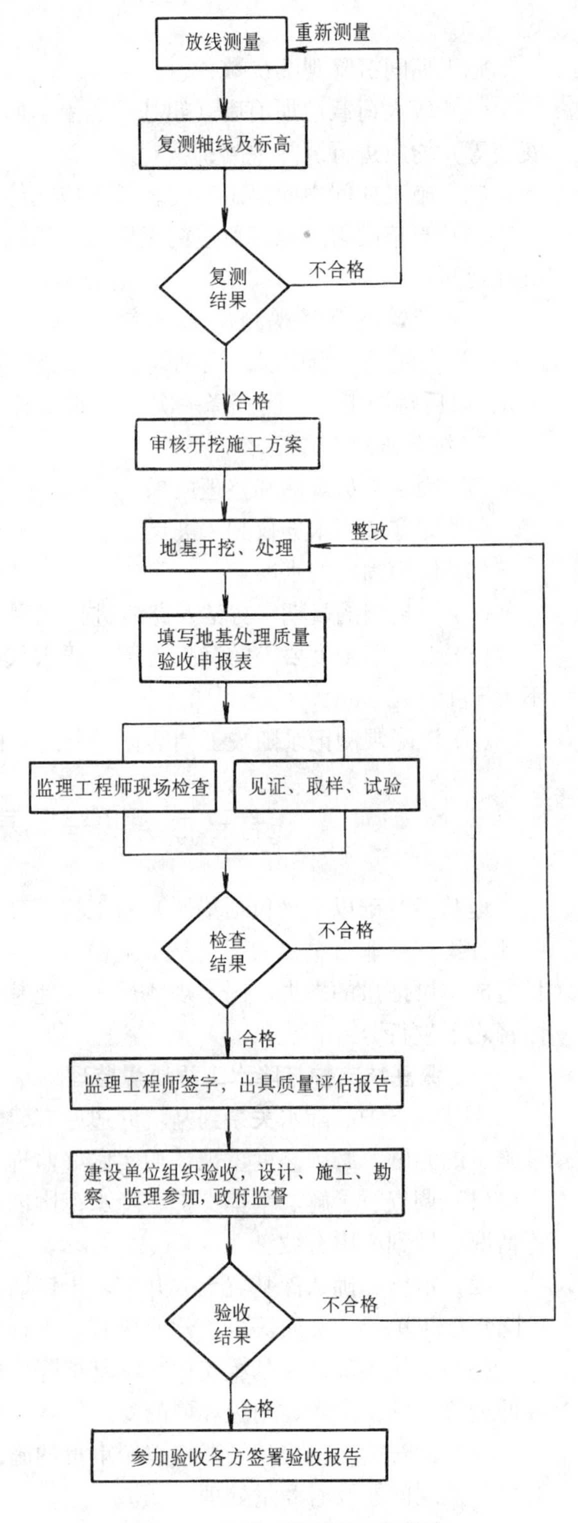

图 2-1 地基工程质量监理程序

(二) 土方开挖

明确开挖顺序，坚持分段分层，严格监督防止超挖，扰动槽底，并应预留30 cm厚的土层，用人工清理，地基土壤是否与地质报告相符，经验收后方可清槽。清完槽底再进行一次验收（轴线位置、平面尺寸、高程及平整度）。验收合格后进行施工放线，设置高程控制桩，安排垫层施工。

(三) 地基处理验收

1．灰土、三合土、砂和砂石地基工程

(1) 监理工程师应复查基槽断面尺寸、轴线位置、标高位置。

(2) 基底土质应请勘察单位和设计人员验槽，合格后，办理验槽签证。

(3) 基槽不得水泡，若遇下雨等应组织排水。

(4) 基槽应晾干，若水泡松软，晾干后应重新补填夯实。

(5) 灰土、三合土、砂土、砂石地基配料应正确，拌和均匀。

(6) 应分层夯实，符合规范规定。

(7) 留槎和接槎必须符合施工规范，位置正确，接槎密实。

(8) 干土质量密度和贯入度，必须符合设计要求和施工规范的规定。

(9) 验收资料齐全。①配合比通知单、材料试验记录齐全。②密实度和贯入度测定、分层试验记录。③隐蔽工程验收记录。④基底验槽签证单。

2．深层搅拌地基工程

深层搅拌地基是在地基深层用水泥和地基土一起搅拌对软土地基进行加固的办法。此方法可明显提高地基承载力，明显降低沉降量。监理工程师对施工过程要进行监理、验收。

（1）审查施工单位资质，审查施工组织设计。

（2）审查质量管理体系。

（3）测量放线，搅拌桩定位准确，数量符合设计要求。

（4）深层搅拌和定位准确，搅拌下沉部位准确，深度达到设计要求。

（5）原材料质量（水泥、外加剂）应达到设计要求，应该有材质单、合格证。

（6）搅拌过程中检查水泥用量，不得有断浆现象，严格控制搅拌机提升速度、提升时间和复搅次数。

（7）开挖时检查桩位、桩数、桩强度。

（8）资料齐全。①桩位测量放线图和竣工图。②原材料材质单和试验报告。③现场强度试验记录和施工记录。④隐蔽工程验收资料。

3．预制桩打桩工程

钢筋混凝土预制桩在打桩过程中，由于种种原因会发生质量问题，监理工程师在此分项工程中，要从多方面采取消除质量通病的有效措施，监督施工单位精心施工。

（1）研究地质勘察报告、桩位平面布置图和桩基结构施工图。

（2）审核施工单位资质、桩生产厂家资质。

（3）审核施工方案，检查使用机器、打桩顺序。

（4）检查桩外观质量（尺寸准确、无变形、无裂缝）。

（5）组织图纸会审，了解沉桩质量标准和桩尖标高控制的设计要求。

（6）检查轴线，控制桩位、水准点。

（7）检查垂直度，如发现不垂直应予以纠正，但不允许用走桩架的方法进行纠正，以避免桩身弯曲、断裂。

（8）检查接桩质量。

（9）检查每米进尺锤击数，当桩下沉接近设计标高时，检查最后 1 m 锤击数，最后 3 击贯入度。

（10）检查相邻桩的位移情况。

（11）资料齐全。第一，生产厂家生产许可证，材料合格证，试验报告。第二，检测记录，包括：①外形尺寸、质量；②最后 1 m 锤击数或最后 3 击贯入度；③桩位偏差（水平位移、垂直度）；④桩数。第三，现场进行的成桩试验记录。

4．灌注桩地基工程

灌注桩地基工程施工中，监理工程师应做好以下工作：

（1）研究工程地质勘察报告、桩位平面图、桩基施工图；

（2）审核承包单位的施工组织设计；

（3）检查原材料及搅拌设备；

（4）泥浆试验、调制及质量设专人负责控制；

（5）处理好排污，保护环境；

（6）复查测量放线、桩位及标高；

（7）检查配合比实施情况，检查搅拌时间、坍落度；

（8）随机取样制作试块；

（9）检查垂直度（偏差 2‰以内），水平位移（偏差 15 mm 以内）；

（10）一般泥浆黏度18～22 s，含砂率4%～8%，胶体率不小于90%；

（11）清孔干净，换浆彻底，之后进行孔深、孔径、沉渣厚度和泥浆性能检查验收；

（12）检查钢筋笼制作偏差和保护层厚度；

（13）旁站混凝土浇筑，检查导管提升速度应和浇筑混凝土量一致，始终保持导管在混凝土中0.8～1.2 m，防止泥浆浸入；混凝土浇筑开始时间距清孔停止时间应在1.5～3 h；导管应作强度试验和水压试验，避免破裂、脱节或漏水；导管下口距孔底200～300 mm为宜，首次浇筑混凝土量应根据计算确定，能保证导管底端被埋入混凝土中0.8～1.2 m，防止泥浆浸入；

（14）混凝土浇筑量应符合设计要求；

（15）停机前检查桩顶标高；

（16）竣工验收时，承包单位应提供以下资料：①桩位放线图、桩基施工图；②材质单、配合比；③施工记录；④现场检测、试验记录；⑤隐蔽工程验收记录。

（四）土方回填

肥槽及底板以上土方回填要先做土壤密实度试验，选用土壤的含水量应符合要求，清除杂物，砸碎大块、过筛。

三、基础工程质量监理

（一）浅基础施工质量监理

（1）审核承包单位的施工组织设计。

（2）复查定位放线、轴线尺寸、基槽断面尺寸、基底标高。

（3）检查基底是否被水泡，基础施工前应请勘察单位和设计单位验槽并签署意见，验槽合格后方可进行基础施工。

（4）基础用材料的材质检查，保证混凝土原料（包括水泥、外加剂、掺和料和水）游离碱不超过0.6%。

（5）基础钢筋绑扎、搭接、焊接、避雷接地检查。

（6）基础模板支护检查。

（7）基础混凝土浇筑旁站监理。

（8）拆模后混凝土表面验收。

（9）资料齐全。①定位放线记录；②材料出厂质量合格证、材料试验报告、混凝土配合比、检测记录；③施工记录、工程变更记录；④隐蔽工程验收记录；⑤基础验收记录。

（二）深基础工程质量监理

1. 沉井、沉箱工程施工质量监理

沉井、沉箱施工，由于基础较深，经常会遇到一系列质量问题，监理工程师要督促承包单位科学施工，严格按设计、规范要求操作，防止工程质量事故。

（1）研究工程地质勘察报告、沉井、沉箱施工图。

（2）审核承包单位的施工组织设计，重点保证工程质量的技术措施、组织措施。

（3）复查沉井的定位线、轴线、控制桩、标高等。

（4）检查原材料是否符合要求。

（5）检查模板是否符合要求。

（6）检查沉井、沉箱平面尺寸，钢筋、模板及预埋件尺寸是否符合设计要求。

（7）检查砂浆、混凝土强度、抗渗标号，砖砌体强度等。

（8）下沉过程中是否偏差。

（9）承包单位应提供的资料。①沉井、沉箱定位放线记录和验收签证；②原材料出厂质量保证书、试验报告、配合比通知单、强度试验报告、抗渗试验报告；③下沉过程记录；④隐蔽工程验收记录及工程质量验收。

2．地下连续墙施工质量监理

（1）审核承包单位的施工组织设计和施工方案。

（2）检查原材料是否符合要求。

（3）复查地下连续墙定位放线、轴线是否符合设计要求。

（4）挖槽的平面位置、深度、宽度和垂直度是否符合设计要求。

（5）泥浆的配制质量、沟槽的稳定性、槽底清理和置换泥浆必须符合施工规范规定。

（6）钢筋骨架、模板、混凝土及预埋件应符合设计要求和施工规范要求。

（7）地下连续墙上预埋管件安装必须符合设计要求和施工规范要求，且必须验收合格并办理隐蔽工程验收。

（8）检查地下连续墙裸露墙面、接缝处夹泥及漏水情况。

（9）检查轴线、标高、混凝土抗压、抗渗试验应符合设计要求。

（10）承包单位应提交的资料：①地下连续墙定位放线记录和验收签证；②原材料出厂质量保证书、试验报告、配合比通知单；③施工记录、泥浆质量记录；④隐蔽工程验收记录和工程质量评定。

3．地下卷材防水工程质量监理

（1）检查卷材防水层所用材料、胶结材料和冷底子油的配合比是否符合设计要求。

（2）铺贴卷材的基层表面必须牢固、无松动现象，基层表面应平整，阴阳角处应做成圆弧形。

（3）铺贴卷材前应使基层表面干燥。

（4）对卷材和胶结材料必须进行抽检，取样复试。

（5）检查冷底子油是否符合施工规范，逐层验收。

（6）卷材接缝严密，搭接、收头符合规范要求。

（7）防水层与保护层黏结牢固，厚度均匀一致。

（8）资料齐全：①地下防水工程定位放线记录和验收签证；②原材料出厂质量保证书、试验报告、配合比通知单；③取样送检复试报告；④隐蔽工程验收记录、工程质量验收；⑤施工记录。

第四节　钢筋混凝土结构工程质量监理

钢筋混凝土结构整体性、抗震性、耐久性、耐火性、可模性好，取材容易，合理用材，施工速度快，广泛应用于建筑、桥梁、隧道、矿井以及水利、海港等工程中，加强钢筋混凝土结构工程质量监理非常重要。

一、主体工程质量监理程序

见图 2-2。

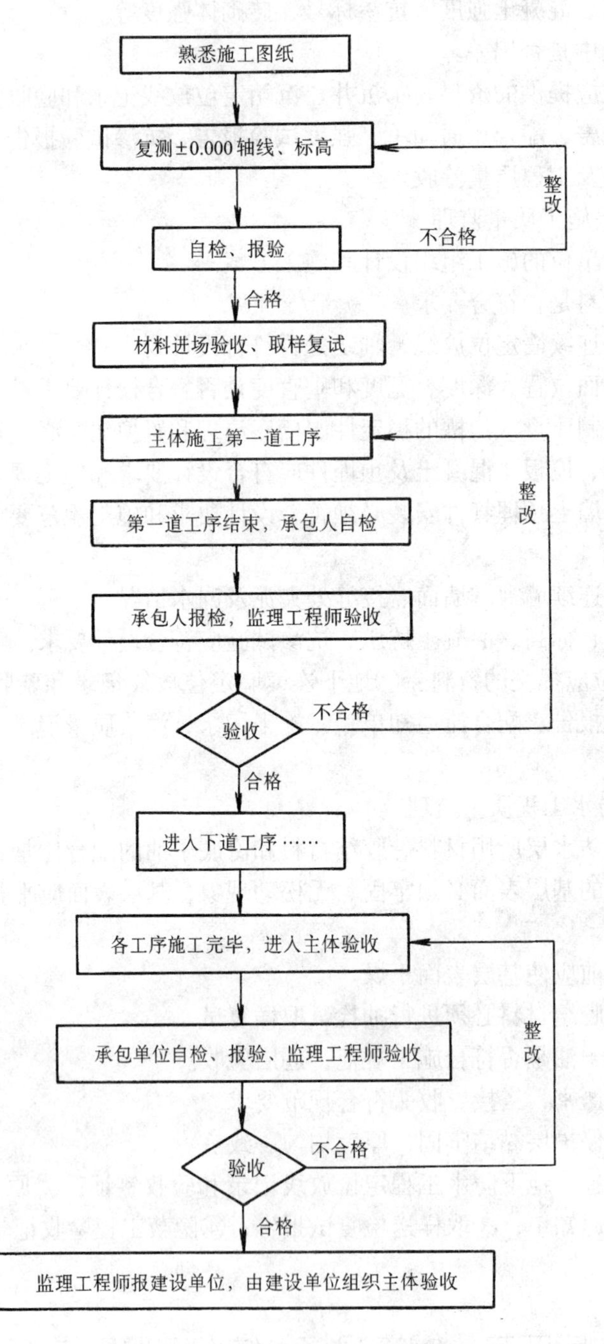

图 2-2　主体工程质量监理程序

二、模板工程质量监理

1．审查施工单位编制的模板工程施工方案的质量技术措施

（1）模板及其支架是否根据工程结构形式、高度、荷载大小、地基土类别、施工设备和材料供应等条件进行设计。

（2）模板及其支架是否具有规定的承载能力、刚度和稳定性，能否可靠地承受浇注混凝土的重量、侧压力以及施工荷载。审查模板及其支架拆除顺序及安全措施。

(3) 审查跨度等于或大于 4 m 的现浇混凝土梁板起拱高度是否满足跨度的 1/1 000～3/1 000的规定。

(4) 模板制作质量是否符合有关规定和设计要求。

2. 模板安装的质量控制

(1) 现浇混凝土模板的允许偏差及检查方法，见表 2-1。

表 2-1　现浇混凝土模板的允许偏差及检查方法

项目		允许偏差（mm）	检查方法
轴线位置		5	钢尺检查
底模上表面标高		±5	水准仪或拉线、钢尺检查
截面内部尺寸	基础	±10	钢尺检查
	柱、墙、梁	+4，-5	钢尺检查
层高垂直度	不大于 5 m	6	经纬仪或吊线、钢尺检查
	大于 5 m	8	经纬仪或吊线、钢尺检查
相邻两板表面高度差		2	钢尺检查
表面平整度		5	2 m 靠尺和塞尺检查

(2) 检查模板涂刷隔离剂，隔离剂不得沾污钢筋和混凝土接槎处，不得妨碍装饰工程的施工质量。

(3) 柱梁炸模问题，由于模板支撑不牢固，造成模板在混凝土的压力下外胀、变形，因而引起混凝土断面尺寸鼓出、漏浆、混凝土不密实或出现蜂窝麻面。此问题应注意支撑与地面接触的稳定性，应注意夹具的牢固。

(4) 柱梁身的偏位，由于支模没有按弹线位置支设，造成梁、柱位移、变形甚至扭曲。此问题应注意控制柱的垂直度，应注意底部弹中线控制，梁柱应符合设计尺寸，校核柱之间相互位置的兜方找中，校核钢筋位置。

(5) 墙模板的对拉螺栓间距应符合要求，模板阴阳角应交圈，不得松动。

(6) 墙柱封模前，底部应处理干净，钢筋应进行验收，模板下口的缝应堵实。

(7) 预埋件、预留孔的位置、标高、尺寸应符合要求，支模板完毕应进行验收。

3. 模板拆除的控制

(1) 拆除模板的程序和方法，严格按施工方案要求进行，一般采取先支后拆、后支先拆；先拆非承重部位的模板，后拆承重部位的模板；自上而下，先拆侧向支撑，后拆竖向支撑。

(2) 侧模板拆除时的混凝土强度应能保证混凝土结构表面及棱角不受损伤。

(3) 模板拆除时，不应对楼层形成冲击荷载。拆除的模板和支撑应分散堆放并及时清运。

(4) 底模板及其支撑拆除时混凝土强度应符合设计要求；如设计无具体要求时，混凝土的强度应符合表 2-2 要求。

表 2-2 底模板拆除时的混凝土强度要求

构件类型	构件跨度（m）	达到设计的混凝土立方体抗压强度标准值的百分率（%）
板	≤2	≥50
	>2，≤8	≥75
	>8	≥100
梁、拱、壳	≤8	≥75
	>8	≥100
悬臂构件	—	≥100

三、钢筋工程质量监理

（1）检查混凝土结构所采用的钢筋是否符合现行国家标准规定和设计要求。

（2）检查钢筋进场产品合格证、质量证明书或试验报告单。每批钢筋进场应由同一牌号、同一炉批号、同一规格、同一交货状态分批检验，按现行国家有关标准抽取试样做力学性能试验，并按试验总次数的30%见证取样，合格后才能使用。

（3）钢筋的级别、种类，直径需要代换时，应征得设计单位的同意，并办理工程变更手续，监理人员应检查并确认。

（4）粗钢筋连接，可采用电渣压力焊、闪光对焊、锥螺纹接头、墩粗直螺纹接头、滚轧直螺纹接头和套筒挤压接头等形式，应检查工艺、质量是否符合现行国家规范、地方规定和设计要求。钢筋焊接前，必须根据施工条件进行试焊，合格后方可施焊，质量验收也按国家和地方、行业相应规范规定执行。

（5）检查钢筋加密是否符合设计要求和规范要求。

（6）检查钢筋的搭接长度、锚固长度、接头位置是否正确。

（7）检查钢筋数量、型号、间距是否符合要求。

（8）检查钢筋保护层的垫块强度、厚度、位置留设是否符合要求。

四、混凝土工程质量监理

混凝土工程在结构中的作用是重中之重，应特别重视其质量问题，因此关键部位、关键工序要求监理工程师旁站监理。

1. 施工组织设计的审核

在施工组织设计的审核过程中，重点审核混凝土工程组织措施和技术措施，其中特别要注意混凝土的生产、运输、输送、浇筑顺序、施工缝的设置、施工期温度对混凝土的影响及处理措施等。对于大体积混凝土的浇筑，应有专门制定的施工方案和采取的相应措施。

2. 混凝土所用原材料必须严格控制

检查混凝土工程使用材料是否符合现行国家规范规定，并对原材料（水泥、砂、石、掺和料及外加剂）按试验总数的30%见证取样，各种原材料合格后才许可开盘搅拌；混凝土配合比应由试验室试验确定。

3. 混凝土加工设备及施工机具应进行检查

（1）搅拌设备应满足混凝土的需要量。

（2）原材料应过磅，计量设备应校验，计量应准确。

（3）水平运输和垂直运输设备应满足混凝土的需要量。

(4) 振捣设备性能可靠。

(5) 现场坍落度试验设备、试块模具应配套。

(6) 用水量、水的质量应保证；供电应满足要求。

(7) 混凝土浇筑过程中的马蹬、跳板应准备到位，不得踩踏钢筋。

4. 选择商品混凝土搅拌站的要求

对商品混凝土搅拌站严格全面考察，优先选择资质等级、营业执照符合要求，社会信誉高、技术装备好、施工能力强的搅拌站，要求搅拌站、试验室提供混凝土配合比通知单，供监理审查。

5. 混凝土浇筑开工令（见表2-3）

监理工程师对钢筋工程、模板工程、水暖电配套工程等各专业的任务完成监理验收合格，对混凝土浇筑工程的准备工作验收合格后，可下达混凝土搅拌开机的命令，在监理工程师未签署开工令之前，不得擅自进行混凝土施工。

表2-3　混凝土浇筑开工令

<table>
<tr><td>浇筑部位</td><td colspan="7"></td></tr>
<tr><td>混凝土量</td><td>m³</td><td>浇筑时间</td><td colspan="5">年　月　日　时至　日　时</td></tr>
<tr><td rowspan="3">混凝土配合比</td><td>报告编号</td><td></td><td colspan="5">每盘材料用量（kg）</td></tr>
<tr><td colspan="2" rowspan="2">重量比：
水灰比：
坍落度：
外加剂掺量：</td><td>水泥</td><td>石子</td><td>砂</td><td>水</td><td>外加剂</td></tr>
<tr><td></td><td></td><td></td><td></td><td></td></tr>
<tr><td rowspan="7">前道工序验收情况</td><td>工序名称</td><td>专业工程师意见</td><td>签　字</td><td colspan="4">混凝土浇筑设备验收</td></tr>
<tr><td>钢　筋</td><td></td><td></td><td>搅　拌</td><td colspan="3"></td></tr>
<tr><td>模　板</td><td></td><td></td><td>水平运输</td><td colspan="3"></td></tr>
<tr><td>水</td><td></td><td></td><td>垂直运输</td><td colspan="3"></td></tr>
<tr><td>暖</td><td></td><td></td><td>振　捣</td><td colspan="3"></td></tr>
<tr><td>电</td><td></td><td></td><td>计　量</td><td colspan="3"></td></tr>
<tr><td>材　料</td><td></td><td></td><td>测　试</td><td colspan="3"></td></tr>
<tr><td rowspan="2">施工单位</td><td>项目负责人</td><td></td><td>浇捣班组长</td><td colspan="4"></td></tr>
<tr><td>质　量　员</td><td></td><td></td><td colspan="4"></td></tr>
<tr><td colspan="8">监理工程师意见

专业监理工程师：
发令时间：　　年　月　日　时　　　　总监理工程师：</td></tr>
</table>

6. 混凝土工程施工中的质量控制

(1) 对混凝土的搅拌应进行不定期抽查，主要是计量控制，加水量应准确、加料顺序及搅拌时间应符合规范要求。

(2) 随机抽取试样，做坍落度试验，取样制作试块。

(3) 混凝土的运输控制，主要是商品混凝土的运输，在运输过程中受时间和温度的影响，混凝土的和易性会降低，容易引起混凝土浇筑出现蜂窝、空洞等振捣不密实的问题，因此，在施工现场应对混凝土进行坍落度试验，并应加强振捣工艺，避免出现不密实的问题。

(4) 混凝土的接槎控制主要是控制留槎位置和前后浇筑时间。混凝土一般情况下应连续浇筑，对于大体积混凝土浇筑，分层、分段应合理，前后时间应控制好，在前一层混凝土初凝前，浇筑后一层混凝土，振捣器要插到下一层。楼板混凝土的留槎应位于跨度的1/3处内，第二次浇筑前，应对留槎断面进行处理，凿毛、清理、刷素浆。

(5) 混凝土竖向浇筑时的高度控制。浇筑混凝土时一般落差不应超过2 m，如落差太大，会导致混凝土发生离析，容易产生蜂窝、空洞现象，因此，落差大时，应采用导管将混凝土送入，如柱子、楼梯等结构的浇筑。

(6) 检查施工单位对商品混凝土进场要由专人统一管理，做到编号清楚、部位明确、登记准确不出差错，并每车检查坍落度，确保符合规范规定和设计要求。

(7) 混凝土的养护是混凝土工程的一个重要环节，监理工程师必须予以重视。在混凝土浇筑后应督促承包单位安排专人进行养护，一般12 h后应进行浇水，保持湿度7天以上，气温高的时候应进行覆盖保持湿度，在混凝土强度未达到1.2 N/mm^2 前，不准在其上面进行作业。

(8) 所有现浇板、墙上的孔洞一律预留，不得后凿，留洞位置做法详见设计图，边长或直径≤300 mm的洞口时，钢筋绕过，＞300 mm时，洞口加筋见施工图。监理工程师对此必须严格控制。

五、预应力混凝土工程质量监理

对于预应力混凝土工程的质量监理，由于工艺比较复杂，应加强事前监理，监理工程师应认真阅读施工图和技术资料，认真学习相关规范、质量标准；依据设计图纸和技术规范对承包单位的行为进行监理。

1. 对原材料的质量控制

预应力混凝土工程中，预应力钢筋的质量是非常重要的，应严格控制；预应力锚具、夹具和连接器的性能应符合国家现行标准《预应力锚具、夹具和连接器应用技术规范》的要求，进场的锚具、夹具应有出厂质保书、试验报告，对其外观应仔细检查，并取样对其硬度、锥度进行检测，应符合设计要求。

2. 生产过程的质量监理

(1) 先张法生产质量控制。①检查台座是否平整，表面是否清洁，台座刚度、强度稳定性是否满足要求；②检查张拉设备运转是否正常，测力装置是否准确可靠；③张拉控制应力是否满足设计要求，超张拉值是否到位，应有张拉记录；④混凝土质量应达到设计要求，并留好试块；⑤做好养护工作，控制好预应力放张时间，放张前承包单位应自检，并申报，在各方面条件具备、经监理工程师同意审批后，承包单位方可按规定顺序进行放张；⑥构件完成后要进行自检和报验，对不合格的产品应进行相关处理。

(2) 后张法生产质量控制。①检查钢筋和模板质量；②检查混凝土预留孔、预埋件的固定、位置、连接等；③浇混凝土前承包单位应自检、申报，条件具备后由监理工程师审批签字后方可浇筑混凝土；④严格混凝土配合比、取样、浇筑控制；⑤张拉前由承包单位提出申请，监理工程师根据混凝土强度是否达到设计和规范要求、现场张拉设备是否满足要求，决定是否开始张拉，存在问题必须整改，完全合格后方可审批签字，并旁站监督承包单位按设计和规范要求进行张拉；⑥张拉过程中严格控制张拉应力和内缩量，认真填写张拉记录；⑦监理工程师应检查锚具的防锈处理和锚固状态，确保锚具引起的预应力损失减少到最小；⑧检查灌浆是否满足要求，水灰比应进行控制，保证孔道灌浆密实。

（3）预应力工程的张拉过程，要求监理工程师旁站监理，对于施工中存在的质量问题应及时纠正，否则，预应力工程施工完毕后发生问题是无法挽救的。

六、防水混凝土工程质量监理

1．地下防水混凝土工程质量监理

（1）审核承包单位的施工组织设计和施工方案。

（2）做好原材料的控制。①水泥：检查是否使用强度等级大于或等于32.5的普通硅酸盐水泥，水泥必须满足国标GB175－1999规定，应抗水性好、泌水性小，并具有一定的抗侵蚀性，不得使用过期、受潮结块及掺入有害杂质的水泥；②砂：宜用颗粒坚定、洁净的中砂，含泥量不得大于3%，泥土不得呈块状或包裹砂子表面；③石：要求使用坚硬的卵石、碎石。石子粒径宜为5～40mm，最大粒径不得大于40mm，含泥量不得大于1%，且不得呈块状或包裹石子表面；④掺和料：选用粉煤灰、高炉矿渣粉、电炉硅灰等掺和料应符合有关规定和试验室要求；⑤外加剂：选用的减水剂、加气剂、三乙醇胺、氯化铁等外加剂应符合有关规定和试验室要求；⑥检查原材料含碱量是否满足要求。

（3）施工降水措施得当，基坑内不得有水。

（4）复查定位放线、轴线、标高应符合设计要求。

（5）底板、壁板的模板应符合规范要求。

（6）穿墙管件、预埋件应除锈和清除焊渣，并应焊止水板，固定牢固，预埋管应焊止水环，并应做通水试验，验收合格后，办理隐蔽工程验收。

（7）孔洞周边应设加强钢筋。

（8）电线管用无缝管确保管内不进水。

（9）做好操作工艺的控制。①底板混凝土应连续浇灌，不得留施工缝。防水混凝土应采用机械振捣，以保证混凝土密实。采用插入式振捣器时，插点距离不大于50 cm，振捣和铺灰选择对称位置开始。②防水混凝土墙体施工缝应留在底板以上30～50 cm处墙身上。墙厚在30 cm以上时，宜用企口缝。当墙厚小于30cm时，可采用高低缝或止水钢板。采用高低缝时迎水面在低缝处，采用止水钢板时，钢板厚度3～4mm、宽40cm，钢板搭接处用电弧焊连接封闭，止水钢板宜放在墙厚中间，止水钢板槽向外。③施工缝新旧混凝土接缝处，继续浇筑前应将表面凿毛，清除浮浆、浮粒和杂物，露出石子，用水冲洗干净后保持湿润，铺一层20～25mm厚同标号水泥砂浆或细石混凝土，再浇灌混凝土。④防水混凝土不宜过早拆模，拆模时混凝土表面温度与周围温差不得超过15～20℃，以防混凝土表面出现裂缝。

（10）后浇带处理。①后浇带两侧模板一定要安装好，确保混凝土浇筑密实；②后浇与先浇混凝土时间间隔必须符合设计要求，且不少于42天；③用微膨胀混凝土浇后浇带，应先做配比试验，后浇筑；④后浇带应按施工缝方法处理，养护不少于28天。

（11）防水混凝土标号应符合设计要求，浇水养护不少于14昼夜。

（12）粉刷或填土前应检查外观质量，必要时做蓄水试验，检查有无渗漏，同时观测沉降。

（13）填土前应进行质量验收。

(14) 资料齐全。①原材料质保书、试验报告；②定位放线记录和签收记录；③施工记录、施工缝处理记录；④隐蔽工程验收记录。

七、预防混凝土工程碱-集料反应质量监理

由于混凝土原料（包括水泥、外加剂、掺和料和水）带入混凝土中游离碱（Na_2O 和 K_2O）成分超出一定限额（一般规定 0.6%），混凝土中的游离碱与混凝土骨料中的活性成分（活性二氧化硅、活性碳酸盐）发生化学作用生成碱-硅胶体，并附着在骨料的周表面，这种胶体能长期吸水膨胀，导致混凝土内部产生内应力，内应力随膨胀量增大而增大，当内应力超出了混凝土设计强度时，混凝土开始从内到外延伸开裂和损毁，影响混凝土工程的耐久性和使用寿命。为了有效地控制和减少混凝土工程碱-集料反应，防止混凝土结构裂缝，提高混凝土工程质量，延长混凝土工程寿命，质量监理措施如下：

(1) 对地面以上工程，环境干燥、不直接接触水，空气相对湿度长期低于 80%，结构混凝土可不采取预防混凝土碱-集料反应的措施，但结构混凝土的外露部分应采取刷防水涂料、贴面砖等有效防水措施，防止雨水渗进混凝土结构。

(2) 对基础混凝土工程应采取预防碱-集料反应的措施，首先对混凝土的含碱量做出评估：①使用非碱活性集料配置混凝土，其混凝土含碱量不受限制；②使用低碱活性集料配制混凝土，混凝土含碱量不超过 5 kg/m^3；③使用碱活性集料配制混凝土，混凝土含碱量不超过 3 kg/m^3。高碱活性集料严禁用于基础混凝土工程。

(3) 基础混凝土工程使用的水泥、砂石、外加剂、掺和料等材料，必须具有由市技术监督局核定的法定检测单位的材料检测合格报告，否则其材料禁止在此类工程上应用。

(4) 混凝土搅拌站配制的基础用混凝土，应严格按照委托单位提出的配制要求配制，并向用户提供正式检测报告，包括所用砂石产地及碱性等级和混凝土碱含量的评估结果。依据工程设计要求，在编制施工组织设计时，要有具体的控制混凝土碱-集料反应的技术措施。

第五节　砌体结构工程质量监理

砌体工程在房屋建筑工程中占据很重要的位置，无论是砖石承重结构还是砌块围护结构，对房屋建筑工程质量的影响都是很大的，砌体质量不能保证，则房屋建筑工程质量将不能保证，因此，砌体工程质量控制尤为重要。

砌体工程施工一定要有切实可行的技术措施、管理措施，对于上岗的技术工人应进行技术培训，监理工程师必须经常深入现场进行检查，凡不符合规范和设计要求的应立即纠正，该返工的返工，不得有任何迁就，要求监理工程师在砌体工程中进行动态跟踪监理。

一、砌体结构工程质量监理程序

砌体结构工程质量监理程序见本章第四节图 2-2。

二、施工准备阶段质量监理

(1) 砌体工程开工前，监理工程师应认真研究施工图，对各部位的砌体材料、强度等级、留洞、预埋件、配筋等做到心中有数。

(2) 严格控制测量放线，复核承包单位测设的砌体平面位置和标高。

(3) 审查砌体工程所用的材料是否有产品合格证书，产品性能检测报告。块材、水泥、钢筋、外加剂等是否有材料主要性能的进场复试报告。并按规定见证取样复验。

（4）检查砂浆配合比（有资质部门提供的）。

（5）检查承包单位的计量设备是否由有资质检测部门提供，并在检定有效期内以及搅拌设备、运输设备的准备情况。

（6）检查承包单位现场施工的人员、物品及各种条件。

三、施工过程质量监理

（1）基底杂物应清理干净，不同种类的砌块应按规范要求检查其含水率（如砖应控制在10%～15%）。

（2）砂浆搅拌应严格计量，按配合比投料。

（3）控制砂浆搅拌时间和投料顺序，保证块状塑化材料能拌开。

（4）检查砂浆质量，主要是和易性，并随机抽取样品制作试块。

（5）水泥砂浆使用不得超过 3 h，混合水泥砂浆使用不得超过 4 h，气温超过 30℃时，应相应缩短 1 h。

（6）砌体水平缝砂浆饱满度应大于 80%，灰缝一般在 8～10 mm 之间，不应大于12mm，竖向砂浆应饱满。

（7）检查拉结钢筋是否满足规范要求，间距和长度应满足要求。

（8）检查砌体平整度和垂直度，一般平整度误差应小于 5 mm，垂直度误差在全高范围内应小于 10 mm。

（9）检查接槎和错缝处理，不应有直槎，不应有通缝。

（10）检查构造柱留置位置、与砌体连接情况。

（11）应控制脚手眼设置部位符合规范要求。

（12）检查在墙上留置临时施工洞口，其侧边离交接处墙面不应小于 500 mm，洞口净宽度不应超过 1 m。抗震设防烈度为 9 度的地区建筑物的临时施工洞口位置，应会同设计单位确定。

（13）检查设计要求的洞口、管道、沟槽应于砌筑时正确留出或预留，未经设计同意，不得打凿墙体和在墙体上开凿水平沟槽。宽度超过 300 mm 的洞口上部，应设置过梁。

（14）检查砖和砂浆的强度等级必须符合设计要求。

（15）砖砌体的转角处和交接处应同时砌筑，严禁无可靠措施的内外墙分砌施工。对不能同时砌筑而又必须留置的临时间断处应砌成斜槎，斜槎水平投影长度不应小于高度的 2/3。

（16）施工时所用的小砌块的产品龄期不应小于 28d。

（17）承重墙体严禁使用断裂小砌块。

（18）小砌块应底面朝上反砌于墙上。

（19）小砌块和砂浆的强度等级必须符合设计要求。

（20）墙体转角处和纵横交接处应同时砌筑。临时间断处应砌成斜槎，斜槎水平投影长度不应小于高度的 2/3。

（21）检查钢筋的品种、规格和数量是否符合设计要求。

（22）检查构造柱、芯柱、组合砌体构件、配筋砌体剪力墙构件的混凝土或砂浆的强度等级是否符合设计要求。

（23）检查设置在砌体水平灰缝内的钢筋，是否居中置于灰缝中。水平灰缝厚度应大于钢筋直径 4 mm 以上。砌体外露面砂浆保护层的厚度不应小于 15 mm。

(24) 检查冬季施工所用材料是否符合下列规定：①石灰膏、电石膏等应防止受冻，如遭冻结，应经融化后使用；②拌制砂浆用砂，不得含有冰块和大于 10 mm 的冰结块；③砌体用砖或其他块材不得遭冰冻。

(25) 水泥进场使用前，应分批对其强度、安定性进行复验。检验批应以同一生产厂家、同一编号为一批。

(26) 当在使用中对水泥质量有怀疑或水泥出厂超过 3 个月时，应复查试验，并按其结果使用。不同品种的水泥，不得混合使用。

(27) 凡在砂浆中掺入有机塑化剂、早强剂、缓凝剂、防冻剂等，应经检验和试配符合要求后，方可使用。有机塑化剂应有砌体强度的型式检验报告。

(28) 砌筑砂浆试块强度验收时其强度必须符合以下规定：同一验收批砂浆试块抗压强度平均值必须大于或等于设计强度等级所对应的立方体抗压强度；同一验收批砂浆试块抗压强度的最小一组平均值必须大于或等于设计强度等级所对应的立方体抗压强度的 0.75 倍。

四、砌体工程质量验收

1. 砌体工程验收前

应检查下列文件和记录：

(1) 施工执行的技术标准；

(2) 原材料的合格证书、产品性能检测报告；

(3) 混凝土及砂浆配合比通知单；

(4) 混凝土及砂浆试件抗压强度试验报告单；

(5) 施工记录；

(6) 各检验批的主控项目、一般项目验收记录；

(7) 施工质量控制资料；

(8) 重大技术问题的处理或修改设计的技术文件；

(9) 其他必须提供的资料。

2. 砌体工程施工完毕

承包单位应进行自检，并申报，由监理工程师进行验收，主要检查：

(1) 砂浆饱满度；

(2) 砌体垂直度、平整度；

(3) 砌体留洞、接槎、错缝等处理；

(4) 砌体的外观质量。

砌体验收作为隐蔽工程验收的项目之一，应有验收记录。

第六节 木结构工程质量监理

一、施工准备阶段质量监理

(1) 审查木结构工程施工单位、层板胶合木加工厂、木结构防护等有关单位的营业执照和资质等级是否符合相关要求。

(2) 审核确认木结构工程有关单位质量管理体系、安全保证体系、质量检验制度及质量技术措施。

(3) 审核确认木结构工程有关单位项目经理、技术人员、质量人员等资格证书。

(4) 审核确认木结构工程施工方案，重点是施工部署、施工方法和技术质量保证措施、安全生产措施。

(5) 熟悉图纸、参加设计交底、图纸会审，督促施工单位将图纸中问题及时解决。

二、木结构工程质量监理程序

木结构工程质量监理程序见本章第四节图 2-2。

三、施工阶段质量监理

(1) 对木结构工程采用的木材（含规格材、木基结构板材）、钢构件和连接件、胶合剂及层板胶合木构件、器具及设备进行现场验收。检查合格证、质量证明书及检测报告。凡涉及安全、功能的材料或产品做现场复验，合格后才能使用。

(2) 检查方木、原木结构含水率控制在规范和设计要求以内。

①原木、方木结构小于 25%。

②板材结构及受拉构件的连接板小于 18%。

③通风条件较差的木构件小于 20%。

(3) 检查承重木结构方木、板材、原木材质不允许腐朽，木节、斜纹、裂缝、髓心等不超过现行国家规范规定和设计要求。

(4) 检查木桁架、木梁（含檩条）、柱以及木骨架等制作、安装符合现行国家规范规定和设计要求。

(5) 木结构的防腐、防虫和防火是否满足设计要求的使用年限，根据使用环境和所使用的树种耐腐或抗虫蛀的性能确定是否采用防腐药剂进行处理。

(6) 检查防护剂是否具有毒杀木腐菌和害虫的功能，而不致危及人畜和污染环境。防护剂的使用范围是否符合规定。

①混合防腐油和五氯酚只用于与地（或土壤）接触的房屋构件的防腐和防虫，并应用两层可靠的包皮密封；不得用于居住建筑的内部和农用建筑内部，以防人畜直接接触；不得用于储存食品的房屋或能与饮用水接触的处所。

②含砷的无机盐可用于居住、商业或工业房屋的室内，只需在构件处理完毕后将所有的浮尘清除干净，但不得用于储存食品的房屋或能与饮用水接触的处所。

(7) 检查木结构防护剂保持量（kg/m^3）和透入度（mm）是否满足现行国家规范规定和设计要求。

(8) 检查木结构的防腐、防火的构造措施是否满足设计要求。

(9) 做好每道工序的检查验收，合格后才允许进行下道工序的施工。

第七节　钢结构工程质量监理

由于我国钢产量的快速增长，钢结构的重量轻、强度高、抗震性能好、制造方便、施工周期短，目前大量应用于大跨结构、重型厂房结构、高层建筑结构等建筑工程中，加强钢结构工程的质量监理非常重要。

一、施工准备阶段质量监理

(1) 审查钢结构工程制作、安装、防腐、防火等单位是否具备相应的钢结构施工资质及等级要求；审查钢材、焊材、螺栓等材料供应单位的资质；审查检测机构的资质是否符合要求；施工现场质量管理是否有相应的施工技术标准、质量管理体系、质量控制及检验制度。

(2) 审查现场项目管理机构质量管理体系，安全保证体系和项目经理，项目技术负责人，质量、安全管理人员的资格证书。

(3) 审查项目管理机构是否有相应的技术标准、质量控制及检验制度。

(4) 审查钢结构工程施工组织设计或施工方案等技术文件及审批程序（重要钢结构工程施工组织设计须企业技术负责人审批）。

(5) 审查特种作业（电焊工、无损探伤人员、检测人员、电工、吊装司机、信号工、架子工等）上岗资格证书，承担重要工程的电焊工要进行现场实际考试，成绩合格后才能进行焊接工作。

(6) 审查和确认钢结构制作单位的深化设计是否根据已批准的设计文件编制施工详图。施工详图是否经原设计工程师会签同意，确认后才能施工。

(7) 检查和确认钢结构制作单位在钢结构制作前，是否根据设计文件、施工详图要求及制作单位的条件，编制制作工艺。制作工艺检查的主要内容：依据的标准、制作单位的质量管理体系、安全保证体系、成品的质量保证和为使成品达到规定而制定的措施、生产场地的布置、采用的加工、焊接设备和工艺设备、各类检查项目表格、生产进度计划表和审批手续。

(8) 检查施工单位设计交底和图纸会审情况，有关施工技术人员是否了解设计意图，对于设计图纸中存在的问题、没商定的处理意见以及会议纪要的落实情况。

(9) 检查钢结构制作单位对特殊钢结构的工艺试验，如焊接工艺评定等试验，特别是对新工艺、新材料工艺试验合格后才能作为指导生产的依据。

(10) 检查钢结构工程中选用的新钢材的产品鉴定书，即检查新钢材厂家提供的焊接性资料、指导性焊接工艺、热加工和热处理工艺参数、相应钢材的焊接接头性能数据等资料；检查焊接材料生产厂家贮存焊前烘熔参数规定、熔敷金属成分性能鉴定资料及指导性施焊参数，合格后才能在施工中采用。

(11) 检查钢结构工程所采用的钢材、焊接材料、紧固件、涂装材料等的品种、规格、性能等产品质量合格证明文件，检验报告各项指标是否符合国家现行标准和设计要求，进口钢材产品的质量是否符合设计和合同规定标准的要求。

(12) 进场的钢材产品，在报验资料和外观检查合格的基础上，还要按合同和设计要求及有关标准，进行现场抽样复验并按规定进行见证取样，合格后才能使用。

(13) 审查焊材、螺栓、栓钉等辅助材料的试验报告、产品合格证、质量证明书；对样品的确认。

(14) 审查钢材定货的技术条件、钢材生产过程质量保证措施以及跟踪落实。

(15) 钢结构材料的质量验收，是否采用经计量检定、校准合格的计量器具。

(16) 钢结构的防火涂料、稀释剂和固化剂等材料的品种、规格、性能等是否符合现行国家产品标准和设计要求，是否经过有资质的检测机构检测。

二、制作阶段质量监理

（一）钢结构工程质量监理程序

参考本章第四节图2-2。

（二）钢结构制作阶段的质量监理

1. 放样、编号

（1）熟悉施工图，认真阅读技术要求及设计说明，逐个核对图纸之间的尺寸和方向等。特别注意各部件之间的连接点、连接方式和尺寸是否一一对应。

（2）放样使用的工具必须经过计量部门的校验复核，合格后方可使用。

（3）号料前必须了解原材料的材料及规格，检查原材料的质量。不同规格、不同材质的零件应分别依据先大后小的原则依次号料。

（4）放样的号料应预留收缩量（包括焊接预留收缩量）及切割、铣端等需要的加工余量。铣端余量：剪切后加工的一般每边3～4 mm，气割后加工则4～5 mm。焊接收缩量根据构件结构特点由工艺给出。

（5）主要受力构件、需要弯曲的构件，在号料时应按工艺规定的方向取料，弯曲件的外侧不应有样冲点和伤痕缺陷。

（6）号料应有利于切割和保证零件质量，号料的余料应进行标识。

（7）放样的样板、样杆和号料后的允许偏差应符合国家现行有关标准规范规定。

2. 切割

（1）下料划线以后的钢材，必须按其所需的形状和尺寸进行下料切割。

（2）剪切时应注意以下要点：①剪刀口必须锋利，剪刀材料应为碳素工具钢和合金工具钢，发现损坏或迟钝需及时检修、磨厉或更换；②上下刀刃间隙必须根据板厚调节适当；③材料剪切后的扭曲变形，必须进行矫正；剪切面粗糙或者带有毛刺，必须修磨光洁；④剪切过程中，切口附近金属因受剪力而发生挤压和弯曲，从而引起硬度提高、材料变脆的冷作硬化现象；重要的结构件焊缝的接口位置，一定要用铣、刨或砂轮磨削等方法将硬化表面加工清除。

（3）锯切机械施工中应注意的要点：①型钢应经过校直后方可进行锯切；②单件锯切的构件，先划出号料线，然后对线锯切，号料时应留出锯槽宽度；成批加工时，可先安装定位挡板进行加工；③加工精度要求高的重要构件，应考虑预留适当加工余量，以便锯切后进行端面精铣；④锯切时应注意控制切割断面的垂直度。

（4）气割操作时应注意的要点：①气割前应检查确认整个气割系统的设备和工具全部运转正常，并确保安全；②气割时应选用正确的工艺参数（割嘴型号、气体压力、气割速度和预热火焰能率等），工艺参数的选择主要是根据气割机械的类型和可切割的钢板厚度进行确定；③切割时应调节好氧气射流（风线）的形状，使其达到并保持轮廓清晰、风线长和射力高；④气割前应去除钢材表面的污垢、油污、浮锈和其他杂物，并在下面留出一定空间，以利于熔渣吹出；⑤气割时应防止回火，操作时应采取措施防止气割变形。

（5）切割的允许偏差应符合国家现行有关规范规定。

3. 矫正和成型

（1）碳素结构钢在环境温度低于−16℃、低合金钢在环境温度低于−12℃时，不应进行冷矫正和冷弯曲。碳素钢结构和低合金钢结构加热矫正时，加热温度不应超过900℃。低合金钢结构在加热矫正后应自然冷却。

（2）当零件采用热加工成型时，加热温度应控制在900～1 000℃；碳素结构钢和低合金钢结构分别下降到700℃和800℃之前，应结束加工。

（3）矫正后的钢材表面，不应有明显的凹面或损伤，划痕深度不得大于0.5 mm，且不应大于该钢材厚度负允许偏差的1/2。

（4）冷矫正和冷弯曲的最小曲率半径和最大弯曲矢高应符合国家有关规范规定。

（5）钢材矫正后的允许偏差应符合国家有关规范规定。

4. 边缘加工

（1）气割或机械剪切的零件，需要进行边缘加工时，其刨削量不应小于2.0 mm。

（2）焊接坡口加工宜采用自动切割、半自动切割、坡口机、刨边等方法进行。

（3）边缘加工一般采用铣、刨等方式加工。边缘加工时应注意控制加工面的垂直度和表面粗糙度。

（4）边缘加工允许偏差应符合国家有关规范规定。

5. 管球加工

（1）螺栓球成型后，不应有裂纹、褶皱、过烧。

（2）钢板压成半球后，表面不应有裂纹、褶皱；焊接球的对接坡口应采用机械加工，对接焊缝表面应打磨平整。

（3）钢管坡口的切割及相贯线的切割，可采用相贯线自动切割机进行切割。

（4）螺栓球加工、焊接球加工和钢网架用钢管杆件加工的允许偏差应符合国家现行有关规范规定。

6. 制孔

（1）采用钻模制孔和划线制孔两种方法。使用频率较多的孔组要求设计钻模，以保证制孔过程中的质量要求。

（2）A、B级螺栓孔（I类孔）应具有H12的精度，孔壁表面粗糙度 R_a 不应大于12.5 μm，其孔径允许偏差应符合国家有关规范规定。

（3）C级螺栓孔（II类孔），孔壁表面粗糙度 R_a 不应大于25 μm，孔径允许偏差符合国家有关规范规定。

（4）螺栓孔距符合国家有关标准规定。

7. 摩擦面加工

（1）采用高强度螺栓连接时，应对构件摩擦面进行加工处理，处理后的抗滑移系数应符合设计要求。

（2）经处理的摩擦面应采取防油污和损伤保护措施。

（3）制造厂和安装单位应分别以钢结构制造批进行抗滑移系数试验。

8. 端部加工

（1）端部加工应在矫正合格后进行。

（2）应根据构件的形式采取必要的措施，保证铣平端面与轴线垂直。

（3）端部铣平的允许偏差应符合国家有关规范的规定。

9. 钢结构焊接

（1）检查焊条、焊丝、焊剂、电渣焊熔嘴等焊接材料与母材匹配是否符合设计要求和国家现行标准规定。焊条、焊剂、药芯焊丝、熔嘴等在使用前是否按其使用说明书及焊接工艺要求进行烘焙和存放。

(2) 检查焊工是否经考试合格并取得合格证书。持证焊工是否在其考试合格项目及其认可范围内施焊。

(3) 检查施工单位对其首次采用的钢材、焊接材料、焊接方法、焊后热处理等是否进行工艺评定，是否根据评定确定焊接工艺。

(4) 检查设计要求全焊透的一、二级焊缝是否采用超声波探伤进行内部缺陷的检验，超声波探伤不能对缺陷作出判断时，是否采用射线探伤，内部探伤应符合国家现行有关标准规定。

(5) 焊缝表面不得有裂纹、焊瘤等缺陷，一级、二级焊缝不得有气孔、夹渣、弧坑、裂纹、电弧擦伤等缺陷，且一级焊缝不得有咬边、未满焊、根部收缩等缺陷。

三、安装阶段质量监理

1. 单层钢结构安装

(1) 安装时必须控制屋面、楼面、平台等的施工荷载，施工荷载和冰雪荷载等严禁超过梁、楼面板、屋面板等的承载能力。

(2) 建筑物的定位轴线、基础轴线、标高、地脚螺栓规格及其紧固应符合设计要求。

(3) 基础顶面直接作为柱的支撑面和基础顶面预埋钢板或支座为柱的支撑面时，其支撑面、地脚螺栓位置允许偏差应符合表2-3规定。

表2-3　支撑面、地脚螺栓位置允许偏差（mm）

项目		允许偏差
支撑面	标高	±3.0
	水平度	1/1 000
地脚螺栓	螺栓中心偏移	5.0
预留孔中心偏移		10.0

2. 多层及高层钢结构安装工程

(1) 建筑物的定位轴线、基础上柱的定位轴线标高、地脚螺栓的规格和位置、地脚螺栓的紧固应符合设计要求和规范规定。

(2) 多层建筑以基础顶面直接作为柱的支撑面，或基础顶面预埋钢板或支座为柱的支撑面时，其支撑面、地脚螺栓位置允许偏差应符合上表规定。

(3) 钢构件应符合设计要求和规范规定，运输、堆放和吊装等造成的钢构件变形及涂层脱落，应进行矫正和修补。

(4) 柱子的安装允许偏差应符合表2-4规定。

表2-4　柱子的安装允许偏差（mm）

项目	允许偏差
底层柱柱底轴线对定位轴线偏移	3.0
柱子定位轴线	1.0
单节柱垂直度	h/1 000，且不大于10.0

(5) 设计要求顶紧的节点，接触面不应小于70%的贴紧，且边缝间隙不应大于0.8 mm。

（6）钢结构表面应干净，结构主要表面不应有疤痕、泥砂等污垢。

（7）当钢构件安装在混凝土柱上时，其支座中心对定位轴线的偏差不应大于 10 mm；当采用大型混凝土屋面板时，钢梁间距偏差不应大于 10 mm。

（8）多层及高层钢结构中钢吊车梁或直接承受动力荷载的类似构件，其安装的允许偏差应符合规范规定。

（9）多层及高层钢结构中檩条、墙架等次要构件安装允许偏差应符合规范规定。

（10）多层及高层钢结构中钢平台、钢梯、栏杆安装应符合现行国家规范标准规定。

（11）多层及高层钢结构中现场焊缝组对间隙允许偏差应符合规范规定。

3. 钢网架结构安装工程

（1）钢网架结构支座定位轴线的位置、支座锚栓的规格应符合设计要求。

（2）钢网架支撑垫块的种类、规格、摆放位置和朝向必须符合设计要求和国家有关规范规定。橡胶垫块与刚性垫块之间或不同类型刚性垫块之间不得互换使用。

（3）钢网架结构总拼完成后及屋面完成后应分别测量其挠度值，且所测挠度值不应超过设计值的 1.15 倍。

（4）钢网架安装完成后，其节点和杆件表面干净，不应有明显的疤痕、泥砂和污垢。螺栓球节点应将所有接缝用油腻子填嵌严密，并将多余螺孔封口。

（5）钢网架结构安装允许偏差应符合表 2-5 规定。

表 2-5　钢网架结构安装允许偏差（mm）

项目	允许偏差	检验方法
纵向横向长度	$+L/2\,000$ 且不大于 +30.0 mm $-L/2\,000$ 且不小于 −30.0 mm	钢尺实测
支座中心偏移	$L/3\,000$ 且不大于 30.0 mm	钢尺或经纬仪实测
周边支撑网架相邻支座高差	$L/400$ 且不大于 15.0 mm	水准仪实测
支座最大高差	30.0 mm	
多点支撑网架相邻支座高差	$L_1/800$ 且不大于 30.0 mm	
注：L 为纵向横向长度 L_1 为相临支座间距		

四、涂装工程质量监理

1. 钢结构防腐涂料工程

（1）涂装前钢材表面除锈应符合设计要求和国家现行有关标准规定。处理后的钢材表面不应有焊渣、焊疤、灰尘、油污、水和毛刺。

（2）涂料涂装遍数、涂层厚度应符合设计要求。当设计无要求时应符合现行国家有关规范标准规定。

（3）构件表面不应误涂、漏涂，涂层不应脱皮返锈。涂层应均匀、无明显皱皮、流坠、针眼和气泡等。

（4）当钢结构处在腐蚀介质环境或外露且设计有要求时，应进行涂层附着力测试，在检验处范围内，当涂层完整程度达到 70％以上时，涂层附着力达到合格标准质量要求。

2. 钢结构防火涂料涂装

（1）防火涂料涂装前钢材表面防锈、防腐底漆涂装符合设计要求和国家现行有关规范标准规定。

（2）钢结构防火涂料的黏接强度、抗压强度符合国家现行标准规范规定。

（3）薄涂层防火涂料的涂层厚度应符合有关耐火极限设计要求。厚涂层防火涂料的涂层厚度，80%及以上应符合有关耐火极限设计要求，且最薄处厚度不应低于设计的85%。

（4）薄涂层防火涂料的涂层表面裂纹宽度不应大于0.5 mm，厚涂层防火涂料的涂层表面裂纹宽度不应大于1 mm。

五、钢结构分部工程质量验收

1. 钢结构工程验收时，应提供下列文件和记录

（1）钢结构工程竣工图纸及相关设计文件。

（2）施工现场质量检查记录。

（3）有关安全及功能的检验和见证检测项目检查记录。

（4）有关观感质量检验项目检查记录。

（5）分部工程所含各分项工程质量验收记录。

（6）分项工程所含检验批质量验收记录。

（7）强制性条文检验项目检查记录及证明文件。

（8）隐蔽工程检查项目质量验收记录。

（9）原材料、成品质量合格证明文件、中文标志及性能检测报告。

（10）不合格项的处理和验收记录。

（11）重大质量、技术问题实施方案及验收记录。

（12）其他有关文件记录。

2. 钢结构质量验收记录应符合现行国家标准规定

3. 钢结构分部工程合格质量标准应符合下列规定

（1）各分项工程符合合格标准。

（2）质量控制资料完整。

（3）有关安全及功能的检验和见证检测结果符合规范相应合格标准质量要求。

（4）有关观感质量符合现行国家有关规范标准规定。

第八节　建筑装饰装修工程质量监理

装饰装修工程是通过各种施工工艺达到满足设计功能要求的施工技术，装饰装修工程从外表感观、线条、色彩等展示给人们一种建筑美的享受。该工程质量如不能保证，则会引起许多问题，监理工程师对装饰工程的监理，应从安全、可靠、使用方便、功能合理、环保等方面依据设计和有关规范严格控制。

一、地面与楼面工程质量监理

主体工程项目完成之后，经验收合格，方可进行地面与楼面工程的施工，地面与楼面工程的施工中，常存在的问题有表面不平整、空鼓、裂缝、渗漏、起砂等，因此，监理工程师应严格根据《建筑装饰装修工程施工质量验收规范》对承包单位进行要求，消除质量

问题。

（一）基层质量控制

1. 地面基层填土质量应严格进行控制

地面基层填土应保证土质合格、填压密实、干土重力密度符合要求。

2. 找平层质量控制

（1）混凝土找平层配合比应符合设计要求。

（2）找平层材质、强度应达到设计要求和规范要求。

（3）找平层厚度、浇筑密实度、坡度应符合设计要求。

3. 基层地面、楼面施工质量

应进行隐蔽工程验收，并有验收记录。

（二）面层质量控制

根据使用功能的不同，面层做法也各有不同。

1. 普通水泥砂浆面层的质量控制

（1）水泥、砂子材质符合要求。

（2）配合比的控制，取样留取试块进行强度试验。

（3）面层与基层结合部位的控制，基层表面清理、冲洗、刷素水泥浆、面层压实，使其结合牢固、无空鼓。

（4）面层表面光滑、洁净、平整，无裂缝、脱皮、麻面、起砂等现象。严格控制压光时间，压光过早，水泥的水化作用刚开始，胶凝尚未完全形成，游离水分较多，对面层砂浆的强度和耐磨能力影响较大；压光过晚，水泥已终凝、硬化，无法消除面层表面的毛细孔，且会扰动已硬结的表面，降低面层砂浆强度和耐磨能力。

（5）面层压光后 12 h 进行洒水养护，使面层保持湿度，一般养护 7 昼夜，养护时间不够，会导致面层起砂、耐磨性差。

2. 现浇水磨石地面面层的质量控制

（1）面层的材质、配合比应符合要求。

（2）基础表面处理应彻底，刷素水泥浆颜色应与面层颜色相同。

（3）面层光滑、无砂眼，应做到三次打磨（金刚砂轮由粗到细打磨三遍）、二次补浆，以防面层孔洞产生。

（4）分隔条应牢固、顺直、清晰。分隔条每米应有 4 个小孔穿 22 号铁丝连接，分隔条用靠尺比齐，用素水泥浆粘牢，素水泥浆厚度为面层厚度的 2/3，垂直交叉的分隔条应靠紧，距十字中心点 14～20 mm 的范围内不抹素水泥浆，使面层材料能填入角内。

（5）面层厚度一般铺设时比分隔条高出 5 mm，经用滚筒压实后，仍比分隔条高出 1 mm，第一遍打磨即可看到清晰的分隔条。

（6）面层彩色图案应一致，有专人配料。

3. 块状材料面层质量控制

块状材料一般有预制水磨石、大理石、花岗岩、瓷砖等，这些材料的施工质量对日后的使用有着很大影响，对其工艺流程应严格控制：基层清理→弹线→试排→试拼→扫浆→铺水泥砂浆结合层→铺板→灌缝→擦缝→养护。

（1）试排试拼环节应把颜色、花纹、图案选好、编号，应剔除质量不合格的块材。

(2) 基层清理干净、湿润，铺设时用干硬性砂浆，其砂浆强度不低于 2 MPa，砂浆稠度为 25～35 mm。

(3) 块材接缝要求平整、线条平直，尤其是四个角交接处不能出现高低错落。

(4) 块材铺设完毕应进行自检、申报验收，凡空鼓的应返工，平整度达不到要求的应整改。

(5) 块材表面应做卫生，铺设完的地面应干净、整洁，不能有污染物。

(6) 对于预制水磨石、大理石、花岗岩等石材，应打腊，以防有污染液体渗入。

(7) 大理石、花岗岩等材料放射性指标限量应符合国家规定。

二、墙面工程质量监理

墙面工程包括室内、室外墙面的抹灰、刷浆、油漆、贴砖、保温等工程项目，墙面质量一般存在的问题大多是空鼓、裂缝、浆爆皮、漆爆皮等，严重的墙皮脱落，墙面工程质量是整体工程质量的重要组成部分，不容忽视。

1. 抹灰工程的质量控制

抹灰工程根据使用要求、质量标准和操作工序的不同，可分为普通抹灰、中级抹灰和高级抹灰。

普通抹灰包括：一底层、一面层、分层赶平、修整、压光。

中级抹灰包括：一底层、一中层、一面层三遍成活，需阳角找方、设置标筋、分层赶平、修整、表面压光。

高级抹灰包括：一底层、多中层、一面层多遍成活，需做阴阳角找方、设置标筋、分层赶平、修整、表面压光。

(1) 基层处理。①抹灰前检查基层表面的平整度、垂直度；②检查砌体表面处理，砖墙灰缝剔成凹槽，混凝土墙面凿毛或刮 108 胶水泥腻子，砌块墙挂铁丝网刷 108 胶水泥素浆等；③检查门窗洞口与门窗连接，墙柱阴阳角处理，需挂网的先挂网，以防抹灰产生裂缝；④检查水、暖、气管道安装情况，管道安装完毕，预留孔、墙洞必须用 1∶3 砂浆或细石混凝土填实。

(2) 抹灰层。①底层抹灰应与基层黏结牢固，一般为 5～9 mm，并进行找平，间隔一定时间让其中水分干燥蒸发后再抹中层或面层；②中层抹灰主要是找平，一般为 5～12 mm 厚，中层抹灰一般 5～6 成干即可抹面层；③面层抹灰主要是装饰作用，应认真仔细操作，表面应光滑、洁净，接槎平整，灰线清晰顺直，阴阳角方正，颜色均匀。

(3) 各层之间黏结应牢固、无空鼓、无裂缝，表面层干燥后，可用小锤敲击确认是否合格。

(4) 抹灰完成过程中，每抹一遍，承包单位都应进行自检，并报监理工程师验收，合格后方可进行下一遍抹灰，全部完成应进行验收，凡有空鼓、裂缝、不平整的部位应整改。

2. 保温墙体抹灰质量控制

保温有内保温和外保温两种方法。外保温包括：保温材料层、抗裂层、防水层和面层。内保温包括：保温层、抗裂层和面层。

做保温的墙体外抹灰要求保温层与墙体黏接牢固、可靠；抗裂层与保温层黏接牢固；各层之间黏结牢固、不开裂、不空鼓。

(1) 保温层。保温层材料有多种，聚苯板材、岩棉、聚苯颗粒料浆等。根据材料的不同，做法也不同，但保温层与基层的黏结都应处理好，一般刷108胶水泥浆一遍，将保温层黏结到墙体上，如果是板材，还需用夹子固定在墙体上。

(2) 抗裂层。该层主要起抗裂作用，一般采用挂铁丝网或丝绸纤维布网，并抹抗裂砂浆、压实。该层的施工质量至关重要，一定要求网挂结实、抹灰压实。

(3) 防水层或面层。防水层是外保温工程中不可缺少的一项，防水做得不好，其保温材料遇水会膨胀，墙体产生破坏，因此，防水层质量是保温墙体整体质量的关键。防水层应与抗裂层黏结牢固，不空鼓、不开裂，且表面平整、光滑。

若在室内可做一般面层即可，同样应黏结牢固，不空鼓、不开裂。

3. 刷浆工程的质量控制

刷浆工程的质量控制主要是基层处理、刮腻子和刷浆三个工序。

(1) 刷浆前对基层表面应处理平整，无污垢、油渍、杂物、孔洞等。

(2) 对工程有影响的管道等安装完成后方可刷浆。

(3) 应按设计要求检查所用原材料是否合格，规格、品种、质量是否符合要求，应有出厂质量保证书。

(4) 刮腻子应平整、光滑，与基层黏结牢固。

(5) 刷（喷）浆均匀。

4. 贴砖工程的质量控制

面砖或釉面砖镶贴质量控制：主要是选材、基层处理、打底子、镶贴。要求黏结牢固、无空鼓、接缝顺直、平整度合格。

(1) 选材。应注意面砖平整度误差（≤0.5 mm）、量对角尺寸控制砖方正、表面光度(75度以上)、吸水率（小于0.5%）、滴色试验、强度试验（莫氏8度）、声音测试、颜色一致，应有出厂合格证。

(2) 基层处理。基层应扫净，浇水湿润，用1∶3水泥砂浆打底、划毛、养护24～48小时方可镶贴。

(3) 镶贴。①镶贴前应弹线，排序找规律，使线条与门窗洞口相对称、相协调；②底层应湿润，黏结砂浆可加108胶，面砖背面应满涂水泥砂浆，不能有空的部位；③接缝处应四角平整，线条顺直，用靠尺随时检查平直、方正情况；④面砖接缝应嵌缝密实，待整个嵌缝硬化后，清除表面的污染物。

(4) 取样送检。若对面砖本身质量有怀疑时，可取样送检，根据试验情况决定是否可用。

第九节　建筑屋面工程质量监理

屋面漏水是建筑工程中最为突出的质量问题，屋面工程质量的控制应放在建筑工程整体质量的重要位置，监理工程师对屋面工程的质量应加强监理力度，严把质量关，确保屋面不渗漏。

一、屋面工程监理程序

见图2-5。

二、屋面工程质量监理内容

（一）保温层施工质量控制

1. 检查保温材料质量

材料应有质量保证书，实物应与承包单位在施工方案中所列材料一致，保温性能指标应满足设计和规范要求。

2. 保温材料应取样复试

要求测定含水率、密度、导热系数、强度等。

3. 保温层施工操作

（1）基层应干燥、平整、清扫干净，并应有基层检查验收合格报告。

（2）对于松散颗粒状保温材料应分层铺设，严格控制其密实性，每层铺设厚度不大于150 mm，压实程度符合设计要求。

（3）用块材铺设应与基层贴紧，块材之间缝隙应贴紧、密实、铺设平整，若铺设两层，则应上下错缝。

（4）应设置排气槽、排气孔，一般间隔6 m设置一个排气孔，排气槽应顺畅。

（5）保温层做完，承包单位自检后申报验收，监理工程师应对其铺设密实性、排气槽的顺畅、排气孔的设置等进行验收，合格后签署申报表。

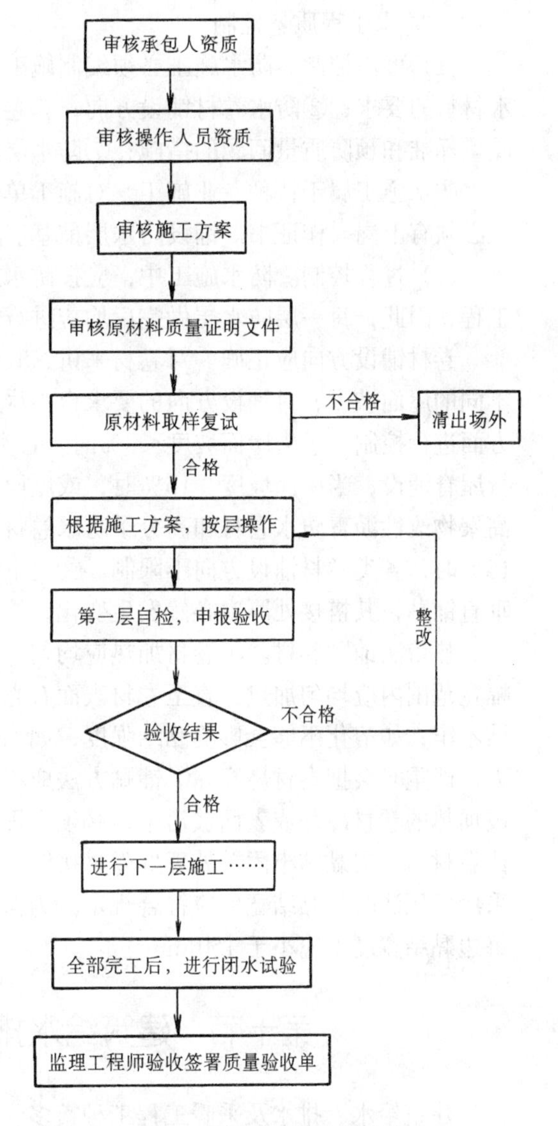

图 2-5　屋面工程监理程序

（二）找平层的质量控制

（1）检查原材料是否合格，检查水泥标号、出厂质量证明、准用证、水泥砂浆配合比。

（2）检查基层表面是否干净、做到无杂质。

（3）找平层施工要求拌和均匀，表面密实、无蜂窝缺陷、无起砂现象。

（4）找平层施工完毕后，承包单位应进行自检，报监理工程师验收，经量测验收满足设计和规范要求后，签申报表。

（三）防水层的质量控制

屋面防水质量直接影响人民的生活、生产，屋面渗漏已成为工程质量的通病，应引起高度重视。

1. 进场材料的质量控制

（1）防水材料应有质量证明文件，并经指定质量检测部门认证。

（2）进场材料必须取样复试。

（3）现场检查材料无破损、无折痕。

2. 防水工程质量控制

(1) 事前控制。防水施工必须编制施工方案或技术措施，通常应包括以下内容：①对防水材料的要求；②防水卷材铺设方向；③卷材搭接尺寸；④施工程序；⑤工序管理；⑥主要质量标准和预防质量问题的措施；⑦防水层的施工准备和操作要点；⑧工程细部做法。

防水施工属于特种专业施工，对施工单位的资质和主要施工人员的资格应严格控制，个人必须有上岗操作证书。铺设防水层前基层应处理干净，应干燥，确保防水层黏结牢固。

(2) 过程控制。防水施工中，应按防水施工工序和层次进行质量检查。防水工程是隐蔽工程，因此，每一层防水层做完后均应进行检查验收，存在问题应立即整改。

卷材铺设方向应正确。对卷材来讲，其铺设方向直接影响防水效果。不同的卷材品种、不同的屋面坡度，对铺设方向的要求也不尽相同，根据规范要求，监理工程师应从以下两个方面进行控制。①当屋面坡度＜3%时，各类卷材的铺设方向平行或垂直屋脊均可，但宜平行屋脊铺设；当屋面坡度≥15%时，或屋面可能受到震动时，沥青防水卷材垂直屋脊铺贴，高聚物改性沥青防水卷材和高分子防水卷材平行或垂直屋脊铺设均可；当3%≤屋面坡度＜15%时，各类卷材铺设方向不限制。②上下层防水卷材不得相互垂直铺贴。这是因为上下层垂直铺贴，其搭接处厚度必然发生变化，接缝处也不易黏结牢，对防水是不利的。

热熔法铺贴卷材。①卷材加热应均匀。应控制火焰加热器的喷嘴距卷材的表面距离，在幅宽范围内应均匀加热，直至卷材表面有光亮时方可黏合。如果加热不均匀，会造成局部黏结不牢；如溶化不够会影响黏结强度；如加温过高，会使改性沥青老化甚至烧焦，失去黏结力，严重时会把卷材烧穿。②铺贴方法应正确。热熔法铺贴卷材的正确方法是热熔后为防止被加热的卷材冷却或表面被污染，必须立即滚铺。为排出空气，使卷材平展，应随即辊压，让卷材与下层黏结牢固并处理好卷材接缝。防水卷材应铺贴平整、顺直、搭接尺寸准确。③采用条压法时，黏结宽度应符合规定。为保证条黏部分的卷材与基层黏结牢固，每幅卷材的每边黏结宽度不应小于150 mm。

第十节　建筑给水排水及采暖工程质量监理

建筑给水、排水及采暖工程工种繁多、技术复杂、综合性强。建筑给水排水及采暖工程安装的质量直接影响生产效益的发挥；影响人民生命财产的安全；影响建筑使用功能；严重的质量问题和质量缺陷将给国家和人民的财产造成严重损失。因此，建筑设备安装工程的质量监理是非常重要的，也是非常必要的。

一、施工准备阶段质量监理

(1) 认真审核设计图纸，参加设计交底。

(2) 严格审查专业施工方案，特别注意审核有关施工程序和施工工艺部分，要求施工安排合理有序、施工工艺符合规范标准要求。

(3) 要求施工单位建立健全专业施工质量管理体系，管理人员和特殊工种持证上岗。

(4) 检查施工单位（尤其是消防和煤气）的施工资质证书。

二、施工阶段质量控制

施工阶段工程监理在目前的工程监理工作中十分重要，工程质量控制的优劣很大程度上取决于工程施工阶段质量控制的情况，可以说施工阶段监理的质量控制是整个监理质量控制的核心。下面将着重从施工准备阶段和施工安装阶段谈谈如何做好建筑给水、排水及采暖工程施工安装阶段质量监理。

(一) 室内给排水设备安装工程质量监理

室内给排水设备安装工程包括土建预留孔、预埋件；管道安装定位；管件连接；阀件安装；管道防腐；管道试压；管道保温；系统冲洗、消毒；设备安装就位；设备运转等。监理工程师对于室内给水设备安装质量应针对不同的工程进行有效控制。

1. 室内给水管道安装质量监理要点

(1) 严格控制承包单位管材进场质量，对于所用管材、管件、阀门等均应进行质量验收，要求提交出厂合格证明材料或试验报告，地方建委要求实行备案管理的应有相关备案证明资料，并经现场验收合格后方可使用。

(2) 检查预留孔、预埋件位置、尺寸，对于不正确的应在土建施工时当场纠正，监理工程师应督促承包单位自检、申报，经监理工程师验收合格、签字后方可进行下道工序。

(3) 检查管线防腐、保温工程质量，尤其是埋入地下的暗管应加强防腐和保温质量检查，必须符合规范和设计要求。

(4) 隐蔽工程管道试压必须在隐蔽前进行，并办理验收手续，杜绝隐患。

(5) 管道的固定应使用管卡，不准使用钉钩，管卡间距应符合规范规定。

(6) 管道接口必须严密，不得有渗漏，接口处填充物或垫片质量应保证，拧紧接头时用力不宜过大，避免管件受损或开裂。

(7) 管道施工时，应注意管内清洁，不准落入杂物，防止管路堵塞。

2. 给水管道附件及卫生器具给水配件安装质量监理

(1) 承包单位对安装的器材和配件进行验收，核对型号、规格、质量及质保文件，并报监理工程师验收，地方建委要求实行备案管理的应有相关备案证明资料。

(2) 消防器材应使用在当地消防部门备案的产品。

(3) 水表、附件（水嘴等）安装前应冲洗除去油污，避免堵塞。

(4) 自动喷淋附件应在管道系统完成试压和冲洗后进行安装。

(5) 卫生器具安装应检查安装标高、位置，卫生器具与配件连接接口应严密，开关等启闭灵活，镀铬件应完好无损。

(6) 消火栓安装应检查栓口距地面高度，箱壁尺寸是否符合图集和规范要求，水龙带与消火栓接口是否紧密。

(7) 水箱满水试验应符合设计和规范要求，水箱支架尺寸、位置应符合设计要求，埋设固定牢固，防腐处理无脱皮、起泡和漏涂现象。

(8) 水泵就位准确，与混凝土基座连接牢固、运转正常，轴承升温单机试运转等检验项目必须符合规范规定。

3. 室内排水管道安装质量监理

室内埋地排水管道安装包括开挖管沟、沟槽处理、管道对口、校直、校坡、接口施工、闭水试验、回填沟槽等施工过程，排水管道安装质量监理要点如下：

(1) 严格控制管材质量，核对质保文件，检查外观质量，地方建委要求实行备案管理的应有相关备案证明资料。

(2) 地下隐蔽工程埋管必须做闭水试验后才能回填，闭水试验监理工程师应旁站监理。

(3) 开挖管沟应严格控制标高，不得超挖，避免沟底土扰动，遇超挖时，必须用好土回填夯实，或做砂垫层，处理之后应报监理工程师验收。

(4) 管道安装前应清理管内杂物，卫生器具排水口在通水前应封堵，避免杂物掉入。

(5) 排水管道坡度应符合设计要求，转弯处管件质量应满足流量要求。

(6) 排水管道防腐处理应符合规范要求，控制油漆涂刷遍数，涂刷均匀，底锈处理干净。

(7) 排水管道完成后应做通水通球试验，监理工程师应旁站监理。

4. 室内采暖与供热水管道安装质量监理

(1) 采暖与供热水管道安装前，监理工程师应熟悉图纸，控制好各专业之间的相互配合，解决施工中出现的问题。

(2) 在土建施工过程中，应检查承包单位预留的管道孔位置、尺寸和预埋管件，避免漏留或错留，预留位置应由承包单位反复、仔细自检，监理工程师核查，合格后方可进行混凝土浇筑。

(3) 埋地暗管应在隐蔽前进行试压，并做好保温、防腐处理。

(4) 承包单位对安装的器材和配件应进行验收，核对型号、规格、质量及质保文件，并报监理工程师验收，地方建委要求实行备案管理的应有相关备案证明资料。

(5) 施工中断进程中，应将管口封堵，避免杂物进入。

(6) 采暖管道支架的吊架标高应准确，保证管道坡度满足设计要求，避免管道弯曲变形。

(7) 采暖管穿墙或穿楼板应加钢套管，穿楼板时钢套应高出地面 20 mm，卫生间应高出地面 50 mm，底端与楼板平，穿墙套管不能突出抹灰后的墙面。

(8) 散热器安装应组对拼装严密，经试压无渗漏，外观整齐，油漆无脱皮、起泡现象。

(9) 散热器支架应固定牢固，位置准确，间距符合规范要求，支架与散热器接触紧密。

(10) 阀门安装应检查型号、规格、耐压强度和严密性试验结果是否符合设计要求和规范要求，安装位置、进出口方向应正确，连接应牢固、紧密、无渗漏。

(11) 采暖入口安装符合图纸和标准图集规定。

(12) 分集水器质量和技术参数符合设计要求，安装符合规范规定。

(13) 管道伸缩器和固定支架位置正确，安装符合规范规定。

(14) 管道完成后和系统完成后要分别进行分段试压和系统试压，系统试压时监理工程师应进行旁站监理。

(15) 竣工期如在采暖期还应对系统进行运行调试。

5. 室内燃气管道安装质量监理

(1) 检查安装器材和设备应符合有关质量标准，进场时有产品合格证质量保证书等文件，现场检查规格、型号、外观质量，并符合当地燃气部门有关规定。

(2) 检查煤气管道和其他管道平行或交叉净距应符合设计要求；达不到要求的，应做相应处理。

(3) 检查管道穿墙或楼板时，应设套管，套管内不准有管道接头。

(4) 固定管道应采用管卡，不得用钩钉，管卡间距应符合规范要求。

(6) 管道接口应严密、无泄漏，确保安装质量，以防发生火灾或燃气中毒事故，安装完毕应进行试压。

（7）管道安装坡度应符合设计要求，每 30 m 检查 2 段。

（8）涂漆应符合设计要求，附着良好，无脱皮、起泡和漏漆，表面平整，无皱褶，色泽一致。

（9）管道系统安装完成后按照要求进行压力实验，监理旁站。

（10）燃气管道及设备安装，应经监理工程师验收后，报当地燃气管理部门检查验收，验收合格后方可使用。

（二）室外管道安装质量监理

1．室外给排水管道安装质量监理

（1）检查测量放线、定位是否准确，标高是否符合设计要求，尺寸及室内管道出口交接是否吻合。

（2）检查管材质量，应有出厂材料质保书，管材品种应符合规范要求，现场应检查其外观质量，地方建委要求实行备案管理的应有相关备案证明资料。

（3）检查开挖槽质量，应做到自然土结构不破坏、槽底土不扰动，严禁超挖，如遇槽底有松软土或石块等，按规范要求进行处理，必须经监理工程师验收。

（4）沟内不得积水，下管前应对管道做防腐处理，应检查沟槽尺寸、标高，经监理工程师验收后方可下管。

（5）给水管道焊接质量符合要求，接口处理符合规范规定。

（6）排水管道基础应符合设计要求，尺寸标高准确，混凝土基础应达到设计强度的 50%，且不小于 5 MPa，经监理工程师验收后方可下管。排水管道安装完成后要进行闭水试验，给水管道进行压力试验。

（7）检查回填质量，回填材料应符合规范要求，回填密度应满足要求。

（8）检查井标高、位置应符合设计和规范要求。

2．室外采暖供水管道安装质量监理

（1）用于工程的管材、管件和辅助材料必须符合设计要求，符合有关质量标准，材料进场应有材料质保资料，地方建委要求实行备案管理的应有相关备案证明资料。

（2）检查管沟、管道支墩、架空管道支架质量。

（3）检查管道防腐、保温处理质量。

（4）检查管道焊接、敷设标高、坡度等质量。

（5）检查伸缩器、疏水器、排气装置、排水装置安装质量，检查减压阀阀体安装方向应正确。

（6）调压孔板的材质和孔径应符合设计要求，必须在系统冲洗后进行安装。

（7）供热管必须进行试压后方可做防腐和保温处理，经验收完全合格后可回填。

（三）锅炉及附属设备安装质量监理

1．整体锅炉安装质量监理

整体锅炉安装施工工艺包括：基础验收→测量放线→锅炉本体安装→平台、扶梯安装→螺旋出渣机安装→电气开关箱安装→省煤器安装→液压传动装置安装→烟囱安装→管道、阀门、仪表安装→水压试验→烘炉和煮炉→锅炉试运行和调整安全阀。

根据施工工艺监理工程师制定相应的监理细则，对各工序实施可行的质量监理。

（1）基础应达到设计强度后方可安装锅炉。

（2）锅炉本体安装应找平、调正，不得用局部加压等方法。

（3）机械传动炉排安装完毕后，在烘炉前应进行冷态运转试验，连续运转时间不小于 8 h。

（4）省煤器组装后，应做水压试验，见锅炉水压试验表（表 2-6）。

（5）锅炉运行应具备的条件：①热水锅炉注满水，蒸汽锅炉达到规定水位；②循环水泵、给水泵、注水器、鼓、引风机运转正常；③与室外供热管道隔断；④安全阀全部开启；⑤锅炉水质符合标准。

表 2-6　锅炉水压试验表

项次	项目	锅炉工作压力 P（MPa）	试验压力（MPa）	备注
1	锅炉本体	<0.59 0.59～1.18 >1.18	5 P $P+0.29$ 1.25 P	不应小于 0.2 MPa
2	过滤器	任何压力	5 P $P+0.29$ 1.25 P	
3	非沸腾式省煤器	任何压力	1.25 $P+0.5$	

注：（1）水压试验的室内温度应高于 5℃，低于 5℃时应采取防冻措施；

（2）水压试验先升至工作压力，停压检查，然后再升至试压压力，5 min 内压力降不超过 0.05 MPa 为合格；

（3）直接与锅炉连接的管道，水压试验按锅炉试验压力试验；

（4）锅炉给水管道，用给水泵在阀门关闭时所能产生的最大工作压力试验；

（5）水压试验后，应将锅炉内的水全部排出。

2. 整体锅炉附属设备安装质量监理

附属设备安装包括：鼓风机及风管安装→引风机安装→除尘器安装→软水设备安装→热交换器安装→给水泵安装→箱罐安装→设备保温。

附属设备安装质量监理应注意以下要点。

（1）安装离心泵和蒸汽往复泵应牢固、平整，泵体水平度误差不得大于 1/10 000，泵体活动部件必须灵活。

（2）水泵试运行前应检查连接法兰和密封装置不得有渗漏，叶轮与泵壳不应相碰，阀门应灵活，并注油、填满填料。

（3）卧式热交换器安装，前封头与墙壁距离应符合设计要求。

（4）密封箱、罐安装前后应以 1.5 倍工作压力做试验，但不得小于 0.4 MPa；敞口箱、罐应做满水试验。

（5）热交换器应以 1.5 倍工作压力做水压试验。

（6）锅炉鼓、引风机安装应清理内部杂物，检查叶轮转向，设置安全防护装置。

（7）风机试运转应符合：①滑动轴承温度最高不得大于 60 ℃；②滚动轴承温度最高不得大于 80 ℃。

（8）锅炉附属设备安装完毕后应进行验收。

3. 整体锅炉附件安装质量监理

整体锅炉附件包括：分汽缸安装→注水器安装→疏水器安装→减压器安装→除污器安装

→安全阀安装→水位计安装→压力表安装等。

附件安装质量监理应注意以下要点：

(1) 分汽缸、分水器安装前应做水压试验；

(2) 各种附件规格、型号、质量应符合设计要求；

(3) 检查安全阀开启压力、安装工艺应符合规范要求；

(4) 压力表的刻度极限值应为工作压力的1.5～3倍；

(5) 减压阀调压后的压力应符合设计要求；

(6) 水位表应有指示高度，应有最低的最高安全水位的明显标志；

(7) 注水器安装高度应符合设计要求，一般中心距地面为1～1.2 m；

(8) 检查除污器过滤网的材质、规格和包扎方法必须符合设计要求和规范规定。

第十一节　建筑电气工程质量监理

随着国民经济的快速发展，我国的建筑电气技术也发展很快，发电机、变压器、输电线、电动机、电容器、电抗器、各类用电设备等大量地应用在建筑工程上，相伴而来的电气事故频繁发生，给人民的生命和财产造成巨大损失。所以做好电气工程质量监理非常重要。

一、施工准备阶段质量监理

1. 设计交底和图纸会审

监理应组织施工单位、甲方、设计单位进行设计交底与图纸会审。查看图纸是否有问题，包括与其他相关专业是否矛盾，管线布置是否影响施工，图纸的设计与说明是否清楚明了，或提出更合理的技术方案和措施等。在这个阶段作为监理人员必须要了解设计意图和质量要求，认真审阅图纸，掌握施工技术工艺，发现图纸中的差错和减少质量隐患。

2. 施工组织设计的审查

施工组织设计是施工单位对于建筑项目所采取的施工方法、措施、流程和进度。认真审查施工组织设计是掌握施工进程全局的重要手段，并且还要及时发现其中不合理的部分，认真同施工单位进行协商解决。

3. 审查施工单位质量管理体系及相关人员的资格

审查施工单位的质量管理体系对今后监理人员进行专项对口工作的顺利开展非常必要。施工单位的管理人员和作业人员的资格是否符合要求是合格工程质量的保证。如有不符合要求的人员要及时更换。

4. 设备及材料的审查

对施工单位的设备要认真核查，如型号是否正确，是否经过年检，设备等级是否满足要求等，如有问题及时更换。各种材料也要核查，对于不符合相关规定的坚决不能使用，避免随意滥用出现不合格工程。在这方面监理要严格把关。

二、施工阶段质量监理

在施工过程中监理作为工程的监控主体，主要工作应包括：

(1) 配合土建工程，做好预埋电线管、支架、电缆等，预留固定分线盒、灯头盒及各种电气设备基础；

(2) 随着土建工程的进展，进行电气设备安装及线路敷设；

(3) 依据规范和设计进行单体检查试验。

监理工程师应本着认真严谨的工作作风，认真执行国家规定的相关规范，下面就具体分项工程中应注意的控制要点进行说明。

1. 配管工程的质量监理

随着建筑工程的进行，首先要同时进行配管工作。配管工程有暗配和明配两种，管材有钢管、金属软管、硬塑料管、半硬塑料管及波纹管等。

(1) 根据图纸查出各盒、箱、出线口，准确定位。

(2) 检查管路走向应合理、排列整齐，宜选用最短途径，在混凝土中管路应在两层钢筋中间且附底层钢筋敷设，安装应顺直牢固，管子弯曲处无明显褶皱、凹扁现象。弯曲半径和弯扁度应符合相关规范要求。

(3) 管路较长时应加装接线盒，加装盒位置应符合相关规定。在管路走向中不能出现拦腰管或绊脚管。

(4) 管与管的连接应满足相关规定，对于小于 $\phi25$ 钢管的可以套丝连接也可焊接，大于 $\phi25$ 的钢管用套管焊接。套管应为管外径的 1.5～3 倍，管口在套管中应对缝平齐。焊接时焊口要严密，并做防腐处理。

(5) 钢管的内壁和外壁均应做防腐处理，但敷设于混凝土内时外壁可不做防腐处理，直埋于土层内的钢管外壁应刷两道沥青，管内壁应无铁屑或毛刺，断口应平整，管口应光滑。

(6) 管路入盒、箱时，一律采用端接头与内锁母连接，并加装护口，敷设完时应装端帽以防异物掉入其中。

(7) 薄壁钢管和镀锌管应采用螺纹连接或套管紧定螺丝连接，不应采用熔焊连接。

(8) 管路引出地面时除图纸注明，宜高出地面 200 mm，引入落地式配电箱、柜时应高出配电箱基础地面 50～80 mm。

(9) 在有爆炸和火灾危险的场所以及有粉尘、蒸汽、腐蚀性气体或潮湿气体环境中配管时，管口应密封处理。

在施工过程的监理中，一般采用目测，必要时用尺子测量，并收集管材的出厂合格证与检测报告，做好隐检记录、工程质量的检验评定记录，对于有洽商变更的部位要及时办理洽商变更记录。

2. 配线工程的质量监理

配线工程是建筑电气施工中重中之重的环节。有相当一部分火灾事故就是由此引起的。配线工程包括管内配线，瓷夹、瓷柱绝缘子配线，槽板配线，钢索配线，电缆配线，电缆桥架配线，封闭式母线配线，竖井内配线和楼板孔配线。

(1) 管内穿线应在建筑物抹灰、粉刷及地面工程结束后进行。

(2) 不同回路、不同电压等级和交流与直流的导线不能同穿一根管内，有特殊规定的除外。

(3) 同一交流回路的导线应穿同一根管内，但导线的总数不应多于 8 根。

(4) 导线在管内不应有接头和扭结。接头应留在盒或箱内，接头的焊锡应饱满，不能出现虚焊和夹渣现象。铜导线及铜接线端子涮锡不应使用酸性焊剂。

(5) 在使用 LC 型压线帽时应压接牢固，线芯不得外露。压线帽应与导线线径匹配。

(6) 导线的使用颜色应严格执行相关规定：L1 相为黄色，L2 相为绿色，L3 相为红色，中性线为淡蓝色，保护线为黄绿双色。在直流线路中正极为棕色，负极为蓝色，接地中线为淡蓝色。也可使用颜色标记，标记在易识别的位置上（如端部）。

（7）从管内引出的导线预留长度：接线盒内以绕盒一周为宜，配电箱以半周为宜。

（8）照明线路的绝缘电阻值不应小于0.5 MΩ，动力线路的绝缘电阻值不应小于1MΩ。

在配线工程的监理中，一般采用目测、卡尺和绝缘摇表的方法，并及时收集导线及相关附件的出厂合格证和检测报告，作好检查记录及摇测的实际数据记录。对于出现问题的部位要认真复查，找出问题原因及时解决。作好分项工程的质量评定。

3. 开关、插座和风扇安装工程的质量监理

在建筑物中，这项工程安装的好坏直接会影响到人们的日常生活，所以其重要性不言而喻。现在市场上充斥着许多假冒伪劣产品，其外观很难分辨真伪，这就要求监理人员严把质量关，从产品材料上、工艺上都要认真对待。

（1）安装高度一般分为：暗装距地0.3 m，明装距地1.8 m；开关距地1.3 m，距门框0.15～0.2 m，拉线开关距地2～3 m；在儿童活动的场所插座的安装高度不应低于1.8 m。

（2）当交流、直流或不同等级电压在同一室内安装时，应有明显的区别，要使用不同规格、不同结构的插座。同一室内安装的插座、开关高低差不能大于5 mm，成排安装的不能大于2 mm。

（3）开关与灯位相对应，同一场合内的开关方向应一致。

（4）在潮湿场所应使用保护型防潮、防溅的产品，并且带有保护地线的触头。

（5）插座的接线相序应正确，面对插座，单相两孔为左零右火，三孔为上孔接地线，地线与零线不能相连接。

（6）吊扇挂钩直径不应小于吊扇悬挂销钉的直径，并不小于8 mm。吊扇的扇叶距地面不应小于2.5 m。

（7）壁扇固定螺栓的数量不能小于两个，其直径不小于8 mm。

在施工监理过程中，当开关、插座和风扇安装完成后，应进行绝缘电阻摇测，合格后才能通电运行，一般采用目测，检测仪器为数字式万用表和绝缘摇表（500 V）。并及时收集相关产品的出厂合格证和检测报告，作好检查记录及摇测的实际数据记录。当发现问题时要先断开电源再检查。

4. 灯具安装工程的质量监理

近年来，随着人们生活水平的日益提高，灯具的种类越来越繁多，除了工业与民用建筑的通用型灯器具外，还有许多新光源的配套灯具，并逐步向建筑装饰一体化发展。这就给监理工作造成了一定困难。灯具的安装方式一般分为吸顶、吊链、吊杆和嵌入式等。

（1）一般灯具在室内安装高度不应低于2.0 m。

（2）用钢管做吊杆时钢管内径不应小于10 mm，钢管壁厚不应小于1.5 mm。

（3）吊链式灯具的灯线不应承受拉力，灯线应与吊链绞编在一起。同一场所内成排安装的灯具，其中心线偏差不应大于5 mm。

（4）每个灯具的固定所使用的螺栓或螺钉不能少于2个，当绝缘台直径小于75 mm时可用1个螺钉或螺栓固定。

（5）当灯具安装高度小于2.4 m时必须有专用的接地与灯具外壳可靠连接。

（6）在潮湿的场所应采用防潮灯具或带有防水灯头的开启式灯具。

(7) 在高温场所应采用开启式灯具，并采用耐高温线组装灯具。

(8) 在有腐蚀性气体和蒸汽的场所，应采用耐腐蚀性材料制成的密闭式灯具，若采用防水式灯具时应有防腐措施。

(9) 在有较大振动的场所，安装的灯具应有防振措施。

(10) 安装在易受机械损伤的场所的灯具要加装保护网。

(11) 除开启式灯具外，其他各类灯具的灯泡容量在 100 W 及以上时，均应采用瓷灯口。

在监理工作中要严格检查产品的合格证，必要时要到厂家实地考察，确保产品质量，作好检查记录和试运行记录。还要注意灯具的安装必须在墙面的抹浆、油漆及壁纸等内装修工作完成后才能进行。检测仪表常用数字式万用表。

5. 成套配电柜、动力照明配电箱安装工程的质量监理

随着建材行业的日益繁荣，越来越多的外国企业进入了中国市场，他们的产品大多质量可靠，性能优良，如施耐德、ABB、西门子等，在工程中的使用也越来越广泛。这些机电产品在电力系统中起着至关重要的作用，其可靠性、选择性、快速性和灵敏性是系统运行的四个基本保障。

(1) 配电箱安装时底口距地面 1.5 m，明装表箱底口距地不得小于 1.8 m，在同一建筑物内安装高度应一致，允许偏差为 10 mm。

(2) 配电箱柜均应有明显的接地装置。装有器具的金属盘面及装有器具的可开启门均应连接 PE 保护地线，保护线不允许利用箱体或盒体串接。

(3) 配电箱上安装的各种刀闸和自动开关在处于断电状态时，刀片可动部分均不应带电。

(4) 配电箱内应分别设有中性线和保护地线汇流排，中性线和保护地线应在汇流排上连接，不得绞接。

(5) 屏、箱、柜的二次回路的连线应按不同电压等级，交流、直流及计算机控制线路分别绑扎成束，且有标识。

(6) 箱内的开关应灵活可靠，带有漏电保护的回路，其动作电流不大于 30 mA，动作时间不大于 0.1 s。

(7) 低压配电柜作耐压实验的交流工频电压必须大于 1 kV，当绝缘电阻值大于 0.5 MΩ 时，用 2 500 V 兆欧表摇测 1 min 后，无闪络击穿现象。

(8) 配电箱内的电具、仪表排列应整齐、均匀、牢固，间距应符合相关规范要求。

在施工监控过程中，要严格按照图纸进行核对，作好开箱检查记录，检查合格证和随带的技术文件、生产许可证和安全认证。在土建的门窗封闭，墙面、屋顶油漆喷刷完后才可进行安装。在验收时，要严格按照相关程序执行，作好运行时各项参数的检查记录。

6. 低压电气动力设备试运行工程的质量监理

这项工程是为实现一个或几个具体目标而设定的，且特性匹配由电气装置、布线系统和用电设备电气部分组合而成。常用设备包括：断路器、隔离开关、漏电保护器、接触器、热继电器、启动器、时间继电器、中间继电器等。

(1) 设备的接地接零完成后才能进行电气的测试、试验。

(2) 可动触点与静触点的接触要良好，压接严密，大电流的触点或刀片应涂电力复合

脂。

（3）螺旋式熔断器的安装，底座严禁松动，电源应接在熔芯引出的端子上。

（4）漏电保护器不应靠近大电流母线，并应远离交流接触器，一般不小于 200 mm。按下试验按钮进行漏电测试的间隔时间应在 10 s 以上。

（5）交流接触器动作灵活，衔铁吸合后不应发出异常响声。各级触点的动作应一致。

（6）热继电器的安装倾斜度不应超过 5°。尽可能安装在其他电器的下方，以免受其他电器发热的影响。

（7）用于电磁式继电器安装的螺钉应牢固、可靠，在通电前应先在主触点不带电的情况下，使线圈通电试验 2～3 次，确认合格后才能投入运行。

（8）使用行程开关时，应与机械装置配合一致，确认动作可靠后，才能投入运行。

监理工程师在监理过程中要有高度认真负责的态度，在使用万用表和摇表时，要严格遵守操作规程，对各项产品的规格、型号、性能以及相关技术文件要认真查阅，防止过期或伪劣产品混入其中。

7. 变压器安装工程的质量监理

电力变压器是电力系统中的关键设备，如果它出现问题，将会导致大面积的停电，给人民的生活和国民经济造成很大损失。要使变压器的容量得到充分利用，一般运行时的负荷应为额定容量的 75%左右，变压器的运行要经济、可靠，并留有一定余量。

（1）按照设备清单认真核查，是否符合图纸设计要求，元件是否齐全，有无丢失和损坏现象。

（2）变压器的轨道应水平，装有气体继电器的变压器，应使其顶盖沿气体继电器气流方向有 1%～1.5%的升高坡度。

（3）变压器的接地装置应接在低压侧中性点上，变压器的箱体、干式变压器的支架或外壳应接地，连接可靠。

（4）储油柜、冷却装置、净油器等油路系统上的油门均应打开，油门的指示应正确。在储油柜上用气压或油压进行试验，油箱盖上的试验压力为 0.03 MPa，试验时间为 24 h，应无渗漏。

（5）电压切换装置的位置要符合运行要求，有载调压的操作机构应可靠，指示位置要正确。

（6）检查变压器的声音是否正常，有无异常响声。一、二次引线相位要正确。

（7）油浸变压器的电压切换装置及干式变压器的分接头位置要放在正常电压档位上。

（8）变压器的工作零线与中性点接地线应分别敷设。在变压器中性点的接地回路中，在靠近变压器处宜做一个可拆卸的连接点。

8. 防雷接地安装工程的质量监理

近年来由于雷击导致人身伤亡的事故也在不断增加，我国规定的安全电压在没有高度危险的环境下是 65 V，在有高度危险的环境下是 36 V，特别危险的环境下是 12 V，强大的雷电流通过建筑物或地面设备时，在一刹那间可产生破坏性很大的热效应和机械效应，可能引起火灾、爆炸等，造成建筑物、电气设备的破坏和人畜的伤亡。所以应加装防雷接地装置以保安全。安装方式有避雷针和避雷网。

接地种类常用的有防雷接地、防静电接地、计算机接地、设备接地、重复接地等。

(1) 防雷接地的人工接地装置的接地干线在经过人行横道处的埋设深度不应小于 1 m，且应采取均压措施或在其上铺设卵石或沥青地面。

(2) 接地模块顶部埋设深度不应小于 0.6 m，间距不应小于模块长度的 3～5 倍。

(3) 角钢及钢管接地极应垂直埋入地下，间距不应小于 5 m。

(4) 扁钢或扁铜搭接处应三面焊接，圆钢采用双面焊接。

(5) 引下线扁钢截面不应小于 25 mm×4 mm，圆钢直径不应小于 8 mm。利用主筋作引下线时，每条引下线不得少于 2 根主筋。

(6) 明装引下线必须在距地面 1.5～1.8 m 处做断接卡子或测试点，暗装引下线在距地面 0.5 m 处做断接卡子（一条引下线除外)。

(7) 接地干线距地面不应小于 200 mm，距墙面不应小于 10 mm，支持件应采用 40 mm ×4 mm 的扁钢，尾端制成燕尾状。

(8) 重复接地应与配电总箱的接地排相连接，在总箱处把地线汇流排与零线汇流排相连接，在各分箱处不再相连。

(9) 保护接零只能用在中性点直接接地的系统中，严禁在接零系统中一些设备接零而另一些设备接地。

9. 等电位联结工程的质量监理

(1) 建筑物每一进线处都应做总等电位联结，各个总等电位联结端子板应相互连通。装有金属外壳的门窗、排风机、空调及外露的金属部件在伸臂范围内的都要做等电位联结。

(2) 等电位内各连接导体间的连接可用焊接或螺栓或熔接。端子板应采用螺栓连接，以便拆卸做定期检测。

(3) 等电位联结的端子板截面不应小于等电位联结线的截面，用 BV4 mm 导线穿塑料管暗敷，或用 20×4 镀锌扁钢或 ϕ8 镀锌圆钢暗敷。

(4) 等电位联结干线应从接地装置有不少于 2 处直接连接的接地干线或总等电位箱引出。等电位联结干线或局部等电位箱间的连接形成回路，环行网路就近与等电位干线在局部等电位箱连接，支线不应串联。

(5) 等电位联结线和等电位联结端子板宜采用铜质材料 。

三、竣工验收阶段的质量监理

(一) 质量检验

在竣工验收前，项目监理机构组织预验收，预验收合格后，参加由建设单位组织的竣工验收。验收标准为：

(1) 按照合同和设计图纸要求都达到国家规定的质量标准；

(2) 设备调试、试运转达到设计要求，正常工作；

(3) 施工场地清理干净，无垃圾、废料和机具；

(4) 交工所需资料齐全。

(二) 技术质量资料的审核

(1) 分项工程一览表：工程的编号、名称、地点、建筑面积、开工日期及工程内容。

(2) 设备清单：电气设备名称、型号、规格、数量、重量、价格、制造厂家以及设备的备品。

(3) 工程竣工图及图纸会审记录。

（4）设备材料的证书，包括合格证及说明书、实验记录。

（5）隐蔽工程验收记录。

（6）质量检验和评定表。

（7）调试报告：对系统进行装置分项、联动调试和试验记录。

（8）整改记录及工程质量事故记录。

第十二节　智能建筑工程质量监理

随着我国信息化进程的不断加快和信息产业的不断发展，智能建筑作为信息社会的重要基础设施，已得到广泛应用。智能建筑工程质量监理越来越重要。

一、施工阶段的质量监理

（一）通信网络系统

1. 通信网络系统监理要点

在数据处理、信息网络传输电缆的预埋施工中，应严格控制在非终端机处不应有电缆接头。机柜、桥架安装应考虑抗震要求，做到“楼不倒，通信系统不垮”。缆线布放时，连线应牢靠，机房内跳线不走天花板下或吊顶上，过墙或过楼板的通道必须用防火材料封堵，接线的标志与标识应完整，便于核对，以利于检测和检修。

2. 通信系统检测的依据标准

《微波接力通信设备安装工程施工及验收规范》（YD2012）；

《卫星通信设备安装工程验收规范》（YD5017）；

《公用分组交换数据网工程验收规范》（YD5045）；

《程控电话交换设备安装工程验收规范》（YD5077）；

《同步数字系列光缆传输设备安装工程验收暂行规定》（YD5044）；

《会议电视系统工程验收规范》（YD5033）；

《城市住宅区和办公楼电话通信设施验收规范》（YD5048）；

《通信电源设备安装工程验收规范等》（YD5079）。

对有保密通信要求采用不含有金属加强线型的光缆，必须保持最良好的绝缘度。

光端机等设备外壳必须良好接地，以防干扰。在光缆敷设及网络终端口的施工中，要按设计要求严格操作规程。

3. 有线电视主要验收技术指标

（1）系统信噪比。检测系统总频道的10%且不少于5个，不足5个全检，且分布于整个工作频段的高、中、低段；主观测评标准：无噪波，即无“雪花干扰”。

（2）载波互调比。检测系统总频道的10%且不少于5个，不足5个全检，且分布于整个工作频段的高、中、低段；主观测评标准：图像中无垂直、倾斜或水平条纹。

（3）交扰调制比。检测系统总频道的10%且不少于5个，不足5个全检，且分布于整个工作频段的高、中、低段；主观测评标准：图像中无移动、垂直或斜图案，即无“窜台”。

（4）回波值。检测系统总频道的10%且不少于5个，不足5个全检，且分布于整个工作频段的高、中、低段；主观测评标准：图像中无沿水平方向分布在右边一条或多条轮廓线，即无“重影”。

(5) 色/亮度时延差。检测系统总频道的10%且不少于5个，不足5个全检，且分布于整个工作频段的高、中、低段；主观测评标准：图像中色、亮信息对齐，即无“彩色鬼影”。

(6) 载波交流声。检测系统总频道的10%且不少于5个，不足5个全检，且分布于整个工作频段的高、中、低段；主观测评标准：图像中无上下移动的水平条纹，即无“滚道”现象。

(7) 伴音和调频广播的声音。检测系统总频道的10%且不少于5个，不足5个全检，且分布于整个工作频段的高、中、低段；主观测评标准：无背景噪音，如咝咝声、哼声、蜂鸣声和串音等。

(二) 建筑设备监控系统

1. 新风控制系统的检测

(1) 送风温度控制：在整个控制过程中，其送风温度以保持设定值为原则，控制精度设计文件无要求时，应为±2℃。

(2) 相对湿度控制：应根据湿度传感器的设置位置和加湿控制方式的选择，检测工况的相对湿度控制效果，相对湿度控制精度设计文件无要求时，应为±5%RH。

2. 变配电系统的检测

(1) 检测项目。主要检测变配电设备各高低压开关运行状况及故障报警；电源及主供电回路电流值显示；电源电压显示；功率因数显示；电能计量；变压器超温报警；应急电源供电电流、电压及频率监视。

(2) 检测方法及标准。检验方法为抽检，抽检数量按每类参数抽20%，且数量不得小于20点，数量小于20点时全部检测。

(3) 被检参数合格率在100%时为检测合格。对高低压配电柜的运行状态、电力变压器的温度、应急发电机的工作状态、储油罐的液位、蓄电池组及充电设备的工作状态、不间断电源的工作状态等参数进行检测时，应全部检测，合格率达100%时为检测合格。

3. 其他各分项工程质量监控依据标准

《建筑电气工程施工质量验收规范》(GB50303－2002)；

《智能建筑工程质量验收规范》(GB50339－2003)；

《电子计算机房设计规范》(GB50174－93)；

《智能建筑设计标准》(GB/T50314－2000)；

《电气装置安装工程接地装置施工验收及规范》(GB50169－92) 等。

(三) 火灾报警及消防联动系统

1. 监理工程师需对以下装置的安装进行质量监控

火灾自动报警系统装置(包括各种火灾探测器、手动报警按钮、区域报警控制器和集中灭火系统的控制装置)；灭火系统控制装置(包括室内消火栓、自动喷水、卤代烷、二氧化碳、干粉、泡沫等固定灭火系统的控制装置)；电动防火门、防火卷帘控制装置；通风空调、防烟排烟及电动防火阀等消防控制装置；火灾事故广播、消防通讯、消防电源、消防电梯和消防控制室的控制装置；火灾事故照明及疏散指示控制装置。

2. 消防控制室的质量监控要点

(1) 消防控制室应具备功能：接收火灾报警，发出火灾的声、光信号，事故广播和安全疏散指令等；控制消防水泵，固定灭火装置，通风空调系统，电动防火门、阀门、防火卷帘、防烟排烟设施；显示电源、消防电梯运行情况等。同时，消防控制室必须将火灾报警等信息及时而准确地向建筑设备监控系统传输、显示。

（2）检查：消防联动控制设备置于“手动”方式。在现场模拟试验发出火灾报警信号，观测检查消防控制室及建筑设备监控系统相应的显示装置及打印机，都应记录、显示相同的火灾报警信息内容及报警时间。

（3）判定：一要求火灾报警信息传输要准确、完整、一致；二要求系统反应时间≤3 s。否则判定为不合格。

3．其他各分项工程质量监控依据标准

《高层民用建筑设计防火规范》（GB50045－95）（01 年版）；

《建筑设计防火规范》（GBJ16－87）（01 年版）；

《建筑内部装修设计安全防火规范》（GB50222-95）；

《建筑物防雷设计规范》（GB50057－94）（2000 年板）；

《自动喷水灭火系统施工及验收规范》（GB50261-96）；

《火灾自动报警系统施工及验收规范》（GB50166－92）等。

（四）安全防范系统监控重点

1．闭路电视录像监视系统

（1）摄像机：镜头调节功能、云台转动、防护罩功能等；现场设备的接入及完好。

（2）监视器：显示清晰度。

（3）矩阵控制器：切换、控制、编程、巡检、记录等控制功能，字符及时间标识功能。

2．数字视频系统

检查主机的死机记录、图像显示和记录速度、对前端设备的控制功能以及通信接口功能、远端联网功能等。

（1）图像质量检测：图像的清晰度、抗干扰情况。

（2）系统功能检测：监控范围、图像切换功能、系统联动响应、记录功能，对数字录像系统还要检测记录速度、检索、回放功能、联网功能等。图像记录保存时间是否满足合同要求。

3．入侵报警系统

各类探测器：探测器有无盲区、灵敏度调整、防动物功能、防拆卸破坏功能、信号断路和开路报警功能、有无干扰的情况。

4．系统管理软件

声、光报警显示、报警区域号显示、电子地图显示、接警响应时间、统计功能、报表打印等。

5．其他各分项工程质量监控依据标准

《安全防范系统验收规则》（GA 308－2001）；

《安全防范工程程序与要求》（GA/T 75）；

《民用闭路监视电视系统工程技术规范》GB50198；

《有线电视系统技术规范》（GY/T106）等。

（五）智能化集成系统监控重点

监控重点是系统网络设备和接口的检测。包括中继器、网卡、路由器、各种接插件、集线器、交换机，除检查设备技术指标，包括功能、性能、接口、协议转化等满足设计要求外，其连接测试应符合以下要求：根据网络设备连接图，网管工作站应和任何一台网络设备通信；各子网内用户之间的通信功能，根据网络配置方案要求，允许通信的计算机之间可以进行资源共享和信息交换，不允许通信的计算机之间无法进行通信。子系统之间的硬件连接、串行通讯连接、专用网关接口等应符合设计文件、产品标准和产品技术文件或接口规范的要求，检测时应全部检测，100%合格为检测合格。系统集成中使用的相通软件、中间件和应用软件应是满足功能需要、性能良好、具有安全性并经过实践检验的商业化软件。未形成商业化的软件和自编软件还应提供软件自测试报告，测试报告中应包括模块测试、组装测试和总体测试的内容，软件应通过功能测试、性能测试和安全测试的检验，软件测试的时间应为持续运行不低于一个月。集成软件应能适应信息网络技术发展的要求，系统集成软件在使用和维护方面应尽可能简单化、界面应汉化。其他分项施工中的检验标准为国家标准《智能建筑设计标准》（GB/T 50314－2000）中规范的智能建筑各主要子系统的施工检验。

（六）综合布线系统监控重点

注意各系统传输距离极限值

（1）干线子系统线缆长度（指主配线架到各楼层配线架之间的距离）。当采用 UTP 五类电缆时传输距离极限值为 800 m，当采用 STP 五类电缆时传输距离极限值为 700 m，当采用单模光纤时传输距离极限值为 3 000 m，当在 100 Mbps 以太网上采用多模光纤时传输距离极限值为 2 000 m，当在 1 000 Mbps 以太网上采用多模光纤时传输距离极限值为 500 m。

（2）配线子系统（水平子系统）线缆长度。水平线缆长度的极限值为 90 m。在计算机网络系统中三类和五类线缆传输 10 Mbps 的信号均要求两个有源设备之间的距离不能超过 100 m。

2. 机柜、机架、配线架的安装

机柜不应直接安装在活动地板上，应按设备的底平面尺寸制作底座，底座直接与地面固定，机柜固定在底座上，底座高度应与活动地板高度相同，然后铺设活动地板，底座水平误差每平方米不应大于 2 mm；安装机架面板，架前应预留有 800 mm 空间，机架背面离墙距离应大于 600 mm；背板式跳线架应经配套的金属背板及接线管架安装在墙壁上，金属背板与墙壁应紧固；壁挂式机柜底面距地面不宜小于 300 mm；桥架或线槽应直接进入机架或机柜内；卡入配线架连接模块内的单根线缆色标应和线缆的色标一致，大对数电缆按标准色谱的组合规定进行排序；端接于 RJ45 口的配线架的排列方式按有关国际标准规定的两种端接标准（T568A 或 T568B）之一进行端接，但必须与信息插座模块的线序排列使用同一种标准。

3. 其他分项施工中的检验标准（如工程电气性能检验、光纤系统性能测试等）

为国家标准《建筑与建筑群综合布线系统工程验收规范》GB/T 50312；并部分采用国际标准：欧洲标准 EN50173，美国标准 ANSI/EIA/TIA568－A（商用建筑物电信布线）。

（七）配管穿线与箱盒安装

1. 配管

（1）电线管敷于多尘及潮湿场所，管口及管子连接处应作防潮密封处理。

（2）管路穿过建筑物变形缝时，应按设计及规范要求加保护和补偿处理。

（3）管路弯曲处不得有褶皱、凹穴及裂缝，弯扁度不得大于管外径的 10%；在混凝土中暗敷时，其弯曲半径不得小于 10% 。

（4）管路超过规定长度上限值时，应加装接线盒（过路盒）。

（5）明配管路及能上人的吊顶内的配管，应横平竖直，排列整齐，固定点应符合规定。

（6）管路与煤气、热力等管路平行或交叉敷设时，互相间距应符合设计及规范要求，并有隔离措施。

（7）敷设管路应与土建配合施工，不得随意剔凿、打洞、断筋。

（8）敷设钢管要求管内无铁屑毛刺，管口平齐光滑，并按规定除锈防腐。

（9）钢管的连接不允许对口焊，管径 20 mm 及其以下的钢管以及各种管径的电线管，必须用管箍丝扣连接，并应焊接跨接地线。管径 25 mm 及以上的钢管，可采用套管焊接，套管管径要匹配，管口应在套管中心，焊接应牢固、严密。

（10）管与设备连接使用金属软管引入时，应使用金属软管接头，要做专用地线不能使用软管，作接地导体。

（11）钢管与金属箱、盒连接要焊跨接地线。

（12）硬塑料管的连接应符合规范要求。采用插入法连接，插入深度要足够；采用套管法连接，套管长度要足够，套管管径应匹配，管口应在套管中间位置，连接处应用胶合剂粘接，粘接要牢固、严密。

（13）硬塑料管加热煨弯时，不得将管烧伤变色；敷设超过 30 m 时，要做补偿装置；在穿过易受机械损伤部位或引出地面部位应有保护措施。

（14）半硬塑料管用套管法连接，要求同硬塑料管；管路超过 15 m 或直角弯超过 3 个，应加中间接线盒；管埋入混凝土中应加有效固定，有防机械损伤措施。

2..穿线

（1）管内穿线，其规格、型号、数量应符合设计要求和规范规定。

（2）穿线前应先扫管，管内不得有杂物，并应先作护口。

（3）垂直向上的管口，穿线后要做封堵处理。

（4）导线在管内不得有接头。

（5）导线剥线皮时不得损伤线芯。

（6）管内导线总截面积（包括外护层）不应超过管子总截面积的 40% 。

3. 箱、盒安装

（1）箱、盒位置安装应符合设计及规范要求。

（2）金属箱、盒应先做除锈、防腐处理。

（3）箱、盒安装要牢固，四角受力均匀；箱、盒与墙面平正；偏差应符合设计与规范要求的允许值。

（4）预埋箱、盒安装要正、牢，应与墙面平；引入箱、盒的管子要一管一孔，不得多管一孔。

（5）不能进人的吊顶，接线盒不应深入顶棚太远；盒口应向外，便于维修。

（6）吊顶内不得有明露导线，接线盒应有盖。

二、竣工验收的质量监理

（1）进入施工现场的主要设备与材料，应符合设计与规范要求，监理工程师要认真参与验收工作。设备、器材进入工地后应妥善保管，不应露天放置，要用木板垫起，避免砂浆、砂石触及。

(2) 各专业的设备及器材应按各专业规范要求进行检测、调试、试运转。设备试验、调试、试运转应符合规范验收要求。

(3) 设备安装完毕后，应认真组织中央系统及各分系统的质量验收，监督完善各项手续、资料。应按设计规定的项目要求进行系统试验、调试，并做好运行记录。试验、调试报告由主管部门认定的试验单位提供。

(4) 各专业、各分系统的试验、调试报告、试运转记录要统一归档，工程验收时，交验的技术资料和文件要齐全并符合规范要求。

第十三节　通风与空调工程质量监理

在公用建筑和一些高档民用住宅中，通风空调工程通常都是重要的组成部分，通风空调工程具有设备多、管道大、涉及工种多、施工与其他专业交叉作业频繁等特点，一直以来都是工程施工中的重点和难点。同时通风空调工程质量的好坏又对建筑物能否实现最初的设计功能有着重大的影响，尤其是其中的人防和消防送、排风工程更是关系到人民生产生活和生命财产安全的重大责任。因此在建设工程监理过程中，通风空调工程的质量控制监理责任重大，也是建筑工程监理的一个重点。

一、施工阶段质量监理

施工阶段工程监理在目前的工程监理工作中十分重要，工程质量控制的优劣很大程度上取决于工程施工阶段质量控制的情况，可以说施工阶段监理的质量控制是整个监理质量控制的核心。下面将着重讲述施工准备阶段和施工安装阶段如何做好通风空调质量控制的监理工作。

(一) 施工准备阶段通风空调工程质量监理

(1) 认真审核设计图纸，参加设计交底。

(2) 严格审查通风空调专业施工方案，特别注意审核有关施工程序和施工工艺部分，要求施工安排合理有序、施工工艺符合规范标准要求。

(3) 要求施工单位建立健全专业施工质量管理体系，管理人员和特殊工种持证上岗。

(4) 要求施工单位编制通风空调调试方案。

(二) 施工安装阶段通风空调工程的质量监理

通风空调工程安装阶段监理分为风管制作、风管安装、空气处理室制作与安装、除尘器的制作与安装、通风机的安装、空调水系统安装、空调设备安装、冷冻机组安装、系统调试等几个方面。

1. 通风与空调工程管件制作质量监理

(1) 金属风管的制作质量监理。①专业监理工程师应熟悉设计图纸和有关技术资料，严格根据设计要求验收原材料质量（厚度、强度、材质）。②检查风管制作应咬缝紧密、宽度均匀，无孔洞，无半咬口和胀裂现象。③直管纵向咬缝或焊缝应错开、焊缝严禁烧穿、漏焊和裂缝等缺陷。④洁净系统风管内必须平整光滑，严禁有横向拼缝和管内设加固，洁净系统风管、配件、部件和静压箱的所有接缝必须严密不漏，防止油污和浮尘进入。⑤风管法兰加工的孔距应符合设计要求，与金属板的铆接应采用实心铆钉铆合严密。⑥矩形风管边长≥

630 mm、保温风管边长≥800 mm，当管段长度大于1.2 m时应采取加固措施。⑦风管外观应折角平直、圆弧均匀、两端平面平行、表面凹凸不大于5～10 mm，与法兰连接牢固，翻边基本平整且无宽度不小于6 mm。⑧不锈钢板、铝板和复合钢板风管表面应无明显痕迹，复合板无损伤。⑨风管制作完成后应进行自检并报监理工程师验收。

(2) 硬聚氯乙烯风管制作质量监理。①控制原材料质量，要求提交材料单，并进行外观验收（外观不得有气泡，裂缝或夹层，表面应平整、材质均匀、厚度均匀）。②焊条材质应与板材相同，要求在15℃温度下进行180°弯曲，不得有断裂现象。③焊缝的坡口形式和焊接质量应符合设计要求。④焊缝应饱满且高度一致，表面平整、结合牢固，不得有分离、断裂、烧焦现象。⑤风管加固应牢固可靠，与法兰连接处的三角支撑间距适宜（一般为300～400 mm)，且均匀对称。⑥风管外观平整、两端平行、焊缝饱满、无明显扭曲和翘角。

(3) 风管部件制作质量监理。①熟悉图纸、严格控制原材料材质。②控制用材规格、尺寸应符合设计要求。③百叶送风口外框、叶片轴孔应同心，转动灵活。④吹风口部位不得生锈，转动法兰旋转一周不得碰擦。⑤百叶在6 m/s的风速下，叶片不动不颤。⑥风阀制作应有启闭标志，多叶阀叶片贴合、搭接应一致。⑦风帽制作尺寸应符合设计要求，形状规整，旋转风帽重心平衡。⑧罩类连接应牢固，外形尺寸应符合设计要求，精度应符合规范要求。⑨当风管和风管部件为整体采购时除按照上述要求进行检验外还应有相关部件的出厂质量证明文件如合格证检测报告等。

(4) 风管及部件安装质量监理。①严格检查风管及部件质量，不合格不能安装；②检查验收现场管道设备基础，管道预留孔、预埋件大小、标高、位置等，均应符合设计要求；③支架、吊架、托架的规格、形式、位置、间距及固定必须符合设计要求，支、吊、托架应在安装前做好防腐处理；④风管安装应牢固，位置、标高应准确，风管走向水平度应符合设计要求；⑤输送产生凝结水或含湿气的风管，应按设计要求放坡，且底部不得有纵向接缝，如有连接必须密封处理；⑥输送含有易燃、易爆介质气体的通风系统，都必须有良好的接地装置，并应尽量减少接口；⑦排风系统的风管穿出屋面应设防雨罩，当风管穿出屋面超过1.5 m时，应加箍且用不少于3根拉索固定；⑧空气洁净系统的风管安装前应擦拭，达到表面无油污、无浮尘，安装后开口处应封闭，防止灰尘进入；⑨风管穿墙或楼板应有防护套管，风管支架形式、宽度应符合设计要求。

2. 空气处理室制作与安装质量监理

(1) 空气处理室制作质量监理。①空气处理室的制作板壁拼接必须顺水方向，喷淋段的水池严禁渗漏，水池焊接必须严密牢固，制作加工完应做渗漏试验。②挡水板应折线平直与喷淋段壁板接触处应设泛水，中间不允许有阻滞现象。③挡水板与水面接触处，应设伸入水中的挡板，且保持一定的水封，分层组装的挡水板，每层必须设置排水装置。④挡水板的固定件应做防腐处理。⑤喷嘴的排列应正确，同一排喷淋管上喷嘴方向应一致，溢流管高度应正确。

(2) 空气处理室安装质量监理。①分段组装各连接面应平整、严密，垫料应符合质量标准，以防渗漏。②密闭监视门及门柜平整，密封条紧密无渗漏，开关无明显滞涩，凝结水设引流管排向室外。③检查表面式换热器外观，应无破损，安装平整、牢固。④过滤器安装牢固，方向必须正确，过滤器与框架之间连接严禁渗漏变形、破损、漏胶等。⑤洁净系统安装后必须保证内壁清洁、无污染。

3. 除尘器的制作与安装质量监理

(1) 除尘器制作要求内表面平整，无明显凹凸，圆弧均匀，拼缝错开，焊缝无夹渣、无砂眼、无裂纹。

(2) 叶片的弯曲方向与气流方向一致，泄灰口无堵塞。

(3) 泡沫除尘器制作应控制泡沫板筛孔总面积和孔径符合设计要求，喷水口不得堵塞。

(4) 旋风除尘器筒体应为圆形，不圆度应小于5%，筒体法兰平整严密，螺栓拧紧，不得漏风。

(5) 除尘器安装时，应控制底座标高和位置应符合设计要求，安装平直严密、牢固平稳。

(6) 安装应注意出风口方向，严格控制不得装错。

(7) 湿式除尘器的水管连接及存水部位必须严密不漏，排水畅通。

4. 通风机的安装质量监理

(1) 通风机质量检查。①检查通风机出厂质量合格质保书及相关文件。②检查通风机装箱清单，核对叶轮、机壳和其他部件的尺寸，进风口、出风口的位置是否符合设计要求。③检查叶轮旋转方向及进风口、出风口是否盖板遮盖，机壳的防锈处理及转子是否正常。④轴流风机叶轮与风筒间隙应均匀，一般间隙误差不大于0.5%。⑤离心风机叶轮是否平衡，每次用手转动后不停止在同一个位置为正常。

(2) 通风机的安装质量监理。①通风机安装在基础上应找平，纵横水平度应符合规范规定。②通风机安装在有减振器的装置上，应控制减振器承受荷载的压缩量均匀、无偏心。③通风机安装在无减振器的支架上，应垫4～5 mm厚的橡胶垫，找平找正，固定牢固。④检查验收通风机安装位置、标高、传动轴水平度、联轴器同心度等应符合设计要求和规范规定。⑤通风机安装完应进行单机试运转，经2 h运转后测量轴承温度和噪音，验收合格后，监理工程师签署交工证书。

6. 空调水系统安装质量监理

空调水系统管道和水泵安装监理重点同采暖和热水管道基本相同，以下介绍几点需要注意的问题和冷却塔安装质量控制要点：

(1) 冷热水管道支吊架下应有绝热衬垫，防止产生冷桥；

(2) 冷却水管道注意坡度；

(3) 风机盘管等空调设备安装注意设备减震，与管道连接时最好使用弹性连接或软管连接；

(4) 冷却塔安装要注意保证标高位置和水平度垂直度等符合要求；

(5) 冷却塔出水口和喷嘴方向位置正确，积水盘水平度符合要求且严密无渗漏；分水器布水均匀；

(6) 冷却塔风机叶片端部与塔体间隙均匀，可调叶片角度一致；

(7) 冷却塔风机和水系统应进行试运行时间不少于2 h，塔体稳固无异常震动，噪声符合要求，风机轴承温升、噪音等符合要求。

7. 单元式空调机组安装质量监理

(1) 分体式空调机组的室外机和风冷整体式空调机组的安装固定应牢固、可靠；除应满足冷却风循环空调的要求外还应符合环境卫生保护有关法规的规定。

(2) 分体式空调机组的室内机的位置应正确并保持水平，冷凝水排放应通畅。管道穿墙处必须密封，不得有雨水渗入。

(3) 整体式空调机组管道的连接应严密、无渗露，四周应留有相应的维修空间。

8. 组合式空调组及框式空调机组的安装质量监理

(1) 组合式空调机组各功能段的组装，应符合设计规定的顺序和要求；各功能段之间的连接应严密，整体应平直。

(2) 机组与供回水管的连接应正确，机组下部冷凝水排放管的水封高度应符合设计要求。

(3) 机组应清扫干净，箱体内应无杂物、垃圾和积尘。

(4) 机组内空气过滤器（网）和空气热交换器翅片应清洁完好。

9. 风机盘管安装质量监理

(1) 机组安装前宜进行单机三速试运转及水压检漏实验。

(2) 机组应设立独立的支吊架，安装位置高度及坡度应正确、固定牢固。

(3) 机组与风管回风箱或封口的连接应严密可靠。

10. 制冷设备和附属设备安装质量监理

(1) 制冷设备、制冷附属设备的型号规格和技术参数必须符合设计要求并具有产品合格证书、产品性能检验报告。

(2) 设备的混凝土基础必须进行质量交接验收，合格后方可安装。

(3) 设备安装的位置、标高和管口方向必须符合设计要求；用地脚螺栓固定的制冷设备和制冷附属设备其垫铁的放置位置应正确、接触紧密；螺栓必须拧紧，并有防松动措施。

(4) 采用隔震措施的制冷设备或制冷附属设备，其隔震器安装位置应正确，各隔震器的压缩量应均匀一致，偏差不大于 2 mm。

(5) 采用弹簧隔震的制冷机组应设有防止机组运行时水平位移的定位装置。

11. 系统调试质量监理

(1) 系统调试前应要求施工单位编制系统调试方案。

(2) 系统调试前要按照调试方案要求准备好调试所需的各种仪器仪表和工具，仪器仪表工具的性能应稳定可靠，其精度等级及最小分度值应能满足测定的要求，并符合国家有关计量法规及检定规程的规定。

(3) 安装单位可自行调试也可委托具备相应资质的其他单位进行调试，调试人员应经过培训并持证上岗。

(4) 系统调试应由施工单位负责，监理单位监督，设计单位与建设单位参与配合。

(5) 调试项目。

①设备单机试运转及调试。

②系统风量的测定和调整。

③空调水系统的测定和调整。

④自动调整和监测系统的检验、调整与联动运行。

⑤室内参数的测定和调整。

⑥防排烟系统的测定和调整。

(6) 调试主要要求。

①风机水泵单机试运转的时间、轴承温升、噪声等指标符合要求，运转正常。

②冷却塔与水系统运转时间不少于 2 h，塔体稳固无异常震动，噪声符合要求。

③冷冻机组运转时间不少于 8 h，运行状况符合设计文件和国家规范规定。

④防火阀、防排烟风口操作灵活，信号输出正确。

⑤系统风量平衡，各风口风量符合设计要求，系统总风量与设计风量偏差符合设计要求和规范规定。

⑥水系统冲洗干净不含杂物，管道系统排气干净，系统运行正常平稳，各空调机组水流量符合设计要求和规范规定，总流量与设计流量偏差符合设计要求和规范规定。

⑦各类房间室内温度、湿度、洁净度、噪音等参数符合设计要求和规范规定。

⑧防排烟系统风量和正压符合设计和消防规范规定。

⑨控制和监测设备和系统检测元件及执行元件沟通正常，系统状态参数能正确显示，设备联锁、自动调节、自动保护能正确动作。

二、保修阶段质量监理

工程竣工验收完成投入使用后，工程进入保修期，工程监理也随之进入保修阶段监理。施工单位按照国家有关工程保修期限签订保修合同，监理单位根据保修合同内容在工程发生保修情况时参与保修阶段监理，同时在工程未发生保修情况时最好定期进行回访，以便了解工程监理质量控制的效果，及时发现问题和总结经验提高工程质量监理的水平。发生质量问题进行保修的质量控制要求与施工中相同，需要注意的一点是当工程保修是因为建设单位或使用单位使用不当和人为破坏等非施工质量问题而造成的维修时，此项费用应由建设单位依据实际情况进行计量支付，由于施工材料和施工质量原因造成的保修费用从保修金中扣除。

通风空调工程易发生的保修项目及原因：

(1) 设备噪音过大（风量或风压过大或设备质量问题）。

(2) 局部过冷过热或不冷不热等室内参数达不到使用要求和设计规定（系统调试风量不平衡或水系统循环问题）。

(3) 漏水（安装质量或材料配件质量问题）。

(4) 自控检测动作不正确（安装错误）。

(5) 正压送风风量、风压不足或超量超压（系统漏风和送风室封闭不严或风机选择风量、风压过大）。

第十四节　电梯工程质量监理

随着我国国民经济快速发展，科学技术水平日益提高，人们物质文化生活水平的逐步改善，电梯已成为商场、宾馆、公寓、住宅等高层建筑必备的垂直运输工具。做好电梯工程质量监理是监理工作的重要任务。

一、电梯进场验收

（1）电梯设备随机文件应有土建布置图、生产许可证以及装箱单、安装使用维护说明书、动力电路和安全电路的电气原理图。监理工程师应认真核查以下产品的生产合格证：①电梯曳引装置，②导轨，③轿厢、导靴、门窗、门锁，④电气装置（电缆及设备），⑤电气保护装置（限速器、安全钳及缓冲器型式试验报告结论副本，限速器与渐进式安全钳的调试证书副本）。

（2）电梯设备开箱检查。外形、外观应与图纸相符，完好无变形、无损坏；零部件规格符合图纸要求，数量齐全。各传动、转动部分活动灵活，功能可靠。

（3）电梯必须是国家颁发生产许可证的生产厂家生产的，国外进口的电梯还必须有商检合格证明。

二、施工过程质量控制

（一）需按照施工验收规范严格监控的分项工程

1. 机房

（1）门窗：防风雨，有“机房重地闲人免进”标志；门不得向房内开启，可从房内不用钥匙开锁。

（2）结构和地面：必须能承受正常情况下的荷载；当地面不同高度相差大于 0.5 m 时，应设置楼梯或台阶，并设置护栏。

（3）供电源及主开关：应专用，由配电间直接送至电梯机房；每台电梯均设主开关，其位置合理，标志齐全，容量适中；不应切断与电梯相关的照明、通风、报警、插座等电路。

（4）断相保护：当电源断任一相或相序错误时，该装置应起保护作用。

（5）门机、方向联锁装置：开、关门继电器和运行方向接触器的机械和电气联锁应动作灵活可靠。

（6）急停、检修控制：程序转换开关和按钮应灵活可靠。

（7）敷线与接地（含井道、层门、轿箱）：动力线路与控制线路应分开敷设；工作零线与接地保护线应始终分开；接地保护线为黄绿双色绝缘线；需接地的设备金属外壳均设有易识别的接地端，且不得串连接地。

（8）限速器：铭牌上有制造厂名称、整定动作速度、型式试验标志和试验单位；封记完好，标明安全钳动作方向；安装位置正确，底座牢固，运转平稳，当与安全钳联动时无颤动。

（9）限速器与安全钳联动试验：其电气安全装置应可靠；瞬时式安全钳，应能承受轿厢额定荷载；渐进式安全钳，应能承受轿厢 125% 额定荷载；检修速度下行，人为让限速器动作，轿厢应可靠制动，轿底倾斜度不大于 5% 。

（10）紧急平层：停电或故障时，使轿厢慢速移动的手动或自动操作装置功能可靠有效。

2. 井道

（1）轿顶上空程及空间要求：对重压实缓冲器时，井道顶最低部件与井道底最高部件的距离不小于（0.3+0.035）m，此时轿厢上的空间不小于 0.5 m×0.6 m×0.8 m 。

（2）轿厢与对重水平距离：最小距离不大于 50 mm；其他部件不得与轿厢或对重碰触。

(3) 对重装置：对重块紧固可靠；反绳轮挡绳防护装置齐全可靠，润滑良好。

(4) 补偿链安装：链环不得开焊，消除扭力并有消音措施；两端固定可靠，螺母销钉齐全，有钢绳保护；不得与其他部件碰触，距底坑地面不小于 100 mm 。

(5) 强迫缓速：位置符合设计产品要求，动作可靠。

(6) 限位开关：当轿厢上、下越程大于 50 mm 时起作用。

(7) 极限开关：在轿厢底部到达对重缓冲器之前在限位开关之后起作用，且在缓冲器被压缩期间开关保持断开。

(8) 安全门和检修门：均不得朝井道内开启；当该门关闭后，电梯才能运行。

3. 轿厢

(1) 安全窗：尺寸不小于 0.35 m×0.5 m，能不用钥匙从轿外开启，锁紧应用电气安全装置来检验。

(2) 轿顶轮：防护罩、挡绳防跳装置其润滑齐全可靠。

(3) 绳头组合：浇注饱满、绳股弯曲安全可靠；锁母销钉齐全，锥套穿防扭钢绳。

(4) 安全钳：铭牌上应有生产厂家名称、型式试验标志及试验单位。

(5) 轿顶开关：非自动复位红色停止开关动作可靠；轿顶检修接通后，轿内和机房的检修开关应失效；检修开关上或近旁应标出“正常”及“检修”字样，在检修按钮上或其近旁应标出运行方向。

(6) 自动门保护：安全触板灵活可靠，其动作碰撞力不大于 5 N；光电及其他形式防护装置的功能必须可靠。

4. 层站

(1) 层门锁闭装置：设有铭牌，注明生产厂家名称、型式试验标志及试验单位；每扇层门有电气安全装置检验闭合位置；锁紧啮合长度不小于 7 mm，重力或弹簧产生推力并保持锁紧，即使弹簧失效，重力也不应导致开锁；锁紧装置应防尘，宜采用透明板以便检查。

(2) 层门自闭装置：当轿厢在开锁区以外时，层门被开启后，应有重块或弹簧装置确保层门自动关闭。

(3) 消防开关：装在基站召唤盒上方，其底边距地 1.7 m 左右；该开关动作后，运行的电梯自动到基站开门，消防运行时取消外召唤功能及自动门状态。

5. 底坑

(1) 对土建要求：底坑地面应光滑平整，无杂物油污；不得漏水或渗水，并不得作为积水坑使用。

(2) 液压缓冲器：铭牌，注明生产厂家名称、型式试验标志及试验单位；设有未复位电气安全开关；柱塞垂直度不大于 0.5%；便于检查液位，充液量正确。

(3) 补偿绳张紧及防跳安全触点动作时：电梯停止运行。

(4) 限速绳断裂松弛，当张紧轮下落大于 50 mm 时：电梯停止运行。

(5) 轿厢位置传感装置的张紧钢带（绳、链条）断裂或松弛时：电梯停止运行，或不能启动。

(6) 底坑安全开关为非自动复位的红色停止开关，装在易触及门口的近旁。

6. 试验检查

（1）平衡系数：40％～50％（可检查调试记录或检测报告）。

（2）缓冲试验：轿厢以满载、对重以轿厢空载分别以额定速度碰撞其缓冲器，缓冲器应平稳，部件无损伤或变形；耗能型缓冲器压实后，从轿厢离开缓冲器到缓冲器回复原状的时间不大于 120 s。

（二）现场巡视

监理工程师对电梯安装工程的施工现场进行巡视，及时发现施工中的质量问题，并要求安装企业予以纠正，对重要问题及时签发《监理通知》，并对整改情况进行复查。

（三）旁站监理

对电梯安装工程的曳引绳头的封堵、组装，曳引机承重梁的安装，绝缘电阻测试进行旁站监理。

1. 制定并报送旁站监理方案

电梯安装工程施工前制定以上部位的旁站监理方案，并将旁站监理记录报送建设单位和安装单位。

2. 旁站人员职责

（1）检查安装单位施工现场质检人员到岗，特殊工种人员持证上岗情况，检测仪器准备情况（检测仪器应在有效检定期内）。

（2）在现场跟班督促施工方对以上部件的安装施工。

（3）做好旁站监理记录和监理日记，保存旁站监理原始资料。

（4）及时处理旁站监理过程中出现的质量问题，发现企业有违反强制性标准行为的，责令施工单位立即整改；发现其活动可能甚至已经危及工程质量的，应及时向总监理工程师报告并采取措施。

三、工程验收

在电梯竣工验收之前，监理工程师应要求电梯安装企业及时申报有关表格，合格后监理工程师认证签字。待一切手续齐备后，施工方才可向质量监督部门申报“核验”。

（1）电梯具备运行条件时，应对电梯轿厢的运行平层准确度进行测量。

（2）电梯层门安装完成后，应对每一扇层门的安全装置进行检查确认。

（3）电梯安装完毕，应进行电梯的电气接地电阻测试和绝缘电阻测试。调试运行时，由安装单位对电梯的电气安全装置进行检查确认。

（4）电梯调试结束后，在交付使用前，由安装单位对电梯的整机运行性能进行检查试验。

（5）电梯调试结束后，在交付使用前，由安装单位对电梯的运行负荷和试验曲线、平衡系数进行检查试验。

（6）电梯具备运行条件时，应对电梯轿厢内机房、轿厢门、层站门的运行噪声进行测试。

（7）自动扶梯安装完毕后，安装单位应对其安全装置、运行速度、噪声、制动器等功能进行测试。

在电梯的安装调试过程中，监理工程师应直接参与其电气装置安装质量检查、电气安全装置检查试验、电梯主要功能检查试验以及电梯负荷运行试验等项工作，对其记录表格的填写情况进行认真的审核。

思考题

1. 房屋建筑工程质量监理的主要任务是什么?
2. 如何做好房屋建筑工程放线测量和竖向测量工作?
3. 如何做好深基坑支护与降水的质量监理工作?
4. 如何做好混凝土工程施工过程中的质量监理工作?
5. 如何做好砌体工程施工过程中的质量监理工作?
6. 木结构工程施工准备阶段的质量监理工作是什么?
7. 钢结构工程制作阶段质量监理应做好哪些工作?
8. 如何做好墙面工程的质量监理工作?
9. 如何做好屋面防水工程的质量控制?
10. 如何做好室内给水管道质量监理工作?
11. 简述电气监理在施工过程中的重要性。
12. 简述成套配电箱在施工安装过程中的主要监控要点。
13. 通讯网络系统施工阶段质量监理有哪些主要工作?
14. 智能建筑配管穿线工程质量监理有哪些主要工作?
15. 如何做好通风系统调试质量监理工作?
16. 电梯工程质量监理有哪些主要工作?

第三章　公路、桥梁工程质量监理

公路、桥梁工程施工环境复杂，监理工作任务重、内容多，监理程序繁杂。根据公路、桥梁的特点和专业性质，把工程项目划分成若干个单位工程（如路基、路面、桥基、桥体、桥面，隧道等），各单位工程根据工程特点又划分成各分部工程（如路基、排水、砌筑、桥主体、路面、桥面等）。公路、桥梁工程的质量监理是监理工程师的重点工作之一，由于影响工程建设质量的因素很多，监理工程师应根据合同要求、设计及施工规范，严格控制整个施工过程的质量，从原材料、施工队伍资质、施工组织计划等源头抓起，注重施工工艺和成品质量的监控，对全过程实施监理。

第一节　公路工程质量监理

一、公路工程开工前的监理工作

（一）公路工程施工准备阶段质量监理程序

公路工程开工前监理工程师应进行质量监理，做好开工准备，其监理程序如图 3-1。

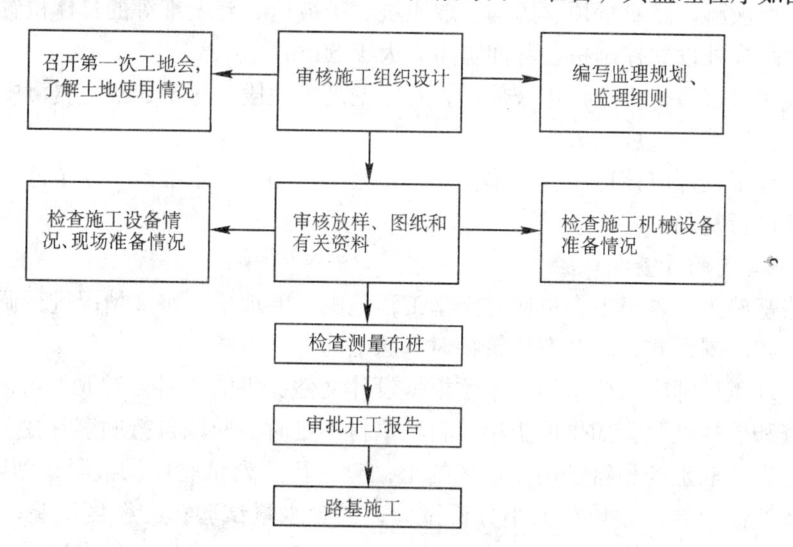

图 3-1　公路工程开工前监理程序

（二）施工测量

1．施工测量内容

路基开工前施工单位应做好施工测量工作，监理工程师应进行复测。其中内容包括导线、中线、水准点复测，横断面检查与补测，增设水准点等。

2．导线复测

（1）导线复测应采用红外线测距仪或其他满足测量精度的仪器。仪器使用前应进行检验、校正（仪器的检定要求和测量人员要求见第二章）。

（2）原有导线点不能满足施工要求时，监理工程师应要求施工单位进行加密，保证在道路施工过程中，相邻导线点间能互相通视。

（3）导线起讫点应与设计单位测定的结果比较，测量精度应满足规范要求，复测导线，必须和相邻施工段的导线闭合。

（4）对有碍施工的导线点，施工单位应在施工前加以固定，所设护桩应牢固可靠，桩位应便于架设测量仪器，并设在施工范围以外。

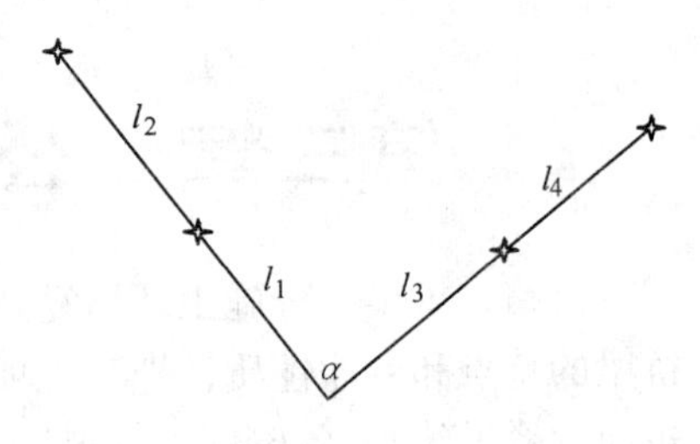

图 3-2　导线点固定法示意

注：$l_2>l_1>15$ m；　$l_4>l_3>15$ m；α 在 90°左右；　✦点为导线点

3．中线复测

（1）路基开工前应全面恢复中线并固定线路主要控制桩，如交点、转点、圆曲线和缓和曲线的起讫点等。对于高速公路、一级公路应采用坐标法恢复主要控制桩。

（2）恢复中线时应注意与结构物中心、相邻施工段的中线闭合，发现问题应及时查明原因。

4．路基放样

（1）路基施工前，应根据恢复的线路中桩、设计图表、施工工艺和有关规定订出路基用地界桩和路堤坡脚、路堑堑顶、边沟、取土坑、护坡道、弃土堆等的具体位置桩。在距路中心一定安全距离处设立控制桩，其间隔不宜大于 50 m。

（2）放完边桩后，应进行边坡放样，对深挖高填地段，每挖 5 m 应复测中线桩，测定其高度和宽度，以控制边坡的大小。

（3）监理工程师应该控制施工单位每半年至少复测一次水准点，季节冻融地区，在冻融以后也应该进行复测。

（三）施工前的复查和试验

（1）路基施工前，施工人员应对路基工程范围内的地质、水文情况进行调查，通过取样确定其性质和范围，并了解既有建筑物对特殊土的处理方法。

（2）监理工程师应该要求施工单位根据设计文件提供的资料，对取土场、料场的路堤填料进行复查和取样试验。如果取土场、料场填料不足时，应该自行勘察寻找。

（3）挖方、取土场和料场用作填料的土，应进行下列试验：①液限、塑限、塑性指数、天然稠度或液性指数；②颗粒大小分析试验；③含水量试验；④密度试验；⑤相对密度试验；⑥土的击实试验；⑦土的强度试验；⑧一级公路、高速公路应做有机质含量试验及易溶盐含量试验。

二、施工过程的质量监理

公路工程开工后，监理工程师应对各个施工环节进行质量监理，包括路基工程、软土路基工程、路面基层、路面面层的质量监理。公路工程是大型项目，开工的公路工程均须进行试验路段施工，试验成功后，才能全面铺开施工。公路工程质量监理程序如图 3-3。

三、路基工程质量监理

（一）路线放样质量监理

根据设计图纸，承包单位在接受工程师或设计单位交给的等线桩、水准点及其有关资料

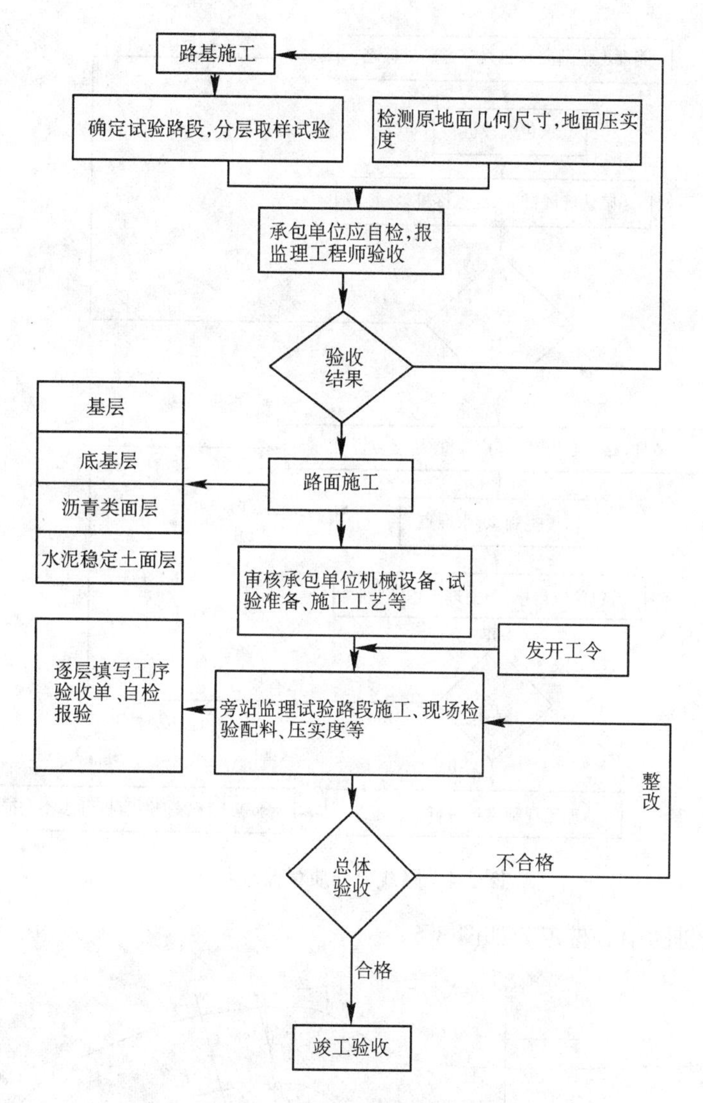

图 3-3　公路工程施工过程质量监理程序

后，应进行复核放样。交桩、放样工作是很重要的一项工作，出现任何差错将导致工程的巨大损失，监理工程师在交桩、放样监理过程中应认真仔细，并督促承包单位做到准确无误，发现问题应及时解决，在开工前作到放样与设计相符。

1. 路线放样监理工作程序

见图 3-4。

2. 路线放样监理工作内容

公路路线放样需放出路基中心线控制桩、路基边缘控制桩及路基坡脚控制桩，同时还需测量路基边沟，取土坑，护坡道，弃土堆等的实体位置。

（1）路线中心桩一般在直线段上每 50 m 设置一个，曲线段上每 20 m 设置一个。

（2）水准高程桩每 400～500 m 设置一个。

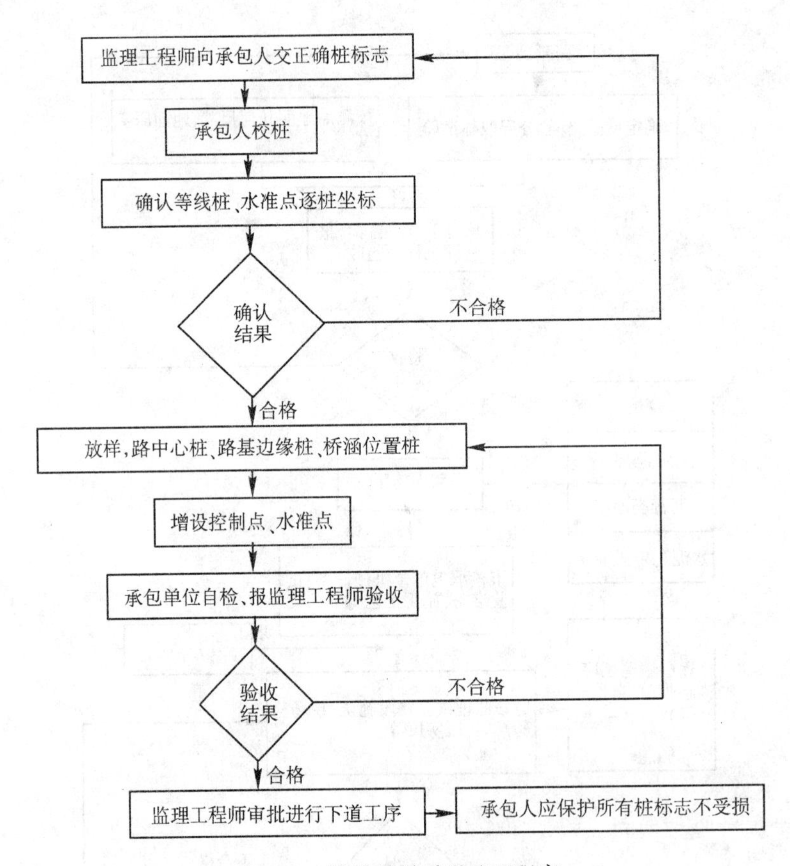

图 3-4 路线放样质量监理程序

（3）路基边桩随中心桩走，如图 3-5。

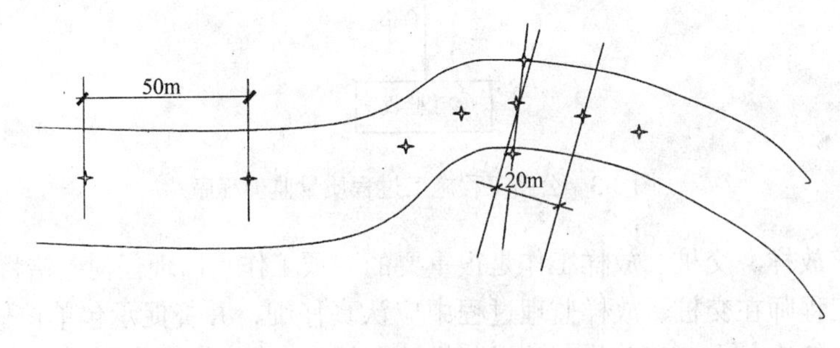

图 3-5 路基控制桩布置图

注：沿道路中心线垂直方向放线，量出路宽作为路边基桩定位点。

（4）承包单位在接受标志和有关资料后，应立即组织复核、放样，一般在 14 天内完成，并将测量资料、计算书和图纸一同报监理工程师复验、审批。

（5）监理工程师应对承包单位增设的导线桩点、水准高程点进行复测，由承包单位提供测量人员和仪器。

（6）路线放样质量应符合规范规定。

3. 路线放样质量确认

见表 3-1。

表 3-1　放样质量确认表

<table>
<tr><th colspan="2">项　目</th><th>允许误差</th><th>检验及认可</th><th>备注</th></tr>
<tr><td rowspan="2">中心桩桩位</td><td>纵向</td><td>$(\frac{S}{1\,000}+0.1)$ m</td><td rowspan="10">1. 监理工程师根据情况抽检；
2. 应由测量工程师或专业工程师认可；
3. 用经纬仪、钢尺等仪器详细验收</td><td rowspan="10">式中，S 为交点式转点至桩位距离；
n 为测站数；
e 为水准线长度</td></tr>
<tr><td>横向</td><td>10 cm</td></tr>
<tr><td rowspan="2">圆曲线大于 500 m 以上曲线闭合差</td><td>纵向</td><td>1/1 000</td></tr>
<tr><td>横向</td><td>10 cm</td></tr>
<tr><td colspan="2">水平角闭合差</td><td>$60''\sqrt{n}$</td></tr>
<tr><td colspan="2">高程测量</td><td>$\pm 50\sqrt{l}$ mm</td></tr>
<tr><td colspan="2">中线控制桩间距</td><td><1/5 000</td></tr>
<tr><td colspan="2">中桩与中桩间距</td><td><1/2 000</td></tr>
<tr><td colspan="2">中线控制桩横向</td><td>25 mm</td></tr>
<tr><td colspan="2">路线交角</td><td>$\pm 40''$</td></tr>
</table>

（二）路基工程质量监理

路基是公路的重要组成部分，路基的质量和稳定性是保证路面稳定的基本条件，由于路基的不稳，往往会造成路面开裂，产生车辙和波浪起伏的缺陷，严重的会造成路面的严重破坏，如发生在桥头路基的下沉会造成桥头跳车，因此，路基的施工质量是十分重要的。

1. 路基工程质量监理要点

（1）认真阅读设计图纸和有关资料，了解线路中弯道、坡道、路段沿线的地质情况，充分掌握取土坑位置。

（2）根据验收复核的中心桩位置和高程，严格控制放样边线与用地，必须做到与设计一致，若有误差应查明原因后再施工。

（3）监督承包单位对取土坑进行勘察和取土样试验，确定土的性质，确保工程质量符合规范要求，若土样不合格，应换取土场。

（4）确认承包单位开工准备情况，人、材、物、设备及各方面条件均已到位，质量保证体系完善，才可批准开工。

（5）承包单位在开工后，先做 50～100 m 的试验路段，确定施工方法和碾压遍数，试验合格的路段，经监理工程师验收，才可推广至其他路段施工。

（6）路基施工达到路槽底标高后，应按规范要求对路线中心线、高程、纵坡、横坡、平整度、边坡坡度等进行验收，不合格应进行修整，待完全合格后才可继续下道工序。

2. 路基工程质量监理检测与验收

（1）路基施工要求监理工程师认真检查承包单位路线范围内场地清理情况，是否已按规范要求清除了垃圾、杂物、树木和其他妨碍施工的材料。

（2）检查承包单位是否按要求进行了原地面压实，要求承包碾压至地面无弹簧现象及无明显轮迹，此项工程要求承包单位自检，并报监理工程师验收签字，监理工程师对碾压过程应旁站监理。

（3）路基填料不允许有混杂物质，材料湿度应符合最低含水量要求，松铺厚度误差不超过 2 cm，经监理工程师认可后方可进行平整和碾压。

（4）承包单位应逐层碾压、自检、申报，监理工程师应逐层验收、认可签字，每一层凡有不合格部分，应进行修整。

（5）路基施工应检测土样干密度和最佳含水量，应取土样进行试验，应进行压实检测。

（6）路基基层施工完毕后，应组织分部工程验收，验收资料存档。

3. 路基取土质量监理

取土质量包括土质和取土坑的要求，监理工程师应对这两个方面进行控制。

（1）路线两侧的取土坑，应按设计规定的位置，取土深度可根据用土量和取土坑面积确定，取土坑应有规则的形状，坑底应设置纵、横向坡度和完整的排水系统。作业面不得积水。

（2）取土坑原地面的草皮、腐殖土或其他不宜用作填料的土均应废弃、处理；如是耕地种植土，宜先挖出堆置在一边备用。

（3）线外设置集中取土坑取土时，其土质应符合填筑路基的技术要求，同时考虑土方运输经济合理和利用沿线荒山、高地取土的可能性，力求少占农田和改地造田。

（4）沿线两侧或单侧设置取土坑时，应全线统一规划，合理布局。在桥头两侧不宜设置取土坑。在特殊情况下，可在下游一侧设置，但是应留有宽度不小于 4 m 的护坡道。

（5）取土坑地边坡，内侧为 1:1.5，外侧为 1:1。

（6）路基边缘与取土坑底之高差大于 2 m 时，对于一般公路，应设置 1～2 m 的护坡道；对于一级公路、高速公路，应设置不小于 3 m 的护坡道；护坡道平整密实，并做成 1%～2%的向外倾斜的横坡。

4. 路基的弃土质量监理

（1）弃土堆应少占耕地，除设计图纸规定的位置外，可设于就近的低地和路堑山脚的一侧；当地面横坡缓于 1:5 时，可设于路堑的两侧。

（2）当沿河弃土时，不得阻塞河流、挤压桥孔和造成河岸冲刷。

（3）对于开挖路堑弃土地段，施工单位在施工前应编写施工方案（包括：弃土方式、调运方案、弃土位置、弃土形式、坡脚加固处理方案、排水系统的布置及计划安排等），报有关单位审批后实施。若方案改变，应报批准单位复查。

（三）挖方路基质量监理

1. 土方路堑的开挖的基本要求

路基开挖应首先做好排水处理，根据不同的土质情况，断面形式，土的分布状况，地形条件等组织施工。

（1）路基开挖应放样正确，若外边坡放线距离超过设计线，则会增加工作量且造成边坡不一致，若外边坡放线距离小于设计线，则造成二次开挖。

（2）路基开挖出来的土石方，适于种植草皮和其他用途的表土，应储存于指定地点；凡用做筑路材料的，监理工程师应要求承包单位按土质的不同，分层开挖，分别堆放，不同土质应分层用于路基填筑。

（3）路基开挖出来的土不适宜用做筑路材料的，应废弃，废弃土不得占用农田。

（4）路基开挖处遇到杂草、树木等，将其全部清除后，再填筑到相应标高，且应碾压，压实度应达到设计要求。

(5) 土方开挖不论开挖工程量和开挖深度大小，均应自上而下进行，不得乱挖超挖。严禁掏洞取土。

(6) 在不影响边坡稳定的情况下采用爆破施工时，应经设计审批；爆破施工，其爆破人员一定要经过培训，应持有上岗操作证书，严禁无证人员进行爆破操作，爆破施工在接近槽底时不易使用，以免路槽下不必要的松动。

(7) 边坡坡度应符合设计要求，边坡应稳定，边线顺直，曲线圆滑，边沟排水顺畅，边坡砌石应牢固、可靠、无松动。

(8) 路堑开挖中，如遇土质变化需要修改施工方案及边坡坡度时，应及时报批。

2. 路堑不同的开挖方式

(1) 横挖法。横挖法是指以路堑整个横断面的宽度和深度，从一端或两端逐渐向前开挖的方式。该开挖方式适用于短而深的路堑。

①用人力按横挖法挖路堑时，可在不同高度分几个台阶开挖，其深度视工作与安全而定，一般宜在1.5~2.0 m，无论自两端一次横挖到路基标高或分台阶横挖，均应设单独的运土通道及临时排水沟。

②用机械按横挖法挖路堑且弃土运距较远时，宜用挖掘机配合自卸车进行，每层台阶可增加到3~4 m，其余要求与人力开挖路堑相同。

③路堑横挖法也可用推土机进行，若弃土或以挖作填运距超过推土机的经济运距时，可用推土机推土堆积，再用装载机配合自卸车运土。

④机械开挖路堑时，边坡应配以平地机或人工分层修刮平整。

(2) 纵挖法。纵挖法分为分层纵挖法和通道纵挖法。分层纵挖法是指沿路堑全宽以深度不大的纵向分层挖掘前进的方法，本法适用于较长的路堑开挖；通道开挖法是指可以先沿路堑纵向挖掘一通道，然后将通道向两侧拓宽，可分层将上层通道拓宽至路堑边坡后，再开挖下层通道，如此向纵深开挖至路基标高的方法；本法适用于路堑较长、较深，两端地面纵坡较小的路堑开挖。

①当采用分层纵挖法挖掘路堑长度较短（不超过100 m），开挖深度不大于3 m，地面坡度较陡时，宜采用推土机作业。超过100 m时，宜采用铲运机作业。

②推土机作业时每一铲挖地段的长度应能满足一次铲切达到满载的要求，一般为5~10 m，铲挖宜在下坡时进行。

(3) 混合开挖法。是指两种开挖方法混合使用的方法。当路线纵向长度和挖深都很大时，宜采用混合式开挖。先沿路堑纵向挖通道，然后沿横向坡面挖掘。

3. 边沟、截水天沟的开挖监理

(1) 边沟、截水天沟及其他引截排水设施的位置、端面尺寸应严格按设计图纸规定施工；截水沟不应在地面坑凹处通过，必须通过时，应按路堤填筑要求将凹处填平压实，然后开挖，并防止不均匀沉陷和变形。

(2) 路堑和路堤交接处的边沟应徐缓引向路堤两侧的天然沟或排水沟，不得冲刷路堤；路基坡脚附近不得积水。

(3) 所有排水沟渠应从下游出口向上游开挖；所有排截水设施应满足：

①沟基稳固，严禁将排水沟挖筑在未加处理的弃土上；

②沟形整齐，沟坡、沟底平顺，沟内无浮土杂物；

③沟水排泄不得对路基产生危害；

④截水沟的弃土应用于路堑与截水沟间筑土台，并分层压实，台顶设2%倾向截水沟的横坡，土台边缘坡脚距路堑顶的距离不应小于设计规定。

(四) 填方路基工程质量监理

1. 填方路基监理的基本要求

(1) 填方路基在填方前应清理地面，对潮湿的地面，应采取措施排水晾干，对于地面上的洞穴、坑槽等应用原地的土或者砂性土回填压实，压实度应符合设计要求。

(2) 路堤基底为耕地或松土时，应先清除有机土、种植土，平整后按规定要求压实。在深耕地段，必要时应将松土翻挖，土块打碎，然后回填、整平、压实。

(3) 填方路基是公路工程的关键部位，监理工程师对施工中的选料、碾压、工艺应严格把关，一丝不苟。

(4) 填方路基用料：①用透水性好的材料可不受含水量限制；②用透水性差的材料应使含水量均匀，且接近最佳含水量时方能使用。对于含水量的控制应严格。

(5) 填方路基松铺厚度宜控制在30 cm（允许误差±2 cm），承包单位必须严格按设计和规范操作，监理工程师对松铺厚度严格控制，不允许承包单位随意加大厚度。

(6) 填方路基在道路全宽范围内应分层铺平、碾压，监理工程师分层验收；为保证有效路基宽度，在填方路基压实时应考虑足够的余宽，压实之后修整至设计宽度，其多余工作量支付根据合同处理。

(7) 对新老路基的结合部以及路基与构筑物交接处，路基填土应采取相应措施，不能直接填土，一般在老路基和构筑物边部挖出台阶，下挖部分密实度应达到要求，之后可填新土，使新老结合牢固。

(8) 用石块填筑时，尽量大石块在下铺平，上部用小石块或石屑填满铺平、压实。松铺石厚度不超过30 cm，当石块过大时应破碎成20 cm以下。

(9) 被淋湿的填土应晾晒，达到最低含水率时可使用，填土下层路基被雨淋湿后，应进行密实度检测，达到要求后方可填筑。

2. 路基填方材料质量监理

(1) 路堤填料，不得使用淤泥、沼泽土、冻土、有机土、含草皮土、生活垃圾、树根、含有腐朽物质的土；采用盐渍土、黄土、膨胀土筑路时，应符合有关规定。

(2) 液限大于50、塑性指数大于26的土以及含水量超过规定的土，不得直接作为路堤填料，需要应用时，必须采取满足设计要求的技术措施，经检查合格后方可使用。

(3) 钢渣、粉煤灰等材料，可用作路堤填料，其他工业废渣在使用前应进行有害物质的含量实验，避免有害物质超标，污染环境。

(4) 路基填方材料，应有一定的强度。高速公路及一级公路的路基填方材料，应经野外取土试验，符合表3-2规定时，方可使用；二级及二级以下的公路路基填方材料，按表3-2规定选用。

(五) 路基压实工程质量监理

路基压实是公路施工的重要控制部位，是路基的灵魂，路基压实在路基施工中应放在重中之重的位置。没有压实的路基，无论前面各工序做得再好，其质量也不能达到使用要求，无论路面使用何种上等的材料，没有可靠的路基，其功能也会完全丧失。因此，公路建设中路堤、路堑和路堤基底均应进行压实，其土质路堤（含土石路堤）的压实度应不低于表 3-3 的规定。

$$压实度=\frac{干密度}{标准干密度}\times 100\%$$

式中，干密度指工料压实后实测的单位重量（kg/cm^3）；

标准干密度指工料通过标准击实试验得到的最大体积重量，即最大干密度（kg/cm^3）。

表 3-2　路基填方材料最小强度和最大粒径表

项目分类（路面底面以下深度）		填料最小强度（CBR）（%）		填料最大粒径（cm）
		高速公路及一级公路	二级及二级以下公路	
路堤	上路床（0～30 cm）	8.0	6.0	10
	下路床（30～80 cm）	5.0	4.0	10
	上路床（80～150 cm）	4.0	3.0	15
	下路床（＞150 cm）	3.0	2.0	15
零填及路堑路床（0～30 cm）		8.0	6.0	10

注：①二级及二级以下公路作高级路面时，应按高速公路及一级公路的规定；

②表列强度按《公路土工试验规程》，对试样浸水 96 h 的 CBR 试验方法测定；

③黄土、膨胀土及盐渍土的填料强度，分别按有关规定办理。

表 3-3　土质路堤压实度标准

填挖类型		路面底面计起深度范围（cm）	压实度（%）	
			高速公路、一级公路	其他公路
路堤	上路床	0～30	≥95	≥93
	下路床	30～80	≥95	≥93
	上路堤	80～150	≥93	≥90
	下路堤	＞150	≥90	≥90
零填及路堑路床		0～30	≥95	≥93

1. 路基碾压试验

（1）承包单位在路基碾压前，应做 50～100 m 路段的碾压试验。

（2）通过碾压试验确定土的含水量，根据土的性质和土含水量的高低，经碾压不产生“弹簧”或“干松”现象时的含水量为最佳含水量。

（3）根据土的性质选择压路机械，一般砂土选择振动式压路机和钢轮压路机效果较好，对于黏性土选用轮胎式压路机碾压效果较好。

（4）松铺厚度一般为 30 cm，根据压路机的不同和试验结果，可适当调整厚度。

（5）根据试验确定碾压遍数。取样试验合格即可，若碾压已达到最佳遍数，但压实度不再增长，可考虑减少松铺厚度。

（6）压实度的试验取样必须分为 5 cm 或 8 cm 逐层取样，只有最下层的土压实度符合要求方可为合格。

(7) 试验成功，经监理工程师验收认可，方可全面施工，否则应重新选择路段试验。

2. 路基压实检测

(1) 路基土的最佳含水量、最大干密度以及其他指标应在路基修筑半个月前，在取土地点取具有代表性的土样进行击实试验确定。每一种土至少取一组土样试验，施工中如发现土质有变化，应及时补做全部土工试验。

(2) 土质路基的压实度试验方法可采用灌砂法、环刀法、蜡封法、灌水法和核子仪法等。

(3) 每一压实层均应检验压实度，合格后方可填筑其上一层。否则应查明原因，采取措施补压。检验频率每 2 000 m^2 检验 8 点，不足 200 m^2 时，至少应检验 2 点。

(4) 填石路堤的紧密程度在规定深度范围内，以通过 12 t 以上振动压路机进行压实试验，当压实层顶面稳定，不再下沉时，可判为密实状态。

(5) 土质路床顶面压实完成后应进行弯沉检验。检验汽车的轮重及弯沉允许值按照设计规定执行，检验频率为每 50 m 检验 4 点，左右两后轮隙下各一点。

3. 路基压实的监理要点

(1) 填方路堤的压实。填方路堤的压实应该严格控制土的含水量，细粒土、砂类土和砾石土不论采用何种压实机械，均应在该种土的最佳含水量 ±2% 以内压实。当土的含水量不位于合理范围内时，应均匀加水或将土摊开、晾干，使其达到最佳含水量 ±2% 以内时方可压实。运输上路的土在摊平后，其含水量若接近压实最佳含水量时，应迅速压实。

(2) 填石路堤的压实。填石路堤在压实之前，应用大型推土机摊铺平整，个别处还需人工用细石屑找平。之后应选用 12 t 以上的重型振动压路机、工作质量 2.5 t 以上的夯锤或 25 t以上的轮胎压路机压（夯）实。碾压遍数应根据试验路段的数据确定。

(3) 土石路堤的压实。土石路堤的压实应根据混合料中巨粒土的含量多少，确定压实方法。其压实度可采用灌砂法或灌水法（水袋法）检测。

(4) 桥涵及其他构造物处填土的压实。桥台背后、涵洞两侧与顶部、锥坡与挡土墙等构造物背后的填土均应分层压实，分层检查，检查频率每 50 m^2 检验 1 点，不足 50 m^2 时，至少检验 1 点，每点都应合格。各种填土的压实尽量采用小型的手扶振动夯或手扶振动压路机，但涵顶填土 50 cm 内应采用轻型静载压路机压实，压实度均应满足规范要求。

(六) 路基整修工程质量监理

路基整修是指路基土石方基本完成，即将交付路面工程施工的时候，由承包单位对路槽边沟及边坡进行全面整修，整修工作应达到表面平整、密实、纵横坡度符合设计要求，平整度符合规范要求。

1. 路基整修的基本要求

(1) 路基工程基本完工后，必须进行全线的竣工测量，包括中线测量、横断面测量及高程测量，以作为竣工验收的依据。

(2) 当路基土石方工程基本完工时，应由施工单位会同监理工程师，按照设计文件要求检查路基中线、高程、宽度、边坡坡度和截排水沟系统。根据检查结果编制整修计划。

(3) 土质路基表面的整修，可用机械配合人工切土或补土，并配合压路机碾压。深路堑边坡整修应按设计要求的坡度自上而下削坡整修，不得在边坡上以土贴补。

(4) 边坡需要加固地段，应预留加固位置和厚度，加固之后应与原坡度一致。当路堑边坡受到雨水冲刷形成小沟时，应将原边坡挖成台阶，分层填补，仔细夯实。

(5) 填土经压实后，不得有松散、软弹、翻浆及表面不平整现象，如不合格，必须重新处理。

(6) 土质路表面做到设计标高后，宜用平地机刮平，石质路表面应用石屑嵌缝紧密、平整，不得有坑槽和松石。

(7) 边沟整修应挂线进行，对各种水沟的纵坡应仔细检查，应使沟底平整，排水通畅，凡不符合设计及规范要求的，应整修。

(8) 整修路堤边坡表面时，路基超宽可根据设计要求切掉，若路基宽度不足，应将该处全长范围内挖成台阶，分层填筑夯实，监理工程师应旁站监督，直至符合要求。

(9) 路堑的边坡整修应宁刷不粘，即注意边坡的稳定性。

(10) 边沟砌筑加固时必须挂线，纵坡、路肩、外边线必须顺直，坡度应符合设计要求，截水沟应位置正确，地基牢固不易被水冲刷。

(11) 路槽修整应做到高程允许误差为±20 mm，高程及横坡度做到宁刮勿填，对须填补的局部坑洼，应先洒水松软，将低洼处耙松，洒水湿润，然后填加土料，洒水闷料，拌和整平，达到预计松铺高度进行碾压。对于后填补的部位，应进行认真检查、验收，不能有重皮、空鼓和松散现象。

(12) 路基整修完毕，承包单位应进行自检，填写中间交工验收单，申报监理工程师验收，不符合要求之处，重新整修，符合要求监理工程师签署中间交工证书。

2. 路基整修工程监理程序

见图 3-7。

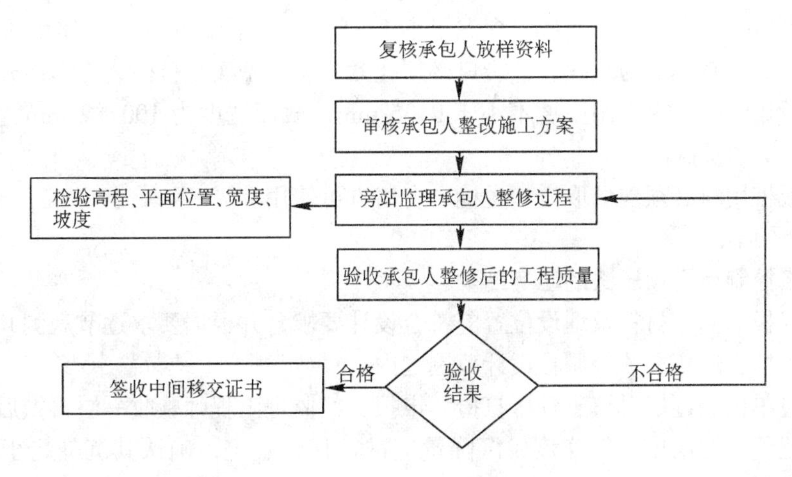

图 3-7　路基整修监理程序

四、软土路基工程质量监理

软土路基是地下含水量丰富、承载能力较低的地基。软土地区路基施工，应注意可能出现的路基盆形沉降、失稳和路桥沉降差等问题。

(一) 软土路基施工监理要点

(1) 软土路基施工前，应做好设计，并报送有关部门批准后开工。

(2) 软土路基施工应根据需要修筑地基处理试验路段。

（3）路堤填筑前，应排除地表水，保持基底干燥。淹水部位填土应由路中心向两侧填筑，高出水面后，按要求分层填筑并压实。

（4）软土地基应根据土的物理力学性质、埋层深度、路堤高度、材料条件、公路等级等因素分别采取置换土、抛石挤压、超载预压、反压护道、渗水及灰土垫层、土工织物、塑料排水板、碎石桩、轻质路堤、深层加固等措施。

（5）软土、沼泽地区下层路堤，应采用渗水材料填筑；路堤沉陷到软土泥沼中部分，不得采用不渗水材料填筑，其中用于砂砾垫层的最大粒径不应大于 5 cm，含泥量不大于 5%。

（6）软土地段路基应安排提前施工，路堤完工后应留有沉降期，如设计未规定，则不应少于 6 个月，沉降期内不应在路堤上进行任何后续施工。

（7）软土填筑路堤，分层及接槎宜做成错台形状，台宽不宜少于 2 m。

（二）软土路基加固工程质量监理

软土路基的加固通常有：换填土法、化学加固法、预压法、挤密砂桩法、排水固结法、粉喷桩地基加固法等。

1. 挤密砂桩法

（1）逐个检查砂桩，位置准确，数量正确，桩长符合设计要求。

（2）逐个检查沉降板埋设位置，测定基准标高，随着填土逐节测量沉降量。

（3）旁站监理砂桩朔板打入深度应符合设计要求，灌砂量应满足要求。

（4）朔板回抽高度应小于 50 cm。

（5）砂桩用料要求用中、粗砂，含泥量小于 5%，实际灌砂量（不含水量）不小于体积的 95%，允许偏差为该桩直径，重直度允许偏差为 1.5%。

（6）排水砂井要求用中、粗砂，含泥量小于 3%，实际灌砂量应小于体积的 95%，砂袋应使用透水性好、有楔形的编织袋，袋口必须扎紧，装袋密实，且砂袋应高出开口 50 cm。

（7）朔板排水桩要求采用厚度不小于 0.35 mm，截面宽度为 100 ± 2 mm，纵向通水量不小于 1.5 m^3/s 的材料；

（8）朔板桩用料必须现场取样、送检，合格方可使用。

2. 填土预压法

（1）严格控制填土预压法的压实度。

（2）沉降板的制作材料及埋设位置应符合设计要求，并根据要求逐节观测其沉降量。

（3）预压填土速率必须控制在设计范围之内。

（4）承包单位应逐层对填土预压自捡、申报，经监理工程师验收一层再做后一层。

（5）对超预压的高度、压实度、沉降量应进行仔细鉴定，确认其沉降趋于稳定方可验收，合格后监理工程师签署中间交工证书。

3. 粉喷桩加固法

粉喷桩地基是采用专门设备，借助于压缩空气，将粉体加固材料（如水泥）喷射并在加固的深层软土中原位搅拌，压缩吸收周围的水分，产生一系列化学反应形成具有一定强度的桩体。

（1）粉喷桩施工现场应平整，对地面、地下障碍物应提前清除。

（2）检查搅拌机位置是否正确，预搅下沉是否达到设计要求，钻头应在喷粉的情况下边喷边提升。

（3）喷粉材料（如水泥）用量应严格控制，必须符合设计要求。

（4）钻头提升至地面下0.5 m处，停止喷粉，并重复搅拌下沉，增加粉与土的混合均匀性。

（5）经常检查钻头，磨损量应小于1 cm。

（6）粉喷桩施工中若在中途出现故障，造成粉量不足时，应在排除故障后，重新下钻喷粉，且接头长度不小于1 m。

五、路面基层质量监理

公路路面由路面基层和面层组成，路面基层又分为上基层和下基层（或底基层）。路面基层在公路中承受由面层传来的荷载，并把荷载传于路基，故路面基层应具有一定的强度和刚度。

（一）路面基层的质量监理要点

1. 开工前的质量监理要点

（1）审核承包单位路面基层施工的工艺流程及措施。

（2）审查承包单位施工人员情况（技术水平、人数）。

（3）审查承包单位机械设备准备情况。

（4）审查承包单位计量工具准备情况及标定情况。

（5）混合材料配合比是否确定。

（6）配合承包单位对下层路槽进行复验。

（7）检查放样桩志并查验有关资料；检查标高、平面位置、坡度、平整度等是否符合要求，检查路槽有无缺陷。

（8）对路面基层所用材料应取样、送检，不合格的材料不能使用。

（9）组织好工地会议，提出对承包单位在路面基层施工中的要求，如检测项目，检测频率，质量标准，操作规程、方法等。

2. 路面基层施工过程质量监理要点

（1）批准开工后，应要求承包单位做50～100 m试验路。

（2）对试验路面的工程质量应作细致检查，检测项目有：混合料压实度、松铺厚度、高程、强度、各部位几何尺寸等，各项指标均应满足设计和规范要求。如果指标超出了允许误差，则应考虑施工工艺是否合理，或找出发生问题的原因，予以整改。对不成功的路段应由承包单位自费清理出场，重新选择试验路段，用新工艺或方法操作直至成功。

（3）施工期间监理工程师应旁站监理或巡视，充分掌握各施工段的质量情况，要求承包单位每层均应进行自检，并申报监理工程师验收。

（4）一道工序完成后，经监理工程师验收完全合格，可签署中间交工证书。

（二）路面基层监理工作内容

公路路面基层有石灰稳定土、石灰工业废渣、级配碎（砾）石、填碎石等多种形式，高等级公路常用的有水泥稳定土和石灰稳定土两大类。

1. 石灰稳定基层质量监理

1）石灰稳定基层工程质量监理应考虑的因素

石灰稳定土具有良好的力学性能，并有较好的水稳定性和一定程度的抗冻性，适用作高等级公路路面的基层。

石灰稳定土的强度往往受到一些因素的影响，应引起监理工程师的注意。

(1) 对于黏性土以及含一定数量黏性土的中类土和粗类土均适用于石灰稳定，其强度随土的塑性指数增加而增大；但重黏土不易粉碎和拌和，稳定效果差，而且易干缩裂纹。因此，塑性指数 10~20 的黏性土适宜于做石灰稳定。

(2) 石灰中的含钙量对稳定性影响比较大，石灰含钙量高、稳定性和强度均提高，但石灰剂量在土中不能太多，通常为 6%~18%，否则将导致石灰强度下降。

$$石灰剂量=\frac{石灰质量}{干土质量}$$

(3) 石灰中钙镁含量越高，石灰等级越高，一般在高等级公路上用的石灰应符合 III 级以上。

(4) 压实度对提高强度有良好效果。

2) 石灰稳定土的质量监理要点

(1) 在石灰稳定土层施工前，路基必须经监理工程师验收合格后方可施工；凡有不合格的部分必须整修合格。

(2) 路面基层施工应精确放样，每隔 10~20 m 设位置桩（一般直线段 20 m 、曲线段 10 m)。

(3) 对石灰稳定土路面基层所用材料应加强抽检，石灰质应在 III 级以上，土不含杂质，过筛处理。

(4) 根据试验路段数据，严格控制松铺厚度，一般不宜超过 20 cm 一层，尽量做到当天摊铺，当天碾压，

$$松铺厚度=压实厚度\times松铺系数$$

(5) 控制用料含水量，尤其是采用路拌法，应洒水均匀、拌和均匀。

(6) 石灰土碾压时其最佳含水量应在误差（+1%~+2%）之内，确保压实度要求。

(7) 承包单位在开工前应进行混合料设计，配合比试样应提前报送监理工程师，确认其①符合强度标准；②符合最佳含水量；③最大干密度应达到压实度要求，应对干密度进行试验。

(8) 冬季施工应注意最低温度控制在 5℃以上，雨季施工应注意采取排水措施。

3) 使用石灰稳定土时，应遵守的规定

(1) 石灰稳定土用作高速公路和一级公路的底基层时，颗粒的最大粒径不应超过 37.5 mm，用作其他等级公路的底基层时，颗粒的最大粒径不应超过 53 mm。

(2) 石灰稳定土用作基层时，颗粒的最大粒径不应超过 37.5 mm。

(3) 级配碎石、未筛分碎石、砂砾、碎石土、煤矸石和各种粒状矿渣等均宜用做石灰稳定土的材料。石灰稳定土中碎石、砾石或其他粒状材料的含量应在 80%以上，并应具有良好的级配。

(4) 硫酸盐含量超过 0.8%的土和有机质含量超过 10%的土不宜用石灰稳定土。

4) 石灰稳定土路拌法施工的工艺监理流程

见图 3-8。

2. 水泥稳定土基层质量监理

1) 水泥稳定土基层工程质量监理应考虑的因素

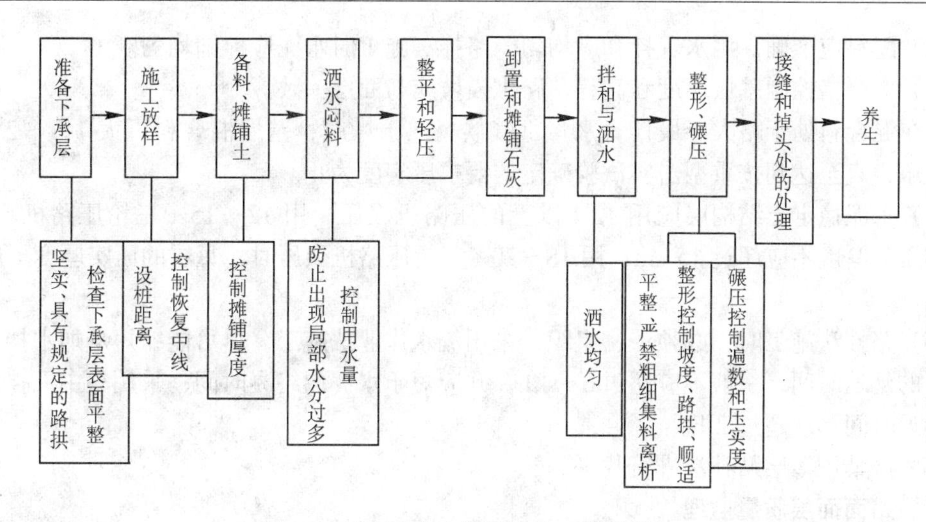

图 3-8　石灰稳定土路拌法施工监理程序

水泥稳定土是将水泥按一定比例掺入到土中拌和而成，可以做路面基层或底基层。

（1）考虑土的矿物质对水泥稳定土性质的影响。对有机质和硫酸盐含量较高的土，用水泥稳定将明显降低土的稳定性和强度，而对砂砾土、砂土、粉土和黏土均可用水泥稳定。

（2）水泥成分和用量对水泥稳定土的强度有影响，硅酸盐水泥比铝酸盐水泥效果好。强度随水泥用量的增多而增大，但从经济角度讲水泥用量不易过多。

（3）水泥稳定土含水量对其强度影响也较大，应保证水泥的水化作用充分。

（4）注意水泥和土的充分拌和均匀，将会增强水泥稳定土的强度。

（5）控制摊铺到压实时间不超过 3 h，若超过水泥终凝时间会影响水泥稳定土强度。

2）水泥稳定土路面基层的质量监理要点

（1）在水泥稳定土路面基层施工前，应检查路基的平整度、路拱、路堑是否合格，路基标高、压实度是否符合要求。

（2）应精确放样布桩。

（3）严格控制材料使用。①土质无杂质；②土颗粒直径控制（用作底基层时，单个颗粒最大直径不应超过 53 mm（二级公路及以下）和 37.5 mm（一级公路、高速公路）；用作基层时，单个颗粒最大直径不应超过 37.5 mm（二级公路及以下）和 31.5 mm（一级公路、高速公路）；③用石灰不低于 III 级标准；④水泥稳定土用碎石值不大于 30%；⑤水泥应采用硅酸盐类水泥（普通硅酸盐、硅酸盐、矿渣硅酸盐）和火山灰质水泥；⑥不能使用早强水泥；⑦水质应严格控制。

（4）摊铺控制。①摊铺路段不易过长，避免水泥终凝时间内无法成形，影响强度，最好是随铺随压；②摊铺厚度应控制在范围之内，确保压实度；③摊铺前一天，应在下层洒水润湿，集料应拌和均匀后再摊铺，保证集料含水量在 2%～3%，以免干缩裂缝。

（5）碾压控制。①碾压要分层进行；②碾压要平整，不平处修理后再压；③碾压应在全幅路宽上进行，表面保持一定湿度，避免碾压出现局部弹簧现象和空鼓。

（6）注意冬雨季施工控制。

3）水泥稳定土结构层施工应遵守的规定

（1）土块应尽可能粉碎，最大尺寸不应大于 15 mm。

(2) 配料应准确，洒水、拌和应均匀，路拌法施工时水泥应摊铺均匀。

(3) 应严格控制基层厚度和高程，路拱横坡应与面层一致。

应在混合料处于略大于最佳含水量（气候炎热干燥时，基层混合料可大1%～2%）时进行碾压，直至达到按重型击实试验确定的要求压实度为止。

(4) 水泥稳定土结构层应用12 t以上的压路机碾压。用12～15 t三轮压路机碾压时，每层的压实厚度不应超过15 cm；用18～20 t三轮压路机碾压时，每层的压实厚度不应超过20 cm。

(5) 路拌法施工时，必须严密组织，采用流水作业法施工，尽可能缩短从加水拌和到碾压终了的延迟时间，一般不应超过3～4 h，并应短于水泥的终凝时间；采用集中厂拌法施工时，延迟时间不应超过2 h。

(6) 严禁用薄层贴补法进行找平。

五、路面面层质量监理

公路路面一般有刚性路面、柔性路面和半刚性路面。

刚性路面——水泥混凝土作面层或基层的路面；

柔性路面——沥青面层或碎石面层，除水泥混凝土外的其他材料作基层的路面；

半刚性路面——柔性路面中由石灰稳定土或水泥稳定土等水硬性材料作基层的路面，开始为柔性路面，随时间延长刚性增强，视为半刚性路面。

路面面层直接承受载重碾压及雨水冲刷和气候变化引起的胀缩，故路面面层需要有一定的强度、刚度和稳定性，需要有耐磨性和不透水性，需要有抗热胀冷缩的性能，需要有良好的平整度和防滑性。

(一) 路面面层质量监理要点

(1) 审核承包单位设计施工工艺流程；

(2) 审核混合料配合比，并做试验，其强度应符合设计要求；

(3) 检查进场机器设备质量（碾压、搅拌、铺设、运输等）；

(4) 检查施工人员数量，组织体系；

(5) 检查放样资料和桩志是否符合要求；

(6) 检查路面基层质量；

(7) 要求承包单位在50 m～100 m范围内作试验路段；确定配合比、松铺厚度、压实度、操作时间等，若某一项不符合设计要求应重开试验路段；

(8) 监理工程师应旁站监理，加强巡视、加强检测，防止不合格集料，不合格施工工艺等问题出现在现场。

(二) 路面面层的质量监理内容

1. 沥青面层的质量监理

(1) 沥青路面是用沥青作黏结材料，和其他混合料组成路面层。沥青路面具有平整、接缝少、行车舒适、耐磨、便于维修等优点，但也存在抗弯强度低等缺点，因此要求沥青路面的基层必须有足够的强度和稳定性，具有一定的抗弯能力。

(2) 沥青材料由于受温度影响较大，故施工时应严格控制配合比及沥青的含量，防止路面出现干裂、松散、剥落、起油、拥抱等问题。

(3) 沥青路面材料的加工应符合要求，一般高等级路面应采用厂拌沥青碎石，热拌热铺沥青混凝土；沥青贯入式或路拌沥青施工，只能用于一般等级的路面。

(4) 一般高等级公路沥青路面铺设应分三层，厂拌沥青碎石为下层，厂拌粗（中）粒式沥青混凝土为中层，细（中）粒式沥青混凝土为上面层，各层均应热拌热铺。

2. 沥青面层质量监理要求

(1) 沥青面层开工前，应检查下层整修情况，完全合格后经监理工程师批准方可开工。

(2) 沥青面层材料应符合设计要求，沥青到货时应附有炼油厂的沥青质量检验单。到货的各种材料都必须按规定要求进行试验，经评定合格后方可使用。

(3) 沥青混凝土用碎石，应有良好的颗粒形状，最好接近立方体，扁平细长的颗粒不得超过15%。

(4) 沥青混凝土的黏结力应符合标准，不应小于四级标准。

(5) 细颗粒碎石或砂应清洁、干燥、无风化、无杂质、取样试验其含泥量应小于5%。

(6) 配合比应通过试验确定，试验合格的配合比可作为路面施工的依据。经试验确定的配合比在施工过程中不得随意变动，如遇进场材料发生变化并经检测沥青混合料的矿料级配、技术指标不符合要求时，应及时调整配合比，使沥青混合料质量符合要求并保持相对稳定。施工中任何配合比的变动，都必须得到监理工程师的同意。

(7) 混合料配比取样试验，其中集料取样50 kg、细集料取样20 kg、填料取样5 kg、黏结剂取样0.5 L、沥青取样4 L；根据承包单位提供的配合比制作试件，在其范围内每隔5%用量做一组，至少做5组试件。

(8) 沥青混凝土路面的铺筑应将路基清扫干净，浇洒透层油。

(9) 沥青混凝土拌和实行开盘制度，监理工程师根据需要开出开盘通知书。

(10) 沥青混凝土应及时取样、及时试验、及时反馈信息，随时控制其配合比、温度的拌和情况是否符合要求。

(11) 热拌沥青混凝土应采用机械摊铺。对高速公路和一级公路宜采用两台以上摊铺机成梯队作业进行联合摊铺，相邻两幅的摊铺应有5～10 cm左右宽度的摊铺重叠，相邻两台摊铺机宜相距10～30 m，且不得造成前面摊铺的沥青混凝土冷却。

(12) 沥青混凝土的碾压应将驱动轮面向摊铺机，碾压路线及碾压方向不应突然改变而导致混合料产生推移，压路机启动、停止必须减速缓慢进行。

(13) 沥青混凝土面层的施工缝必须严格控制，一般纵缝采用热接缝，施工时应将已铺混合料部分留下10～20 cm宽暂不碾压，作为后铺部分的高程基准面，再最后作跨缝碾压以消除缝迹。碾压温度不低于70℃，横缝由于不可能连续施工，故用挡板取齐。

(14) 多层路面上下层面接缝应错开30 cm以上。

(15) 注意冬、雨季施工，采取相应措施防冻、排水等。

3. 水泥混凝土路面面层质量监理

水泥混凝土路面有素混凝土、钢筋混凝土、预应力钢筋混凝土等多种，混凝土路面具有强度高，稳定性好，耐磨性好，抗弯强度高，耐老化等优点，但也存在造价高，行车噪音大等缺点。

(1) 混凝土路面施工前，其基层必须整修好，符合规范标准要求，经监理工程师审查批准方可开工；

(2) 混凝土配合比由试验确定，承包单位提供的配合比经试验证明高于设计强度的

10%～15%，方可用于试验路段；

(3) 混凝土拌制过程中随机抽样，一般每 200 m^3 取试样二组；随时作坍落度试验，严格控制用水量；

(4) 混凝土用材料必须有出厂质量证明书、试验报告；

(5) 浇筑混凝土前要检查模板，模板高度应与混凝土路面厚度一致，模板无变形，强度、刚度应符合要求；

(6) 严格控制摊铺厚度，一般在 22 cm 以下；

(7) 控制振捣时间，以表面出浮浆为宜，随之进行人工找平；

(8) 混凝土板做面层应注意清整表面，找平、抹平、压实，并拉毛或机械压槽 1～2 mm；

(9) 钢筋混凝土中钢筋网片的放置应符合设计要求，上下层网片用架立筋固定，单层网片应先摊铺一层拌和物再放网片，浇筑混凝土时严禁踩踏网片；

(10) 混凝土路面由于受热胀冷缩影响较大，应严格控制接缝的处理：①胀缝必须与路面中心线垂直、缝宽一致，填料应符合设计要求，传力杆必须平行于路面中心线；②采用切缝施工必须在混凝土强度达 25%～30% 方可切制；③填缝用料应严格检测，根据材料不同按规定操作；

(11) 混凝土养护是路面质量的关键工序，混凝土浇筑完后，应采取相应养护措施（如喷洒过氯乙烯树脂、喷洒氯偏乳液等）。

第二节　桥梁工程质量监理

桥梁工程施工包括桥梁基础施工、桥梁墩台施工及上部结构施工。桥梁基础一般有扩大基础、桩基础、沉井基础和组合基础；墩台一般分为混凝土浇筑与砌石或拼装预制混凝土构件；上部一般分为现场浇筑、预制构件安装。桥梁工程的监理工作中，钢筋混凝土工程是主要工作之一，其次是安装工程。

公路桥梁一般有两种，一是跨河桥，二是立交桥。跨河桥由于在水面上作业，跨度较大、施工难度大；立交桥是旱地施工，但桥型复杂，施工难度也不小。监理工程师根据桥梁的特点实施工程监理，对工程技术复杂、难度大、容易产生质量问题的部位应重点控制。

一、施工准备阶段的质量监理

桥梁施工在开工之前，应做好充分准备，确保工程顺利进展。

(1) 监理工程师应和承包单位做好接桩和交桩工作，准确无误地复测桩定位点和基准点，避免桥梁定位差错。

(2) 审核施工组织设计或施工技术方案、施工方案应完整、细致。有质量安全保证体系，有可行的技术措施，有保障施工的人力、设备、材料计划，有详细进度的控制措施，有处理特殊事故的应变能力。

(3) 检查现场机械、设备落实情况，能否满足施工要求。

(4) 检查现场设施，场地能否满足开工条件。

(5) 检查进场原材料是否合格，并取样复试，确保用在工程中的材料是合格材料；材料进场必须有出厂合格的质量证明书和试验报告。

（6）组织好工地第一次会议，确定详细的施工技术方案，明确监理要求。

二、施工阶段的质量监理

在各方面条件具备的情况下，监理工程师下达开工令，施工阶段的质量监理应根据不同的工程部位，监理重点有所不同。

（一）基础施工阶段质量监理

基础施工应注意地质的变化，在施工过程中一旦出现地质情况与设计不符时，应及时会同设计单位商议，采取相关措施。由于基础工程在地下甚至是水下，地质条件对基础起着关键的支撑作用，一旦地质条件发生变化，会严重影响基础的承载能力，这种工程上的后患将是不可弥补的。基础工程均属于隐蔽工程，监理工程师应严格控制各工序的质量状况，每道工序必须经承包单位的自检并报监理工程师验收签认，对工程中存在的缺陷和质量问题，应及时处理整改，避免出现质量事故。

1．明挖基础质量监理要点

（1）明挖地基基础适用于陆地中小桥梁。大型桥荷载大，需要较好的地基承载力，明挖基础一般是浅基础，不适宜大型桥梁。监理工程师应确认地基承载力，避免桥台沉降产生。

（2）地下水位较高时，应采取必要措施降低地下水位，确保开挖的基础不受水的影响而破坏。

（3）地基开挖之前，承包单位应递交施工方案，经监理工程师审批后作为施工过程的技术性指导文件，施工方案应详细、全面具有可操作性。

（4）地基开挖应仔细检查基底标高及平面位置，偏差应在规范规定之内。

（5）基底土应取样送检，承载力应满足设计要求，否则应出设计变更。

（6）基底排水应彻底，不能出现集水、边坡坍塌现象。

（7）基底土质应符合要求，若遇淤泥等土质应用好土替换。

（8）明挖基础施工应对模板工程、钢筋工程、混凝土工程逐项进行验收，填写验收记录表，并按规范要求抽样送检，确保材料、施工工艺满足要求。

2．桩基础质量监理要点

桩基础承载力大，适用于大中型桥梁，桩基施工质量监理应根据桩的特点，控制关键部位。

（1）预制桩桩身预制应满足规范要求，进场的桩应有出厂质量证明书，有混凝土配合比，有试验报告，并抽样检查。

（2）预制桩施工（沉桩施工）监理工程师应把试桩作为重点，在试桩过程中确定控制指标，根据试桩结果批准正确的施工工艺和控制标准。

（3）对预制桩试桩方案应认真审批，其内容包括：①试桩位置，试桩数量；②试桩目的及待核定的指标；③试桩检测项目、方法和试验装置；④试桩日程安排；⑤试桩的机具和施工方法；⑥试桩人员名单。

试桩应进行静荷载试验。

（4）灌注桩，施工应审核施工组织设计、混凝土配合比、施工设备及人员情况，满足开工条件，经总监理工程师审批方可开工。

（5）灌注桩施工应征得监理工程师同意先进行试桩，试桩可以在桥位上进行，也可以在场外进行，桥位上试桩经验收合格可作为工程的一部分。

(6) 灌注桩应控制：①护筒中心位置偏差；②孔径；③孔位偏差；④孔底沉淀厚度；⑤泥浆比重；⑥钻孔深度等。

(7) 桩基施工前，应认真仔细放线，确定标高，定位桩，确保桩位正确。

3. 沉井基础质量监理

沉井基础施工中浮运定位和入土下沉是其关键工序，控制难度较大，应有严密周到的计划和相应措施。监理工程师对沉井基础的施工方案应认真审查，在各方面准备充分的情况下批准开工。

1) 沉井施工质量监理程序（图 3-8）。

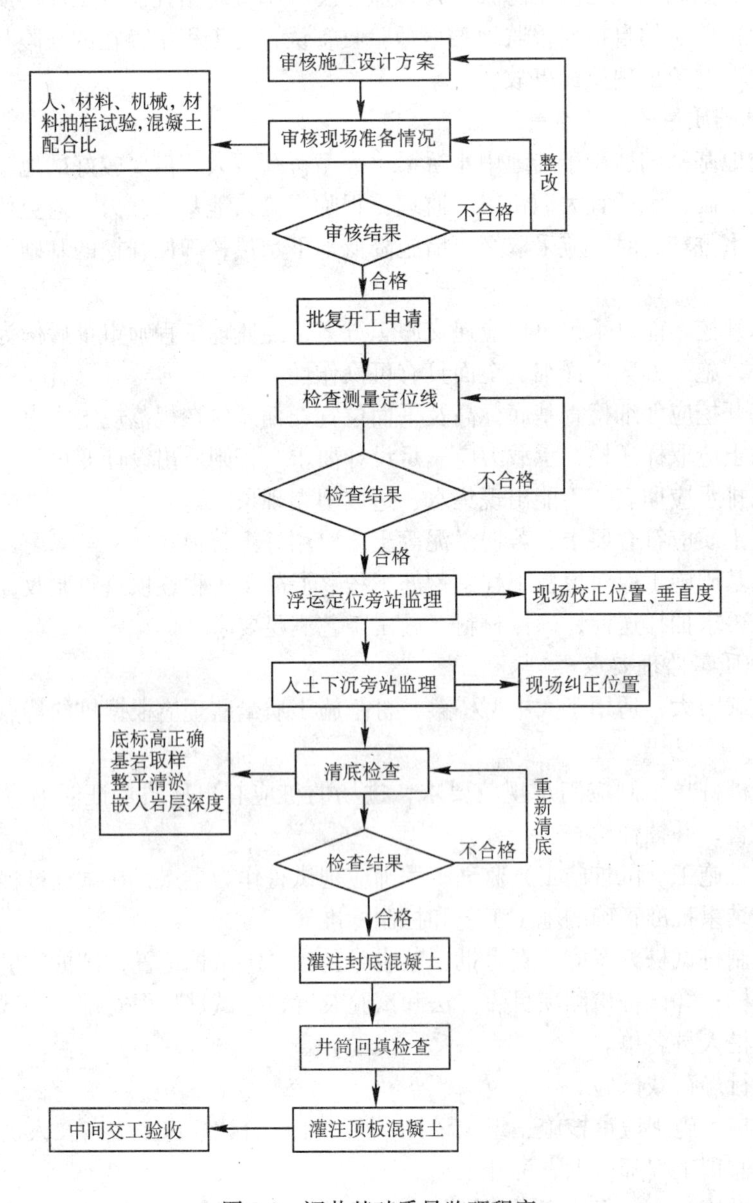

图 3-8 沉井基础质量监理程序

2）沉井基础质量监理要点

（1）沉井浮运定位检查。①原地制作的沉井应在制作前定位；②浮运定位在水中进行，应作好充分准备，定位时监理工程师应旁站监理，定位要求准确，偏差为沉井高度的1/50，垂直度倾斜小于10，平面扭转偏角小于20。

（2）沉井入土下沉检查。①监理工程师应了解地质情况，对下沉过程旁站监理，随时纠正位置，防止倾斜；②根据模板、钢筋、混凝土浇筑顺序检查沉井接长施工；③沉井落底后，封底前须经监理工程师验收认可（刀脚底标高符合设计要求，井底是否放在基岩上，基底面应平整，清除淤泥和残留物）；④刀脚应嵌入基岩深0.25 cm以上。

（3）灌注封底混凝土。封底混凝土浇筑，承包单位应提交开工申请，并附有关施工技术方案，沉井位置坐标图，施工机具，设备清单，施工管理人员名单，混凝土配合比，原材料出厂合格证明书及试验报告，混凝土强度试验取样检测报告等。

（4）封底混凝土浇筑要求监理工程师旁站检查。①控制混凝土搅拌与运输（自行搅拌严格计量）；②浇注过程要求记录（连续浇筑时间、中间出现故障情况、振捣情况等）；③浇筑结束时浇筑高度应比设计高度提高15 cm；④检查导管埋深不小于规范规定尺寸。

（5）回填、抽水应在封底混凝土强度达到设计要求时进行。

（6）顶板混凝土浇筑应符合设计和规范要求。

（二）桥台、桥墩、承台和砌体、墩台施工质量监理

1．桥台、桥墩、承台质量监理

桥台、桥墩、承台等施工大多采用钢筋混凝土结构，其施工工艺和监理要点与建筑安装工程相同（见第二章）。由于这些工程大多在桥面以下，不需要装修，故混凝土表面质量应作为控制的重点。

2．砌体、墩台质量监理

砌体、墩台施工一般有砖、混凝土砌块，石块等材料，砌体施工工艺和监理要点可参考建筑安装工程（见第二章）。

砌体、墩台应严格控制外形尺寸，勾缝按要求采用凹缝、凸缝或平缝，勾缝砂浆不低于M10，勾缝深度应嵌入缝内2 cm，深度不够，应剔缝达到2 cm深。

（三）桥梁上部结构施工质量监理

桥梁上部结构根据不同的施工方法和工艺特点进行监理，一般可分为构件制作、构件运输、构件安装几个阶段。大型构件一般在工厂预制，要求监理工程师严格控制混凝土强度、钢材质量、梁断面尺寸，尤其是预应力张拉过程要求监理工程师旁站监理，对张拉工艺、控制应力等实施有效控制。

1．构件预制质量监理要点

（1）预制构件模板检查。模板应有足够刚度，应平整、无变形，重复使用后不破坏。

（2）先张法预应力构件模板应与张拉台结合在一起，加预应力后不变形，模板在应力集中的端部应加强。

（3）构件模板尺寸应准确，误差在允许范围之内。

（4）对所有材料进行检查。钢筋、钢绞线、锚具、水泥、混凝土配合比、砂、水等均应符合要求，有质量证明文件，有取样复试报告。

（5）对于预应力钢筋混凝土构件应检查张拉台座。张拉台座必须有足够强度和刚度，能

承受全部张拉荷载；张拉台座的宽度应满足预制构件模板的施工要求。

(6) 预应力构件制作之前应对锚具进行检查，对千斤顶、液压表进行标定，对张拉工艺、张拉应力设计进行核检审批。

(7) 预应力构件制作过程应控制张拉应力、伸长量和张拉次序，检查有无断丝现象和滑移。

(8) 控制混凝土浇筑工艺、配合比、计量、振捣以及养护等（见第二章)。

2. 预制构件运输、安装质量监理

(1) 预制构件出厂前进行检验，构件有无损伤，梁起拱值是否符合设计、规范要求。

(2) 构件运输过程应平稳、固定牢固，无颠簸，构件进场应检查有无损伤、裂缝，在起吊之前应进行修补，梁端有过长的地方凿除，构件在整修符合设计要求后起吊。

(3) 预制构件吊装前承包单位应有详尽的吊装方案，报监理工程师审批后方能开工。

(4) 吊装就位前应在梁底支座处划十字线标出支座中心位置，桥梁就位时与支座垫石的支座中心标志对齐后落梁。

(5) 梁落下后用水平尺检查梁体的垂直度，检查合格后再用横撑固定。

(6) 吊装就位时，注意不要移动板式橡胶支座位置。

3. 几种桥梁形式的质量监理程序

1) 拱桥工程质量监理程序

拱桥是一种能充分发挥材料抗压性能，跨越能力大，外形美观，维修管理费用少的合理桥型，被广泛应用。拱桥的施工方法可分为有支架和无支架施工两种 。

根据施工工艺特点，确定监理工作程序（见图 3-9)。

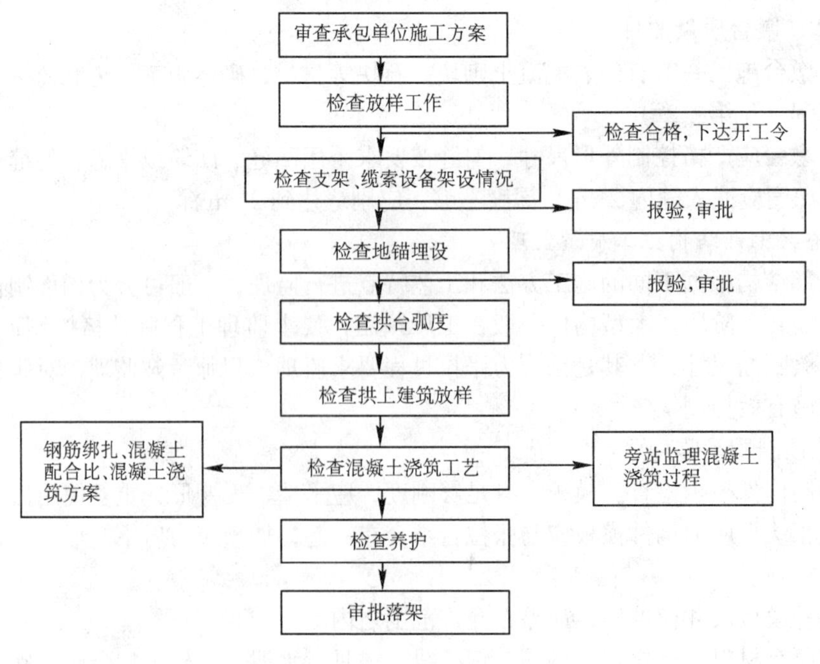

图 3-9　拱桥监理程序

2）斜拉桥施工质量监理

斜拉桥以索塔和缆索为主要结构受力形式，充分利用钢索的拉抗性能和混凝土的抗压性能。斜拉桥一般有以钢柱、钢箱为主体和以混凝土索塔为主体两种类型，根据施工工艺的不同确定监理程序。钢柱、钢箱为主体的索塔是钢结构，一般在桥梁加工厂制作到施工现场拼装，在此不详细叙述。混凝土索塔为主体的斜拉桥施工质量监理程序如图 3-10。

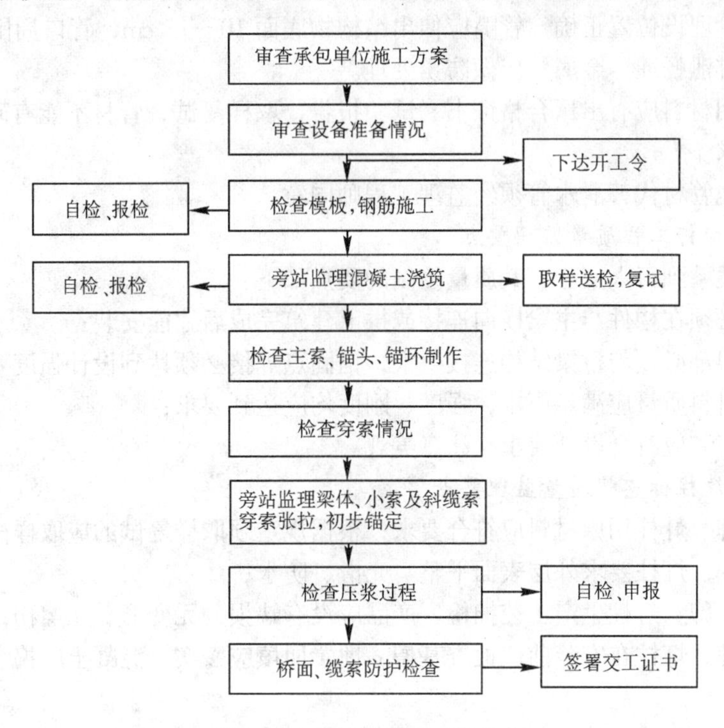

图 3-10 斜拉桥监理工作程序

三、桥面工程质量监理

桥面工程包括桥面铺装，桥面排水，桥面栏杆、灯柱、标志牌等，桥面工程监理要点如下：

（一）桥面铺设质量监理要点

（1）桥面铺装前，承包单位应进行放样，报监理工程师复样，确保铺装厚度、平整度、坡度符合设计要求。

（2）应严格控制桥面铺设材料质量，须提交材料出厂合格证明书、试验报告，须取样送检。

（3）桥面铺设厚度须满足设计要求，钢筋网铺设须符合规范要求。

（4）桥面铺设前应检查装配式梁的横向联结钢筋是否根据设计要求或规范要求焊接，并满足焊接质量要求。

（5）桥面铺设前应将底面清扫干净，并洒水湿润。

（6）桥面混凝土浇筑应振捣密实，无空洞、无麻面、无掉皮现象。

（7）桥面铺设应设伸缩缝，以避免在温度、荷载、混凝土徐变等影响下产生变形。伸缩缝处用低标号混凝土临时填塞，达到和桥面标高一致、密实的要求。

（8）上层沥青混凝土铺设时应盖到伸缩缝范围内，而后在伸缩缝处沥青混凝土上精确放样，并切去沥青层及低标号混凝土。

(9) 清理干净后根据设计要求做伸缩缝，伸缩缝顶面标高应与桥面标高一致。

(二) 桥面排水工程质量监理要点

(1) 桥面排水工程必须做到纵横坡符合设计要求，以防雨水积于桥面而渗入到梁体，腐蚀钢筋。

(2) 泄水管埋设位置正确，管嘴应伸出结构物底面10～15 cm，管口周围设置相应的聚水槽，使雨水排泄畅通，金属管应做防锈处理。

(3) 排水用材料应有出厂合格证书、试验报告，取样复试，管材不能有砂眼，管壁厚度应达到设计要求。

(4) 用其他管材代替泄水管须经监理工程师同意。

(三) 桥面栏杆工程质量监理要点

桥面栏杆关系到行人安全，其质量控制的要点如下：

(1) 栏杆必须在构件与主梁横向连接或拱上建筑完成后才能安装；

(2) 栏杆根部必须与桥梁结构连接生根，锚固点焊接必须达到设计强度要求；

(3) 栏杆材料质量应满足要求，强度、刚度均应达到要求；

(4) 栏杆安装应符合设计要求，注意美观。

(四) 桥面灯柱标志牌质量监理要点

(1) 标志牌、灯柱用原材料应符合要求，根据规定须取样复试的应取样试验；

(2) 标志牌、灯柱要求外层表面平整、光滑、防水；

(3) 对标志牌、灯柱生产工艺抽检，产品应没有缺损，无变形、无擦伤；

(4) 标志牌、灯柱在安装前应检查基槽，埋置回填应密实，混凝土应捣实，预埋件位置应正确；

(5) 标志牌、灯柱安装应与预埋件连接牢固，焊接应达到设计强度；

(6) 标志牌、灯柱应设有避雷保护系统；

(7) 喷漆不得有漏喷和返锈现象，不符合要求的应返修；

(8) 灯光照明应符合设计和规范要求。

思考题

1. 公路工程开工前需要做哪些监理工作?

2. 路线放样监理工作有哪些?

3. 简述填方路基监理的基本要求。

4. 简述路面基层开工前的质量监理要点。

5. 用图文形式概括石灰稳定土路拌法施工的工艺监理程序。

6. 水泥稳定土结构层施工应遵守哪些规定?

7. 沥青面层质量监理有哪些要求?

8. 桥梁施工在开工前应做好哪些准备工作?

9. 简述桥梁构件预制质量监理要点。

10. 简述桥面铺设质量监理要点。

第四章　水运工程质量监理

港口和航道工程是水运工程的组成部分，我国水运工程建设随着社会主义市场经济的不断发展在逐渐加速，从小型的水利工程建设到大型的水利工程和大型的港口建设，进入了一个高速发展的阶段。水运工程建设战线长、投资大、工程量大，稍有疏忽和失误，就会给工程建设造成极大的经济损失和社会影响，因此，加强水运工程建设监理具有重大的意义。

第一节　概　　述

水运工程质量监理依据合同条款有关规定、设计图纸和交通部颁发的水运工程建设方面的技术标准、规范、规程等，对工程建设过程中的质量问题进行严格的控制，确保工程中不出现失误，及时发现质量问题及时解决，不留隐患，避免给国家和人民的生命财产造成严重的损失。监理工程师在水运工程建设监理过程中，应坚持公正、公平、科学、诚信的原则，对每一道工序、每一个环节都要严格控制，使工程达到合同要求的目标。

一、水运工程质量监理的任务

水运工程质量监理的任务是根据水运工程的特点及影响水运工程的因素确定的，主要包括以下几个方面。

（1）工程原材料质量的影响。工程原材料的质量是关系到整个工程质量的基础，是质量监理的重中之重，把好原材料关等于工程质量有了保证。

（2）施工机械设备的影响。施工机械设备关系到施工质量问题，良好的机械设备可以保证工程的正常进行，否则，就会因为机械设备的原因造成停工，严重影响工程的质量，尤其是水运工程浇筑混凝土施工过程中不能停工，应保持其连续性。

（3）工程人员素质、管理能力的影响。水运工程的施工人员要求素质较高，尤其是管理层人员，必须有高水平的管理能力，能够把握工程的质量要求，能够控制施工队伍的工作状态，使施工队伍有高度的责任感。

（4）施工环境的影响。施工环境对水运工程的质量影响也是很大的，监理工程师应该对工程现场的环境、工程所在地的社会环境、自然环境、气候环境、地质环境、人文环境等都有所了解，并能够对环境的影响有充分的准备。

（5）施工工艺、技术的影响。监理工程师应该严格控制承包单位的施工工艺，要求严格按规范操作，凡不合格的技术、工艺、操作方法用在工程中，必须返工，否则会留后患。

二、水运工程质量监理的内容

（1）审查设计图纸。监理工程师对设计图纸的审查有助于发现由于设计缺陷给工程带来不必要的损失，也可以提高监理工程师对设计图纸的理解和对施工过程的有效控制。

（2）审查承包单位的施工组织设计、施工方案。水运工程的施工组织设计、施工方案应该详细地写出有关质量管理体系、安全保证措施、施工质量工序控制、施工过程技术方案、施工进度计划、问题处理方案、人员、设备、材料配备、特殊工种技术处理、后勤工作保障等。

(3) 审查承包单位的现金流动估算。现金流动对承包单位至关重要，没有足够的现金流动会影响工程的正常进展，会造成停工待料，将对工程的质量不利。

(4) 检查复测承包单位测量放线，控制桩、标高的确定。

(5) 检查承包单位安全防护设施。

(6) 控制施工过程中的进度、质量，并做好分项、分部工程验收。

(7) 根据工程量计算、工程质量状况签署工程付款凭证。

(8) 参加竣工验收。

第二节 港口工程质量监理

港口工程是水运工程的重要组成部分，它包括：码头、防波堤、护岸、引桥、船台及水工建筑物等。港口工程施工阶段质量监理分三个阶段，即施工准备阶段、施工阶段、竣工验收及缺陷责任阶段，其质量监理程序如图 4-1。

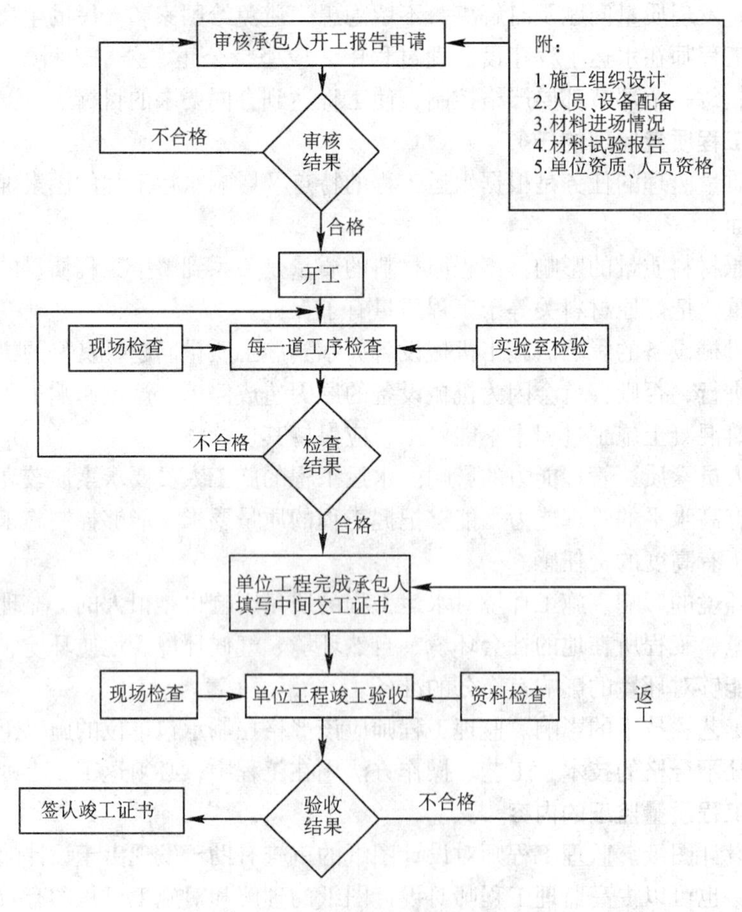

图 4-1 港口工程质量监理程序

一、重力式码头质量监理

重力式码头是港口工程中广泛采用的一种建筑形式，一般由基础、墙身、上部结构、回填与地面、端头护岸、轨道梁与轨道、附属设施等组成；重力式码头结构一般有方块式码头、沉箱式码头、扶壁式码头、重力墩式码头等。

（一）重力式码头施工准备阶段质量监理要点

1. 相关资源准备的监理

（1）审核承包单位提交的开工申请单（其内容应包括施工进度计划、施工组织设计、人员进场数量、人员技术情况、机械设备进场数量、设备性能、材料进场质量材质单、材料进场取样送检复试报告、材料现场检查记录、各分包单位资质证件、各工种人员上岗操作证等）；

（2）检查承包单位资质等级及经营范围，不符合条件的不许开工；

（3）审查施工组织设计（应包括质量管理体系、施工工艺、详细的工序施工技术措施、关键部位施工方案、安全措施、特殊情况应急处理措施）；

（4）检查承包单位是否按要求办理保险等有关手续；

（5）检查安全管理专用经费是否到位。

2. 现场检查

（1）检查进场的施工机械是否符合国家质量、安全标准；

（2）检查承包单位现场设备条件是否满足施工需要；

（3）检查进场人员素质和数量是否满足施工需要；

（4）检查施工现场平面布置是否合理、安全；

（5）检查预制方块、沉箱、扶壁等构件出厂的合格证和构件质量。

监理人员应主动对现场进行检查，如发现有影响施工质量、进度、安全等因素存在，应及时指令承包单位采取一切措施，对质量、安全隐患做到事前控制。

（二）重力式码头施工阶段质量监理

1. 质量监理程序

见图 4-2。

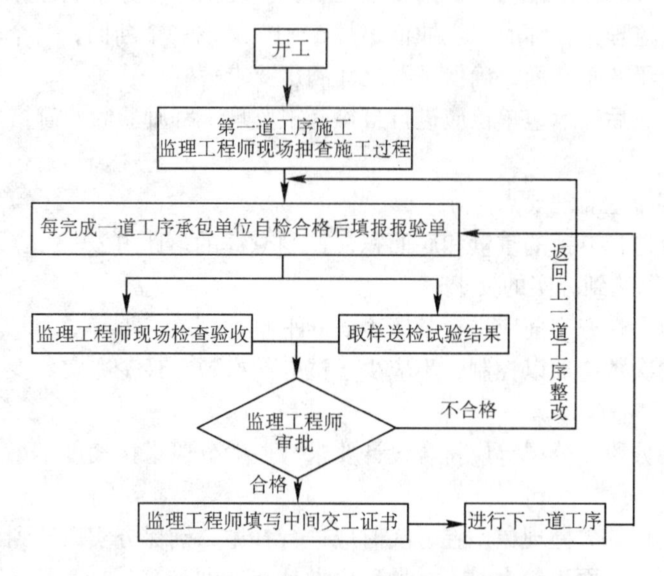

图 4-2　重力式码头质量监理程序

2. 质量监理要点

1）基础质量监理要点

重力式码头基础施工主要有测量放线→基槽开挖→基床抛石→基床夯实→基床整平等5个程序，根据施工工艺确定监理细则。

（1）测量、开挖监理要点。

①测量放线质量监理要求符合设计要求、符合规划要求，定位要准确，高程符合设计要求；

②基槽开挖应检查基槽尺寸、平面位置、底宽、底部标高、边坡等，基槽开挖到设计标高，应检查土质是否均匀，有无软弱层，并现场随机取样送检；

③水下、陆上基槽开挖的允许偏差应符合设计和规范规定（主要指横断面平均超深、超宽情况），对独立墩基槽和有纵横轴要求的基槽，其沿轴线断面的每边平均超宽应进行检查并参加评定；

④陆上基槽开挖监理要点主要有基底土质检查、基槽边坡验收、检查设计中心线两边的边长和宽度、标高等；验槽注意槽底土是否扰动，是否超挖，如超挖应征得设计和监理工程师的同意进行有效的回填处理；

⑤冬雨季施工应注意防冻和排水处理，保护好基槽土体不受影响。

（2）基床抛石质量监理要点。

①基床抛石所用材料的重量等级（一般10～100 kg）、块石强度（水下浸泡后对夯实基床不小于50 kPa，对不夯实基床不小于30 kPa）、风化程度（未风化）等均应符合设计要求和规范要求，块石强度应取样送检；

②抛石前应对基槽进行检验，基槽尺寸、标高应符合设计要求，基底土质均匀，水下回淤沉积物厚度不应大于300 mm，检查可采用潜水取样或用回声探测仪探测；

③基床抛石应注意超宽所造成的损失，对边线应进行限制，其允许偏差不大于+400 mm，但不能比设计宽度小；

④基床抛石过程承包单位应填写抛石报验表，监理工程师旁站监理并签认；

⑤对抛石质量监理工程师应随机抽检，每5～10 m取一个断面，每个断面检测不少于3个点，且每段不少于3个断面，确保抛石尺寸满足要求；

⑥基床抛石完成后，承包单位应进行自检，报监理工程师验收，合格后方可进行基床夯实工序。

（3）基床夯实质量监理要点。

①基床夯实应选择夯锤的重量和底面积，控制夯锤的落距（2～3 m），保证其冲击能不小于120 kg/m^2，以达到夯实的要求；

②为避免倒锤，在夯实前应进行基床表面的平整；

③基床夯实的次数应加以控制，不应少于试夯的次数，最少夯实不少于两遍，应达到设计强度；

④基床夯实的分段、分层等应符合设计要求（一般分段搭接长度不小于2 m，每层厚不大于2 m）；

⑤对于抛石出现的欠抛现象，在夯实时应进行补抛，确保夯实后达到设计标高；

⑥若补抛的厚度、面积较大时，补抛后应做补夯处理；

⑦基床夯实后，应进行复夯验收，在已夯实的码头基床上任取一段（不小于5 m），复夯一遍，其沉降量不大于30 mm（对于防波堤沉降量不大于50 mm）；

⑧对于多层抛石基床，顶面应进行复夯验收，其下边各层夯实度可在该层夯实后验收，是否需要复夯根据工程需要确定。

（4）基床整平质量监理要点。

①基床整平对于大块石间不平整部分，易用二片石填充，对于二片石不平整的地方，用碎石填充，监理工程师对填充密实度和平整度应进行控制，其平整度在顶面标高误差控制在±30～50 mm；

②水下基床整平后应立即安装预制构件（如：方块、沉箱、扶壁等）；

③水下基床整平应预留向墙里倾斜的顶面坡度（一般为0～1.5%）；

④水下基床整平范围包括前肩部分、压肩方块、压肩方块下的基床、底边外加宽0.5 m部分；

⑤上述各项监理工程师应要求承包单位按每2 m一个断面，每个断面取2～3个点检测；检测时监理工程师必须在场；

⑥检测合格，承包单位填写报表，监理工程师签字认可。

2）墙身结构质量监理

重力式码头墙身施工包括预制构件出厂检测→基床顶面检测→墙身结构安装等3个程序，根据施工工艺确定监理细则。

（1）固定式模板的质量监理要点。

①固定模板及支架应有足够的强度、刚度和稳定性，模板不能有变形；

②模板拼装应严密，不得有缝隙，不得漏浆，浇筑混凝土前应检查模板缝隙，采取措施加以封堵，确保混凝土不出现砂线、露石和不平整的缺陷；

③模板涂刷脱模剂应均匀，脱模剂不得污染钢筋，模板表面应光滑、平整，确保混凝土表面质量，不脱皮；

④模板的拼装尺寸应符合设计要求，允许偏差应在规范的允许范围内；

⑤预埋件、预留孔应按设计要求的数量、位置、规格安置牢固，采取相应的固定措施；

⑥模板的支撑应牢固可靠，避免模板位移，影响混凝土构件的质量；

⑦混凝土底模不能有下沉变形，每5 m取一点检测相对高程。

（2）预制构件的质量监理。

在港口工程中预制构件（方块、沉箱、扶壁等）的使用是比较普遍的，且构件体形都比较大，而且码头常年受到水的侵蚀，构件内的钢筋容易生锈腐蚀，因此，对构件的质量要求很高，不能有大的缺陷。缺陷的定义如下：

①空洞——洞的深度大于保护层厚度或大于50 mm；

②蜂窝——混凝土表面无水泥浆，露出石子深度大于5 mm，但不大于保护层厚度或50 mm；

③麻面——混凝土粘皮或石子外露，但深度小于5 mm，大面积密集型非露石气泡也属于麻面缺陷；

④裂缝——深入构件内部的缝隙，深度大于保护层厚度；

⑤露筋——构件内的钢筋未被混凝土包裹而露在外面；

⑥缝隙夹渣——混凝土浇筑时间间隔长，施工缝未按规范规定处理，混凝土结构出现了明显的施工缝隙和夹渣；

⑦砂斑、砂线——混凝土表面泌水和由于露浆造成的表面砂斑或砂线，片状宽度大于10 mm 为砂斑，宽度小于10 mm 的为砂线。

对于上述构件缺陷的检查方法一般有：用眼观察、用尺量测、超声波探伤、水压试验、必要时凿开检查。检测结果应该符合规范要求。

①方块质量检查。a. 眼观，不得有露筋、空洞、加渣、裂缝现象，蜂窝、麻面、砂线等现象应满足规范要求；b. 尺量，沿构件长宽面每个构件 8 个检测点，沿构件高度每个构件检测 4 个点，顶面对角线检测 1 个点；c. 顶面平整度的检测，每个实心方块检测 2 点，每个空心方块检测 4 点；d. 侧面平整度检测，每个实心方块检测 1 点，每个空心方块检测 4 点；e. 侧面竖向倾斜，每个构件检测 4 点；f. 壁厚，每个构件检测 8 点。

②沉箱质量检测。a. 眼观，不得有露筋、空洞、加渣、裂缝现象，蜂窝、麻面、砂线等现象应满足规范要求；b. 尺量，沿构件长宽面每个构件 4 个检测点，沿构件高度每个构件检测 4 个点，用水准仪检查四角；c. 外壁厚度，每个构件检查 8 个点；d. 顶面平整度的检测，每个构件支撑面检测 8 点，非支撑面检测 4 点；外壁平整度检测，每个构件检测 4 点，取最大值；e. 外壁竖向倾斜每个构件检测 2 点；f. 每个构件外壁侧向弯曲，矢高检测 4 点，取最大值；g. 分段浇筑相邻段错牙检查，每段检测 4 点，取最大值；h. 预埋件、预留孔位置，每个预埋件、预留孔检测 1 处（抽查 10%且不少于 3 点），取最大值。

③扶壁质量检测。a. 眼观，不得有露筋、空洞、加渣、裂缝现象，蜂窝、麻面、砂线等现象应满足规范要求；b. 尺量，沿板厚每个构件检测 4 个点；c. 立面迎水面和两侧竖向倾斜，每个构件检查 3 个点；d. 立面迎水面和两侧面平整度，每个构件检测 4 个点；e. 立板长度，每个构件检测 3 点（上、中、下 3 处）；f. 板底两侧尾端边线位置，每个构件检测 4 个点；g. 吊孔位置，每个预埋件、吊孔检测 1 处，取最大值。

（3）预制构件安装的质量监理。

①方块、沉箱、扶壁预制构件，在安装前应进行验收，根据规范的要求，检查构件厂的出厂质量合格证和试验报告；

②构件安装前应检查构件出厂的质量证明文件，核对构件的规格、型号、尺寸是否与设计一致，核对吊环位置，吊钩、吊索质量；

③构件安装应在基床整平后立即安装，防止回淤，如果安装和基床整平间隔一段时间，基床出现了回淤现象，必须清淤后再安装；

④构件安装应与基底倾斜一致，注意不能挫坏基床；

⑤安装时不应发生构件碰撞，避免造成棱角残缺现象，构件碰撞造成的损坏会影响构件的寿命，若安装时因碰撞出现裂缝，必须修补，质量合格后才可以安装；

⑥对于空心方块和沉箱的安装，为防止因风浪造成构件的位移，在安装时应及时进行箱格内的回填，但不能砸坏构件；

⑦安装后检查构件的接缝宽度、构件标高等是否在允许误差内，不合格应及时调整。

方块、沉箱、扶壁安装时，监理工程师应注意控制：a. 轴线位置，用经纬仪检测；b. 临水面与施工基准线的偏移，每个构件检测 2 点；c. 临水面错牙，每个构件检测 1 点；接缝宽度，每个构件检测 1 点。

3）上部结构质量监理要点

重力码头上部结构包括胸墙、防浪墙、挡土墙、管沟、伸缩缝、沉降缝等，胸墙结构需要有很好的耐久性，多数用钢筋混凝土结构。

（1）混凝土胸墙、防浪墙、挡土墙质量监理要点。

①检查胸墙施工所用模板、原材料、预埋件的质量是否符合设计要求；

②胸墙、防浪墙、挡土墙等施工应检查前沿线位置误差是否符合规范规定，每段构件检查3个点；

③检查标高、顶面宽度误差应符合规范和设计要求，每段检查3个点；

④检查每段相邻段错牙，迎水暴露面平整度及竖向倾斜度是否符合规范要求，每段检查2个点；

⑤对于预留孔位置、预埋件位置、预埋件与混凝土表面高差检查，每个预埋件和预留孔检查1个点，且不少于50%；

（2）现浇廊道及管沟工程质量监理。

①检查边线位置，允许误差10 mm，每段构件检查3个点；

②壁厚、沟宽，允许误差±10 mm，每段构件检测6个点（壁厚）和3个点（沟宽）；

③检查内壁平整度，每段构件检测4个点；相邻段表面错牙，应符合规范要求，每段构件检测2个点；

④检查支撑面标高是否满足设计要求，每段构件检测6个点，允许误差在+0～－10 mm；

⑤检查廊道净空高度，每段构件检测3个点；预埋件、预留孔位置，每个预埋件、预留孔检测1处（抽查10%且不少于3点），取最大值。

（3）变形缝质量监理要点。

①变形缝的构造应符合设计要求，监理工程师在监理过程中应控制变形缝的施工，保证变形缝的尺寸要求；

②变形缝上下应垂直贯通，分缝板尺寸规则整齐，缝顶口应在同一水平，以防沉降后参差不齐；

③变形缝内不得有杂物，填缝材料品种、规格和质量必须符合设计要求，材料本身应有出厂合格证或试验报告，材料应有一定的弹性，填充饱满、整齐；

④变形缝止水材料可用止水带（有金属、橡胶、塑料等）或嵌缝材料（有沥青油膏、聚氯乙烯胶泥等），所有材料应有出厂合格证明或试验报告，材料进场时，应现场取样送捡，经复试合格后方可使用；

⑤止水带施工应注意保护材料的完整性，不得有破损，严禁在止水带上打眼、割口、钉钉子，避免造成渗漏；

⑥止水带与混凝土的结合应严密，在浇筑混凝土前应将止水带清洗干净，不得留有泥土、油污等杂物；

⑦止水带位置应正确，形状应平整，周围混凝土应密实，不得有缝隙，混凝土不得有蜂窝、麻面，更不能有空洞，蜂窝、麻面需要修补，空洞应当拆除，按不合格处理；

⑧监理工程师对变形缝和止水带的抽检：ⓐ缝宽，每条缝2个点；ⓑ立缝竖向倾斜，每条缝1点；ⓒ止水带中心偏差，每条缝3点；

⑨变形缝和止水带的施工允许误差应符合设计要求和规范的规定，变形缝宽度允许差应

在（+10 mm ～ -5 mm）之间，垂直度应小于 $L/2\,000$ 且不大于 15 mm（L 为竖向立缝长度，单位 mm），止水带允许偏差 ±10 mm。

4）回填与地面施工质量监理

重力式码头墙后回填和地面工程包括：断面测量→抛石棱体施工→倒滤层施工→回填土→地面工程施工工艺，监理工程师根据施工工艺制定监理细则。

①回填土与地面施工所用材料的规格和质量应符合设计要求和规范规定；

②抛填棱体石料一般采用 10～100 kg 块石，石料浸透水后的抗压强度一般不低于 30 MPa，无明显风化；

③抛填棱石大多为水下施工，且需要较长的间歇时间，为防止棱体下面或棱体内存有大量淤泥，影响工程质量，监理工程师应要求承包单位抛石前检查基床和岸坡，有淤泥应进行清理（可潜水检查或下探针检查）；

④抛石棱体断面尺寸不得小于设计断面，坡面的坡度应符合设计要求；

⑤砂砾、碎石结构的倒滤层一般有分层（由一定粒径和级配的砂砾、碎石组成）和不分层（由混合级配砂石组成）设置两种结构型式，为保证倒滤层的功能和不被堵塞，监理工程师对所用材料的规格和质量应进行检查，必须符合设计要求；

⑥倒滤层分段分层施工的接茬处理应符合规范规定，倒滤层厚度允许误差应小于 $b/10$（b 为倒滤层厚度）；

⑦当沉箱和扶壁安装缝隙大于倒滤层材料粒径时，滤井内的碎石可能跑出接缝而破坏滤井时，应和设计单位一起采取措施防漏；

⑧棱体倒滤层施工验收合格后应立即覆盖，避免造成损坏。

5）土石方回填质量监理

监理工程师在土石方回填过程中应控制：①回填材料的质量控制，应符合设计要求和规范规定，应观察检查和取样试验；②应控制码头后方和软土地基上的回填程序和速率，应检查施工记录、沉降观测记录并观察检测；③检查填方基底的处理记录；④检查分层厚度、碾压密实度记录，以试验数据为依据；⑤检查标高控制，用水准仪按 10 m 方格网检查；⑥检查平整度。上述检查项目均应有监理工程师在场的情况下，由承包单位检测，并填写相应报表，项目经理签字后报监理工程师签字认可。

二、高桩码头质量监理

高桩码头适用于软土地基，我国沿海地区应用较广泛，高桩码头主要由桩基、上部结构和码头设备组成（见图 4-3）。

（一）高桩码头施工前质量监理

（1）审核开工申请单，要求提交：施工组织设计、施工进度计划、施工技术措施、施工质量保证体系、安全保证体系、人员配备情况、设备配备情况、材料质量保证措施、施工单位资质等；

（2）仔细阅读设计图纸，参加设计交底，在开工前解决图纸存在的问题；

（3）现场检查原材料的规格和质量，取样、送检、复试，合格后方可使用；

（4）要求承包单位提交混凝土配合比；

（5）检查承包单位开工条件是否具备，保险手续是否办理；

（6）经验收合格，在满足开工的条件下，监理工程师下达开工令。

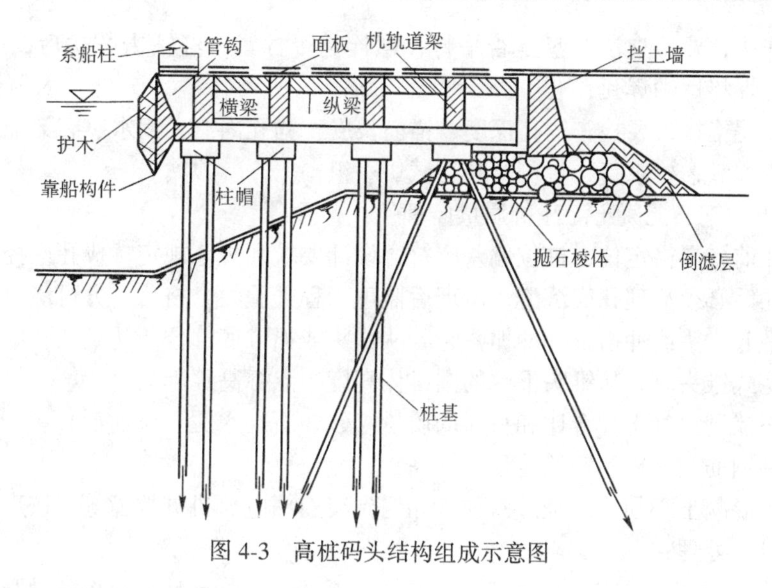

图 4-3　高桩码头结构组成示意图

（二）高桩码头基础施工质量监理

1．岸坡开挖工程质量监理要点

（1）岸坡开挖范围内根据岸坡开挖断面测量资料逐一检查岸坡的坡度，要求其坡度不得陡于设计要求；

（2）对岸坡水下开挖断面的平均轮廓线和分层挖泥的台阶高度应加以限制，必须满足设计要求，以利于边坡的稳定和下一道工序的施工；

（3）岸坡陆上开挖的边坡应平整、稳定，不得用松散土回填超挖部分，超挖应按设计规定处理；

（4）岸坡开挖工程质量检测应包括：①沿线长度，每条岸坡检测 1 点；②边线和肩线的偏移（距断面桩的距离），每 5～10 m 一个断面，每个断面检测 1 点；③平台部分标高、坡面线标高，每 5～10 m 一个断面，每个断面横向 2 m 检测 1 点；

2．沉桩施工质量监理要点

（1）沉桩施工过程监理工程师应现场检查沉桩质量，桩顶的标高、桩位、桩顶位移、桩顶的损坏等，同时检查打桩记录，确保打桩质量；

（2）检查沉桩贯入度是否符合规范要求，贯入度的变化是判断沉桩是否正常的重要依据，在施工中应详细记录每一下沉量和锤击数；

（3）检查桩尖标高是否达到设计要求，这是控制桩是否到达设计标高的重要数据，若桩尖没有到设计标高，将会严重影响桩的承载力；

（4）检查沉桩是否有断桩现象，如贯入度出现异常，则应对照地质资料判断是否发生断桩，此时应会同设计一起研究处理；

（5）检查拼接桩的接头结点是否保证受力状态正常，桩的拼接应注意：

①上下桩中心应在同一轴线上，混凝土桩允许轴线偏差不大于 10 mm，钢管桩允许偏差不大于 3 mm；

②焊接接头其焊缝长度应符合设计要求，对于钢筋混凝土桩接头应坐实挤严，焊接牢固；

③法兰连接，要检查法兰盘是否平行，螺栓是否拧紧，经锤击数次后，应再拧一遍螺帽，然后用电焊将螺帽焊死；

④硫磺胶泥锚接，要检查锚孔深度、锚筋长度、锚孔内有无积水、有无油污或杂物、胶泥灌入量是否饱满，要求每一台班留胶泥试块一组；

3. 混凝土和钢筋混凝土灌注桩质量监理

(1) 成孔前应严格定位，桩位偏差应符合设计要求和规范规定，成孔应控制垂直度；

(2) 成孔后必须清理孔底沉渣，清理后监理工程师验收合格后，方可浇灌混凝土（检查沉渣厚度用平底锥头或冲击锥（冲抓）时，从锥头或抓锥底部位所达到的孔底平面算起；若用圆锥形的笼式锥头时，从锥头下端的圆锥体高度中点标高算起）；

(3) 严格控制混凝土配合比和材料的质量（砂、石、水泥、添加剂）；

(4) 控制钢筋笼质量和钢筋笼顶面标高；

(5) 浇灌混凝土必须连续浇灌到顶，如遇到突然停电、机械故障等应按事故对待，并会同设计单位研究处理；

(6) 浇筑混凝土时，应控制导管埋入混凝土深度、混凝土灌注速率及导管提升速度，严禁导管内进水造成断桩、缩颈桩；

(7) 混凝土应随机留取试块，强度等技术指标应符合设计要求；

(8) 控制灌注桩的桩顶标高，应留有一定长度作为凿去顶部浮浆和松散混凝土的部分。

(三) 上部结构工程质量监理

上部结构工程一般包括：夹围囹→铺底板→安装预制靠船构件→现浇下横梁→安装预制纵梁→安装起重机梁→安装预制面板→绑扎面层钢筋→现浇面层混凝土→现浇护轮坎→安装橡胶护舷等，监理要点如下：

1. 上部结构安装前的质量监理

(1) 审核上部结构安装申请单，要求提交有关技术资料、安装方案、质量管理体系、安全保证体系等；

(2) 现场检查沉桩质量，标高，位置，桩顶质量；

(3) 现场检查现浇混凝土构件的模板、钢筋、混凝土质量；

(4) 现场取样试验检测现浇混凝土构件强度，钢筋强度，钢筋焊接接头强度等；

(5) 检查现场设备、人员配备情况，确保施工期间能连续施工；

2. 上部结构预制构件安装质量监理

(1) 预制构件安装中，梁的轴线位置偏差一般根据设计轴线要求检查，若基桩和梁的轴线偏差过大时，应与设计单位研究，调整梁的轴线；

(2) 预制构件的安装中板顶标高误差根据一层安装（无梁大板式安装）和二层安装（先安装横梁，后安装面板）控制，盖板每 5 m 检测一点；

(3) 安装预制构件时，下层构件的混凝土强度必须达到设计要求的安装强度，如设计没有要求，应达到设计强度的 70% 再安装上部构件；

(4) 构件安装支点锚固、固定应符合规范要求，伸入支座的钢筋应达到锚固长度要求，固定构件的钢筋焊接质量应符合规范要求；

(5) 构件安装坐浆的质量应达到构件与支承面接触严密，铺垫砂浆饱满，及时勾缝；

(6) 构件安装伸缩缝应上下贯通、顺直，缝宽符合设计要求；

(7) 靠船构件、防浪板安装应控制轴线位置、迎水面和侧面竖向倾斜、顶面标高、前沿线位置等。

3. 上部结构现浇混凝土构件质量监理

(1) 现浇构件中的纵横梁尺寸应符合设计要求，梁长大于 10 m 且梁高大于 1.5 m 时，其长度允许偏差（0～+15 mm)，高度允许偏差±15 mm；

(2) 高桩码头预制梁的预埋螺栓、预留孔位置应符合设计要求和规范规定，监理工程师抽检预留螺栓、预留孔的 20%（现浇轨道、滑道梁）和 50%（现浇纵横梁)，每孔检查 1 个点；

(3) 现浇混凝土前，应检查桩顶的质量，有局部破损现象应及时修补；

(4) 混凝土抗冻强度、抗压强度、抗渗等级、抗折强度必须符合设计要求，并留取试件复试；

(5) 现浇接缝、接头处理表面应平整，接缝应牢固，接茬部位应处理后再浇注后面的混凝土，将接缝模光压平；

(6) 现浇混凝土浇注前，应检查钢筋绑扎质量、焊接质量等；

(7) 检查模板质量，严格控制模板尺寸，检查预埋件、预留孔的留设；

(8) 现浇横梁、现浇轨道、现浇滑道梁、现浇桩帽、现浇墩台、现浇系船块体等混凝土浇注工程监理，应控制检测点，每段构件按规范取样检测；

(9) 一般取检测点由监理工程师指定，承包单位配合检测，并填写工序检测申报表，监理工程师签署意见及姓名。

4. 钢筋焊接的质量监理

(1) 检查钢筋品种、规格及外观质量，检查相关质量证明文件，对于进口钢筋还应做化学实验和焊接试验；

(2) 检查焊条、焊剂牌号和性能及相关质量证明文件；

(3) 焊接后应检查焊接接头的外观质量，接头处不得有横向裂缝；

(4) 卡具处钢筋表面不得有明显烧伤，对于Ⅳ级钢筋不得有烧伤；

(5) 电弧焊接头焊缝表面应平整，不得有较大凹陷、焊瘤；

(6) 焊接气孔、夹渣在 2 倍钢筋直径长度范围内的表面上不得多于 2 处；

(7) 焊接接头的机械性能应有试验报告；

(8) 对于帮条焊应检查焊缝长度、厚度和宽度，其误差应满足规范要求。

5. 码头轨道安装和附属设施工程质量监理

高桩码头门机轨道和火车轨道都是码头不可缺少的附属设施，轨道一般铺设在上部结构的轨道梁和面板上，轨道的安装质量直接影响生产的使用和安全，安装质量监理要点如下：

(1) 轨道安装前，应检查轨道梁或面板质量，强度是否满足、表面是否平整、是否有蜂窝麻面等质量问题、轨道梁位置偏差是否在允许范围之内；

(2) 轨道安装前，要检查钢轨和配件的型号、规格，检查轨道、配件出厂的质保资料，有怀疑的应现场取样试验；

(3) 对于固定轨道的螺栓，为保证锚固质量，应检查螺栓的预留孔直径和深度，检查螺栓的埋置深度和中心位置，检查固定螺栓的硫磺砂浆或硫磺胶泥的强度，检查现场的熬制温度和灌注质量；

(4) 对于轨道垫板，要求垫板与轨道梁或面板混凝土之间的空隙填塞嵌实，可用细石混凝土或砂浆填塞，如垫板采用预埋法，应严格控制垫板的标高和平整度；

(5) 轨道螺栓应满扣拧紧，为保证螺栓充分受力，螺母不脱扣，螺栓拧紧后，外面应露2～3扣，轨道安装完承包单位应自检，并报监理工程师验收，有松动的进行补拧，合格签署验收报告；

(6) 附属设施中系船柱表面不能有质量缺陷（如：节瘤、铁豆、结疤、缺角、飞边、毛刺等），否则会影响系船柱的寿命；

(7) 系船柱安装附属配件应满足质量要求，底盘、螺孔、柱体尺寸应符合设计要求，底盘应平整，无明显翘曲，加工精度应符合设计要求；

(8) 对于轨道整体质量，监理工程师应控制轨顶标高、轨距、轨道中心线位置、轨道接头平整度、轨道纵向倾斜度、伸缩缝等，均应符合设计要求。

6. 防波堤质量监理

防波堤一般分为三种类型，即斜坡式、直立式、混合式。主要是防波堤的横断面形式不同。

(1) 斜坡式防波堤质量监理。斜坡式防护堤的监理包括：堤基→堤身→护面三个部位，监理工程师需要对施工基线、水准点、堤纵轴线、里程线和各种施工标志进行现场检查，对抛石斜坡堤需检查块石的质量、规格，人工块体堤应检查出厂合格证。

①堤基质量监理。一般在地基较差的情况下考虑建斜坡式防护堤，因此，基础一般用砂垫层或换砂，通常有水下基槽开挖和砂垫层两个主要工序。a. 基槽开挖质量应检查基槽尺寸，核对槽底处土质，随机抽取土样进行鉴定。b. 砂垫层或换砂工程质量应检查砂子规格；插探（或潜水）检查验收基槽尺寸并处理；进行砂子抛填，控制厚度和范围，一般每5～10 m检测一个断面（且不少于3个）。

②堤身质量监理。堤身工程一般包括：堤心石抛石及理坡→垫层石抛石及理坡两个工序，称作分级抛石防坡堤堤身。其质量控制主要包括：a. 检查块石规格、质量；b. 对堤身抛石、整平的中心线、上边线位置进行检查验收；c. 监理旁站检查分段、分层垫层抛填质量；d. 随机抽样检查，应满足规范要求抽检频率。

③护面质量监理。护面工程一般包括：预制护面块→安放护面块。a. 预制护面块种类很多，常用的有扭工字块、四角锥、四角空心块、格栅板等，预制块的质量监理都是有关钢筋工程、模板工程和混凝土工程的质量，详见第二章；b. 安放护面块前，应检查护面块强度是否符合设计强度；检查垫层坡度和表面平整度是否符合要求；c. 安放护面块应稳固、平整、严密，不得有漏放和大隆起，不得用二片石支垫；检查断肢率、数量、高差和缝宽等应满足规范要求。

(2) 直立式防波堤质量监理。直立式防波堤由基础→堤身→上部结构→基床护面四部分组成，其质量监理同重力式码头。

第三节　航道工程质量监理

航道工程是水利工程的一部分，水利水电工程涉及防洪、发电、航运、灌溉、工农业及城市用水等。为改善航运条件，提高航运能力，增加通航里程，提高水运经济效益和社会效益，对航道的整治和疏浚是不可缺少的，航道工程的质量将直接影响通航条件、通航效益和通航的安全，监理工程师对航道工程的质量控制是非常必要和必须的。

一、航道整治工程质量监理

(一) 航道整治工程质量监理程序

见图 4-4。

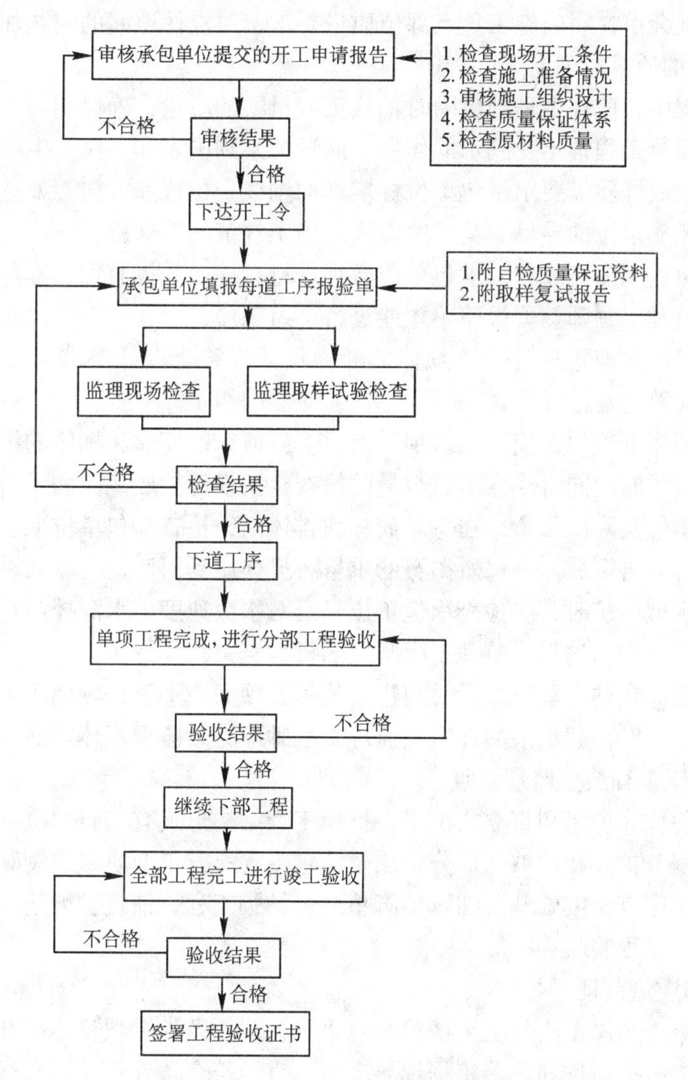

图 4-4　航道工程质量监理程序

(二) 航道整治工程质量监理要点

航道整治是通过建造整治建筑物而改变水流结构，达到控制泥沙在河床内运动的目的。具有集中水流冲刷浅滩、增加航道水深、改善和消除不利的航道急转弯、改变水流速度、保护河岸等作用。

1. 筑坝工程质量监理要点

1) 开工前质量监理要点

(1) 审核筑坝工程开工申请单，要求提交施工组织计划、施工工艺方案、施工人员组织、工程技术负责人、质量员、安全员名单，落实质量、安全责任制；

(2) 检查施工机械的到场情况，质量、数量能否满足施工要求；

(3) 检验原材料到场情况，取样送检复试，凡不合格的材料一律清出场外，不得使用；

(4) 检查分包人资质和分包人技术力量能否满足筑坝工程需要；

(5) 检测承包单位测量放样，要求承包单位在监理的监督下复测；

(6) 参加图纸会审，明确施工重点部位质量要求，对设计遗漏的问题加以补充。

2) 施工过程的质量监理要点

(1) 施工过程中，监理工程师应随时抽检工程材料的质量，确保用到工程中的材料是完全合格的，因为航道工程常年受到水的作用，质量关系到国家和人民的生命财产安全；

(2) 筑坝工程放样质量要求承包单位标定坝的轴线、位置和方向，如选用水上抛筑方案时，应标定施工船舶定位的导标，其精度应满足施工规范的要求；

(3) 筑坝的每道工序完成后，承包单位必须进行自检，并报监理工程师验收，只有验收完全合格后，经监理工程师签署报验单才能进行下道工序；

(4) 坝体施工质量监理应注意：坝体的断面尺寸应符合设计要求，坝根护坡、护底工程、坝头工程均应符合规范标准，一旦发生偏差应立即纠正；

(5) 在砂质河床上筑坝，应注意筑坝后上、下游河床的变形和坝体的沉陷，监理工程师在检查排体沉放位置时，同时注意压石数量的检查，按设计护底范围和压石厚度，计算压石总量，控制承包单位实际压石量，在每沉放一块排体前，检查承包单位准备的压石数量，压石不足时，应补足后再沉放，确保所抛石的重量将排体压到河床，与床面贴紧；

(6) 如采用水上抛筑时，应检查承包单位是否对水流速度、水深控制得很好，船位是否准确，抛筑应分层、均匀进行，监理工程师应随机检查；

(7) 坝体表面应在枯水季节抓紧时间进行清理，坝面应平整，表面用大块石压顶，石块之间紧密、嵌牢，能经得起水浪的冲击，监理工程师应旁站监理坝体表面的处理。

2. 斜坡式护岸工程质量监理要点

护岸工程有斜坡式护岸和直立式护岸，护岸工程结构形式有抛石、沉枕、沉排、混凝土块体等，护岸工程分护脚和护坡两部分，质量监理主要有开工前质量控制和施工过程质量控制，控制的主要工序有土坡处理、铺筑护脚垫层、护脚工程、铺筑护坡垫层、护坡工程、坡顶封埂工程、护岸工程验收等。

1) 开工前的质量监理

(1) 开工前审查护岸工程开工申请单，对不具备开工条件的项目不准开工，要求承包单位及时修正、补充有关文件和完善工程现场准备，直至符合条件；

(2) 严格对护岸所用全部材料（块石、混凝土、水泥砂浆、回填土、钢筋等）实施质量监理，不合格的材料不准使用。

2) 施工过程的质量监理

(1) 自然岸坡比设计坡度陡应进行削剪，使坡度与设计坡度一致，监理工程师应现场监理削坡，严禁超挖；

(2) 护岸坡不平整或达不到设计坡度的，需要回填夯实，填方每 100 m^2 应取一个土样进行试验，不足 100 m^2 的填方按 100 m^2 取样，确保压实度达到设计要求，夯实后承包单位应进行自检并报监理工程师验收；

(3) 检查垫层铺设厚度和碎石级配是否符合设计要求，检查垫层铺设的平整度、土工织物垫层的拼幅宽度和接缝质量，垫层质量是护岸质量的关键所在，应在垫层做完后，填写隐蔽工程验收单，经监理工程师验收合格后，方可进行下道工序；

(4) 护脚施工监理工程师重点检查抛石粒径和级配，检查抛石厚度、沉枕、沉排的制作质量和沉放质量，应满足规范要求；

(5) 护坡质量检查坡顶标高、平均坡度、坡面平整度是否符合设计要求；

(6) 混凝土预制块护坡质量应检查块体的尺寸、强度、外观质量，检查块体的砌筑质量，监理工程师应旁站监理，随时查验砌筑平整度、接缝质量、嵌封混凝土强度，确保护坡的整体性。

护岸工程全部完工后，应进行竣工验收，经建设单位、设计单位、监理单位、政府监督部门和承包单位共同验收、确认，质量达到设计要求和规范规定后，签署验收证书。如存在质量问题，必须整改，直至完全合格。

二、航道疏浚工程质量监理

航道疏浚是采用挖泥船挖除航道内的泥沙，以达到改善通航条件的工程。

(一) 航道疏浚工程的监理程序

见图 4-5。

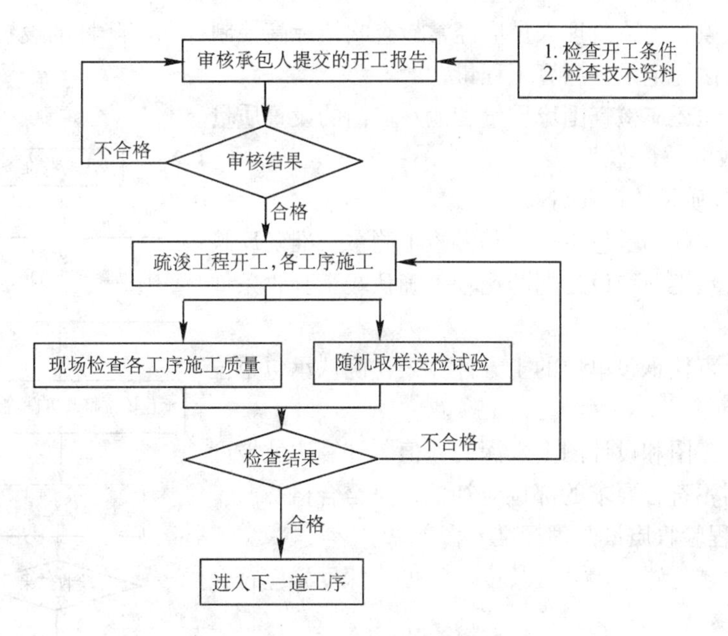

图 4-5　疏浚工程质量监理程序

(二) 疏浚工程质量监理

1. 开工前的质量监理

1) 开工前质量监理要点

(1) 审核开工申请报告，核对开工所需的各项条件是否具备，不满足开工条件的不准许开工。

(2) 审核施工组织设计。施工组织设计包括承包单位对挖泥船的选择和辅助船舶的配置；水下抛泥和陆上吹泥的地点、方法和设施；根据工程特点所选择的合理施工方法；施工进度计划；质量管理体系；安全生产保证体系。

(3) 检查船舶、机具、人员的进场数量和质量是否满足施工进度、质量的要求。

(4) 检查施工现场和周围环境情况。

2）现场检查

(1) 检查施工放样质量。承包单位应提交放样图、放样说明、放样报验单，监理工程师应对放样位置、尺寸、标高进行全面检测（包括：①边线纵、横导标、边坡导标和中线导标；②对吹填工程的陆上管线、管架、浮管和潜管的位置进行检查；③吹填区内沉降杆和吹填标高控制杆的零点标高）。

(2) 检查围埝工程质量。要求承包单位对质量自检并报验，监理工程师现场抽检，对不合格的应立即纠正，符合质量要求时监理予以签认。

2. 疏浚过程质量监理要点

(1) 要求定期检查导标位置，避免因导标偏移而带来整个挖槽的偏移；

(2) 定期检查临时水尺的零点高程；

(3) 经常性检查承包单位施工记录资料是否完整准确，对不合格的工程项目和记录应要求承包单位及时返工；

(4) 随时检查疏浚土的抛泥质量；

(5) 对于吹填工程，监理人员应经常检查吹填标高控制杆和沉降杆的设置质量，并定期观察吹填高度，做好记录，测算工程量；

(6) 吹填工程还应检查围埝质量和泄水口门的设置质量。

3. 竣工验收的质量监理

1）竣工验收质量监理要点

(1) 监理工程师和承包单位一起做竣工测量，准确反映工程质量，通过竣工图和设计图的比较，确认竣工验收条件是否满足；

(2) 计算、审核承包单位的土方计算表，确认承包单位工程量；

(3) 统计竣工图和设计图上水深的差值，计算边坡坡度和挖槽底宽，对不符合要求的部位应补挖，直至合格。

2）疏浚工程验收质量监理标准

(1) 开挖水域位置、尺寸（长度、宽度、深度）应符合设计要求；

(2) 吹填工程围埝横断面、坡度、标高应符合设计要求和规范规定。

3）验收程序见图 4-6。

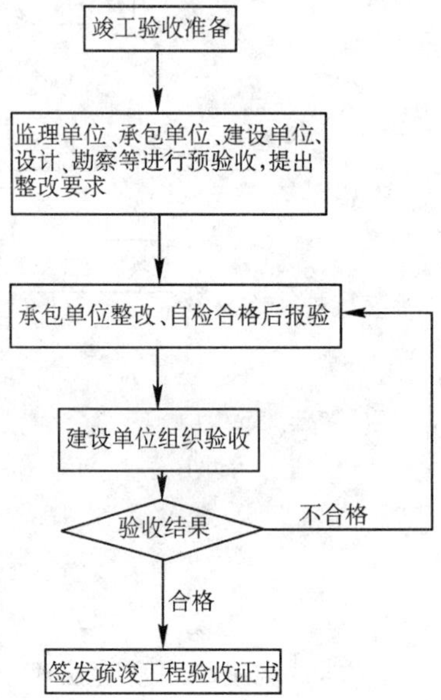

竣工验收准备
监理单位、承包单位、建设单位、设计、勘察等进行预验收，提出整改要求
承包单位整改、自检合格后报验
建设单位组织验收
验收结果
不合格
合格
签发疏浚工程验收证书

图 4-6　疏浚工程质量验收程序

三、船闸工程质量监理

船闸工程主要由上游引航道、上闸首、闸室、下闸首、下游引航道、闸阀门、启闭机械等组成，船闸工程质量监理主要工作是控制闸首工程质量，闸首结构的各个部位质量得到控制，则闸首整体质量就可以保证（闸首结构包括：沿船闸轴线方向由门前段、门龛段、闸门支持段组成，设有底板、边墩、输水廊道、消能设施、门槛、门库、检修门槽、阀门井及其

他附属设施)。

（一）闸首工程质量监理要点

1. 闸首基坑开挖及基础工程质量监理

（1）检查承包单位施工工艺和降低地下水位的措施；

（2）基底现场检查和取土样试验，核对土质是否与勘察设计资料相符，有出入时，应立即报告业主，通知设计单位共同商讨处理方案，由设计单位出设计变更；

（3）检查开挖的平面位置、尺寸应符合设计要求；坑底标高、开挖坡度应准确；基底土不得被水浸泡，不得扰动；基底和边坡土不得超挖；基坑挖完后应进行验收；

（4）如船闸建在河床上，应控制承包单位的施工导流方案，检查基坑清淤质量，核对土质；

（5）检查承包单位基础施工工艺和方法；

（6）检查基础处理部位、尺寸、标高和施工质量；

（7）检查换砂填筑的分层厚度、密实度、配合比和含水量；

（8）检查砂浆砌筑和灌缝材料铺垫均匀程度、密实度。

2. 钢筋混凝土船闸施工质量监理

（1）检查混凝土质量，要求承包单位提交配合比，随机留取试块，进行抗压强度、抗渗标号、抗冻标号、抗折强度试验，对不满足设计要求的混凝土不能用于工程项目；

（2）检查钢筋质量和模板质量，模板支护允许偏差见表4-1；

表4-1　现浇混凝土模板支护允许偏差

<table>
<tr><th>序号</th><th colspan="2">项目</th><th>允许偏差(mm)</th><th>序号</th><th colspan="3">项目</th><th>允许偏差(mm)</th></tr>
<tr><td>1</td><td colspan="2">梁中心线</td><td>5</td><td>7</td><td colspan="3">输水廊道顶模板、承重模板标高</td><td>±5</td></tr>
<tr><td>2</td><td colspan="2">闸首边墩、闸室墙前沿线</td><td>+5</td><td>8</td><td colspan="3">支承面标高</td><td>+0，-5</td></tr>
<tr><td>3</td><td colspan="2">闸室墙、导航墙底板前沿线</td><td>±10</td><td rowspan="2">9</td><td rowspan="2">平整度</td><td colspan="2">相邻两块面板</td><td>3</td></tr>
<tr><td>4</td><td colspan="2">靠船墩独立基础、底板轴线</td><td>±10</td><td colspan="2">局部不平</td><td>5</td></tr>
<tr><td rowspan="2">5</td><td colspan="2" rowspan="2">底板顶面两对角线差</td><td rowspan="2">25</td><td rowspan="4">10</td><td rowspan="4">全高竖向倾斜</td><td rowspan="2">高度>5m</td><td>前倾</td><td>0</td></tr>
<tr><td>后倾</td><td>15</td></tr>
<tr><td rowspan="3">6</td><td rowspan="3">边墩水平截面内部尺寸</td><td rowspan="2">空箱</td><td rowspan="2">±15</td><td rowspan="2">高度≤5m</td><td>前倾</td><td>0</td></tr>
<tr><td>后倾</td><td>10</td></tr>
<tr><td>廊道</td><td>±8</td><td>11</td><td colspan="3">预埋件、预留孔位置</td><td>8</td></tr>
</table>

（3）检测闸首各部位标高、倾斜度、截面尺寸、表面平整度应符合设计要求；

（4）检测施工放样的准确性，因为闸首位置决定着整个船闸的轴线位置，是船闸结构的主要组成部分；

（5）检查预埋件质量，不合格的预埋件不准使用，预埋件放置位置应准确，表面高度应符合规范要求。

（二）船闸闸室质量监理

船闸闸室是由上下闸首和两侧闸墙环绕而形成的空间。闸室质量包括闸室基础和闸室墙的质量监理。闸室基础由闸室基坑开挖、地基处理、钢筋混凝土地下连续墙或钢筋混凝土板桩防渗工程等组成；闸室墙包括闸室底板、墙身、压顶、挡浪板等，闸室的每一道工序质量都必须得到控制，才能保证闸室整体质量。

1. 闸室基坑开挖质量监理

（1）闸室基坑开挖应检查承包单位的施工工艺，检查降低地下水位的措施；

（2）检查基底土取样试验，核对现场基底土样是否与勘察设计资料一致；

（3）检查基坑开挖尺寸、平面位置、标高及边坡坡度是否符合设计要求；

（4）检查基坑坑底是否集水，基底土是否扰动，淤泥是否清理干净；

（5）基坑开挖后，承包单位应进行全面自检并报监理工程师验收，合格后方可进行下道工序施工。

2. 闸室地下连续墙质量监理

（1）地下连续墙施工所用材料应符合质量要求，承包单位应提交材料出厂的有关质量证明文件，应取样送检复试；

（2）对地下连续墙的抗渗等级、抗压强度应绝对保证，施工过程中监理工程师随机抽样试验，凡不合格的部位必须返工；

（3）地下连续墙挖槽的平面位置、深度、宽度、垂直度应符合设计要求；

（4）护壁泥浆配置质量、稳定性、槽底清理、置换泥浆必须符合设计要求和规范规定；

（5）连续墙因分段施工造成的接缝处理应做到交接面无杂质、无泥土，连接后无漏水现象，对于接缝施工监理工程师应旁站监理，督促承包单位清理干净交界面；

（6）地下连续墙完工后，应进行墙顶的实测，控制墙中心线的偏差和凿去泥浆后的墙顶标高；

（7）地下连续墙质量验收应按隐蔽工程验收，质量完全合格后方可回填。

3. 闸室墙质量监理

（1）检查闸室墙混凝土质量；

（2）检查闸室墙各部位标高、几何尺寸、表面平整度、墙体垂直度等；

（3）对浆砌块石闸室墙质量应控制砂浆的强度和块石强度，控制组砌形式和灰缝质量，做到砂浆饱满，勾缝密实牢固，表面清晰洁净。

4. 闸室底板质量监理

（1）检查闸室底板透水性和强度质量，滤层材料的规格和质量应合格；

（2）滤层接茬质量、滤层分层厚度应符合规范标准；

（3）滤层铺设应平整，但不要拉得太紧，应留有一定的富裕量，留足搭接宽度，监理工程师应现场随铺随验；

（4）检查块石护底质量，确保反滤层的稳定，干砌护底应接缝紧密，不得有松动、叠砌和浮塞；

（5）护底应表面平整，相邻块石顶面高差不大于 30 mm；

（6）监理工程师以每 50 m^2 检查一处，对砌缝宽度、通缝长度、表面平整度、相邻高差等进行验收，不合格的应通知承包单位整改。

（三）船闸引航道质量监理

（1）引航道土方开挖根据自然条件，可采用路上人工开挖和水下疏浚两种施工方法。质量监理应控制引航道中心线位置、河底标高、河底宽度、边坡坡度、平整度、平台标高及宽度、河岸标高、河口线顺直，严禁超挖贴坡；

(2) 引航道内导航建筑物用原材料应严格控制，砌筑砂浆质量、基坑开挖质量、基础质量、混凝土底板及压顶浇筑质量、外观整体质量等均按建筑工程质量控制；

(3) 靠船建筑物质量控制，根据地基特性、船闸规模、材料来源、施工条件、使用要求的不同，选取不同的结构形式（一般有重力式、高桩式、框架式和浮式），依据结构形式确定质量监理细则。

(四) 船闸的闸门、阀门制作和安装工程质量监理

闸门和阀门是船闸的挡水设施，对船闸完成船舶过闸起着重要作用。闸门一般有人字门、升降平面门、横拉门、三角门、一字门、弧形门、迭梁门和浮式门等，阀门一般有平面阀门、反向弧形阀门、圆筒阀门和蝴蝶阀门等。两种门的制作主要使用钢材，因此，其监理要点和钢结构质量监理基本相同。

1. 闸、阀门制作质量监理要点

(1) 闸、阀门制作材料（钢材、焊条、油漆、密封等全部材料）应该符合国家质量标准和设计要求，监理工程师检查材料的出厂合格证，材料型号、规格以后，进行抽样试验；

(2) 控制钢结构的焊接，应该达到焊接质量标准，焊缝尺寸应达到设计要求，要求承包单位对焊缝做全部探伤检验，监理工程师抽验5%逐条检查；

(3) 控制构件的除绣，钢材表面应露出金属色泽；

(4) 对于构件、螺栓等安装顶紧面应进行磨光，保证其顶紧面积不小于75%，且边缘间隙不得超过0.8 mm；

(5) 控制油漆涂刷层次、遍数和漆膜厚度应符合设计要求和规范规定，涂刷均匀，不应有漏刷、流挂、皱皮等现象；

(6) 闸、阀门制作完毕后，在出厂前，承包单位应进行自检合格后，填写质量报验单，监理工程师应进行综合检查，对不合格的产品不准出厂。

上述每一道工序完成后，承包单位都应该进行自检合格，报监理工程师验收，确认合格后，方可进行下一道工序。

2. 阀门安装质量监理要点

(1) 承包单位在闸、阀门安装前，应有安装方案；

(2) 闸、阀门的吊耳孔的中心偏差不应超过±2 mm，单吊点的平面闸、阀门应作静平衡试验；

(3) 控制止水橡皮质量应符合设计要求，安装后止水橡皮的偏位不应超过2 mm，压缩量应符合设计要求和规范规定；

(4) 控制闸、阀门的滚轮或滑道应在同一平面上，其工作面的最高点和最低点的差值应符合规范要求，同时滚轮对任何平面的倾斜度不应超过轮径的2/1 000；

(5) 控制闸、阀门旋转门叶从全开到全关过程中，斜接柱上的任一点的最大跳动量应符合规范要求；

(6) 控制闸、阀门连接质量，主要是控制高强螺栓质量：①高强螺栓必须经过试验，确定扭矩系数或复验螺栓预应力应符合标准要求；②控制高强螺栓连接摩擦面的摩擦系数；③控制高强螺栓穿入方向应一致，外露丝扣不少于2扣；④高强螺栓必须分两次拧紧，初拧和终拧质量应符合设计要求；⑤对扭剪型高强螺栓尾部梅花卡头必须在终拧中拧掉；

(7) 闸、阀门安装完毕后，承包单位应进行自检合格后，填报闸、阀门安装质量报验

表，监理工程师应该和承包单位一起全面进行验收，对不合格的部位提出整改要求。

（五）船闸机械、电气工程质量监理

1. 船闸机械工程量监理要点

1）船闸机械制造质量监理要点

（1）检查启闭机的零部件制造所用材料的材质单及合格证，材料质量必须符合设计要求；

（2）检查启闭机制造过程的质量，重点是焊接质量，焊缝必须做100%的无损探伤试验；

（3）液压装置出厂前应作耐压试验，按设计规定的试验压力，在一定的持续时间内，活塞移动量不得大于规范要求值；

（4）活塞杆在出厂前必须作外泄漏试验，在设计规定的试验压力下，活塞杆往复运行100 m，漏油量必须小于规范规定值；

（5）螺杆式起闭机控制螺杆的垂直度，偏差应在规范值以内（<0.25 mm）；

（6）起闭机的传动、制动、闭锁、安全等装置的制造应符合设计要求，制造过程应有质检记录，监理工程师应有验收记录；

（7）闸机械配套的油泵、电机、仪表、密封件、管道、绳索等规格、型号、质量等均应符合设计要求。

2）船闸机械安装质量监理要点

（1）与闸门直接连接的推杆、活塞杆、齿条等安装质量应控制支座中心位置偏差和标高误差必须满足规范规定；

（2）与阀门直接连接的螺杆、吊杆、活塞杆、齿条等安装质量应控制油缸、起闭机支座中心偏差和标高误差在规范允许范围以内；

（3）控制起闭机传动阀门下降的预留行程不得大于10 mm；

（4）液压装置质量应控制油缸、齿条和推拉杆的高差，控制油缸齿条的安装方向；

（5）齿轮式启闭装置质量应控制齿轮与齿条咬合的间隙；

（6）电机安装质量应控制转动方向，保持运行平稳，无异常响声；

（7）油泵安装质量应控制运转正常，做到无振动、杂音、渗油，升温不能过高；

（8）制动、缓冲、闭锁、安全等装置质量应控制动作灵敏、平稳、可靠，性能达到设计要求；

（9）溢流阀、安全阀以及电接点压力表等的压力值应符合设计要求；

（10）预埋铁焊接、位置、除绣、防腐等应予以控制。

2. 船闸电气工程质量监理要点

（1）检查各种材料、设备的规格、型号、出厂合格证明、相关试验数据资料等是否齐全且符合设计要求；

（2）电缆敷设工程应该控制：①电缆严禁有扭绞、铠装压扁、保护层断裂、表面严重划伤等；②电缆头必须固定牢固且留有余量；③芯线连接紧密，相位一致，接头必须封闭严密，封铅表面光滑，无砂眼和裂缝；④电缆的走向、位置、排列、标高、埋深等必须符合设计要求；⑤电缆支架应平整、牢固，作防腐处理；⑥导线间和导线对地的绝缘电阻必须大于0.5 MΩ；

(3) 高低压开关柜、操作台、控制柜安装工程应检查高压和动力柜的耐压试验结果必须符合设计要求和规范规定；

(4) 开关柜和基础连接应紧密、牢固，但主控盘、继电保护盘、自动装置盘不得与基础型钢焊接固定；

(5) 灯柱（架）和电杆的安装应牢固，采用地脚螺栓固定的，螺母应拧紧，螺栓外露2～3扣，底座与基础间隙应垫实并用细石混凝土填满抹平；

(6) 导线架设不得有扭绞、死弯、松股、断股、抽筋等现象，各线的张力应均匀，连接应牢固，灯具齐全；

(7) 接地装置安装质量应控制：①接地焊接、连接应紧密、牢固、可靠，接地体埋入位置正确，接地线应水平或垂直敷设，不得有高低起伏和弯曲现象；②接地线跨越伸缩缝、沉降缝时，应设置补偿器；③接地扁钢焊接长度不得小于 $2b$（b 为扁钢宽度），圆钢焊接长度不得小于 $6d$（d 为圆钢直径）；④接地敷设完毕后，应进行相关数据的检测，符合设计要求和规范规定，经监理工程师验收合格后，方可隐蔽；

(8) 发电机组的安装质量应控制位置、标高、安装基准线和设备间的平面位置偏差等符合设计要求，连接应牢固、可靠；

(9) 机组安装完毕后，应进行试运转，机组的转速、功率、频率、电压等指标符合设计要求，各运转部件声音正常，各固定位置不得松动，各油、水、气系统不得渗漏，各种压力、温度值应符合设计要求，安全阀灵敏可靠。

思考题

1. 水运工程质量监理的任务是什么？
2. 重力式码头承包单位提交的开工申请单应包括哪些内容？
3. 基床抛石质量监理要点包括哪些内容？
4. 港口工程中预制构件的质量缺陷主要有什么？
5. 变形缝质量监理的要点包括哪些内容？
6. 桩的拼接应注意什么？
7. 高桩码头轨道安装和附属设施工程质量监理的要点是什么？
8. 船闸闸室的质量监理包括哪些内容？
9. 阀门安装质量监理应注意什么？
10. 船闸机械安装质量监理要点包括哪些内容？

第五章　市政工程质量监理

市政工程一般包括市内道路、桥梁、隧道、给水、排水、防洪、热力、燃气、环卫等工程，城市建设直接关系到城市居民的生产和生活，市政工程建设为城市的发展和繁荣提供了基础条件。与建筑、公路不同，市政工程的施工在城市进行，由于街道狭小，人流多，会给居民生活和市内交通带来不便，同时也增加了市政工程建设的进度、质量控制的难度，另外，施工中常常会遇到地下管线、电缆等复杂的地下障碍物，很容易造成事故。如果注意不到，将会造成重大的经济损失和严重的社会影响，监理工程师必须对承包单位提出的施工方案和质量管理体系进行严格的审核，必须要求承包单位在开工前对施工现场进行调查，摸清施工段的地下情况，避免造成不可估量的损失。

第一节　城市道路工程质量监理

一、城市道路工程质量监理程序

城市道路工程质量监理应根据合同中有关条款的规定，要求承包单位提交符合设计、规范和使用要求的质量合格的产品。城市道路监理包括对测量放样→路基→路面基层→路面面层各道施工工序的质量控制，其监理程序如下：

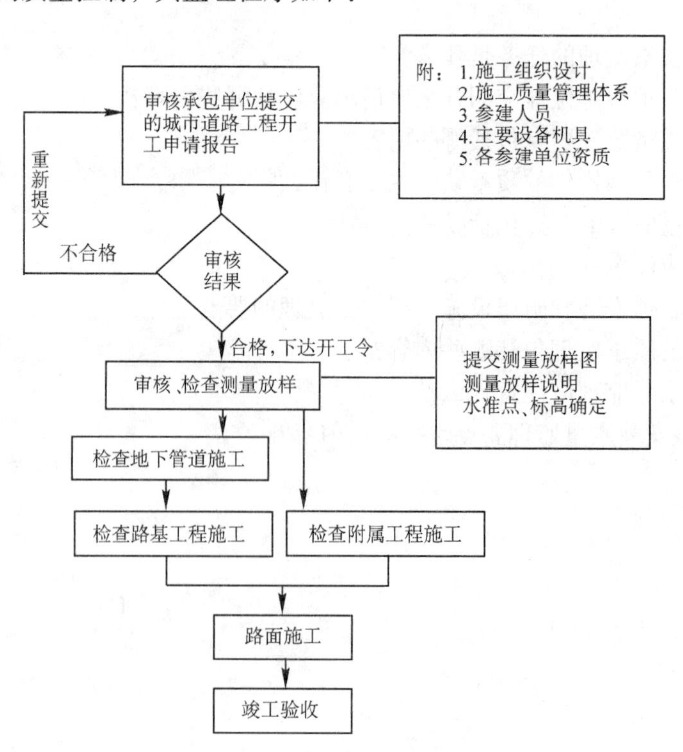

图 5-1　城市道路工程质量监理程序

二、监理工作内容

（一）开工前准备阶段的质量监理内容

（1）施工准备阶段监理工程师应熟悉设计图纸，熟悉承包合同，合同承包单位和勘察设计单位在现场交接水准点、标高控制桩，监理工程师检查承包单位对水准点和标高的复测以及控制桩的确定，并要求承包单位对控制桩进行有效保护，直到工程竣工验收；

（2）监理工程师应对设计单位或业主提供的交桩资料进行校核，确定定位线、水准点准确无误；

（3）监理工程师对承包单位测量放线资料应进行审核，发现错误及时纠正，合格给予书面认可；

（4）监理工程师应组织设计交底，在开工前承包单位对设计施工图上的问题或不明白之处应在交底时解决，避免开工后发现问题造成损失；

（5）检查路中心桩布置，位置准确，间距符合规范要求（直线段桩距15～20 m，曲线段桩距10 m）；

（6）监理工程师应进行现场核对和施工调查，发现问题应及时根据有关程序提出建议，督促施工单位报请建设单位变更设计；

（7）检查施工现场安全生产情况，包括：临时用电、机械安装、防火通道、工人生活区等。

（二）市政工程填方用土的工程质量监理

在道路、桥梁、给水、排水、燃气、电缆线路等工程建设中，都会遇到填土的问题。如道路路基填筑、管道线路沟渠回填、桥梁基础回填等，工程用土都需要选择合适的材料进行回填，从而保证压实度符合国家规范，保证路基、沟渠、基础等填土有足够的强度和稳定性。因此，对填方用土的质量进行监理是非常必要的。

1. 填方用土质量监理工作程序（图5-2）

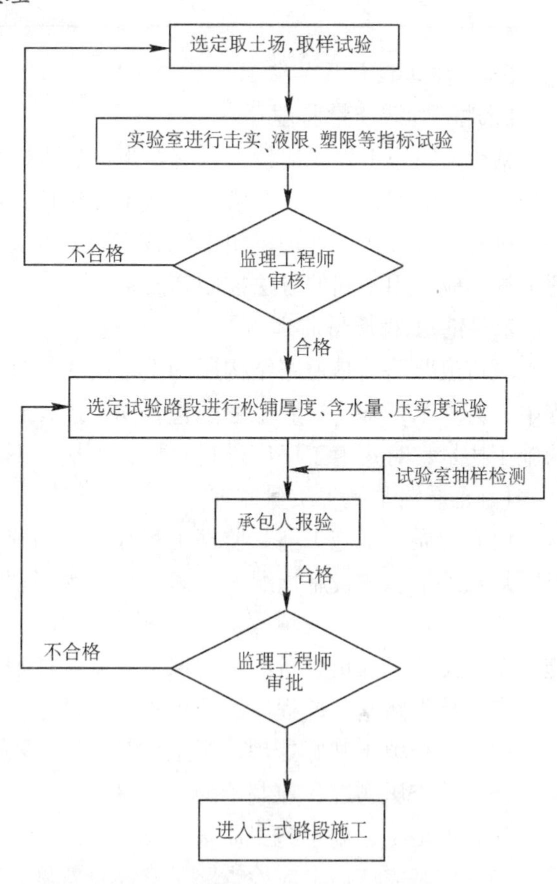

图5-2　填方用土质量监理工作程序

2. 填方用土质量监理要点

（1）路基填土不得用腐殖土、生活垃圾土、淤泥、冻土、盐渍土等，对于有机土应进行烧失量、含盐量等试验，数据应该符合规范要求（≤5%）；

（2）路基填土不得含有草根、树根等杂物，土块粒径不得大于10 cm，如有大土块应打碎；

（3）台背填土一般应该用砂土或者其他透水性材料，每一批材料都应进行标准击实试验；

(4) 路基、桥涵、管道、沟槽用土每层的压实度合格率不小于100%（压实度要求见表5-1)。路基取样每双车道200 m每压层测4点，多车道按比例增加；柱基测总数的10%，但不少于5个点；基槽、管沟每20～50 m取1组试样，但不少于1组；基坑每100～500 m^2取一组试样，但不少于1组。

表5-1 管沟、涵沟槽及检查井、雨水口周围回填土的填料和压实度要求

<table>
<tr><th colspan="3">部　位</th><th>填　料</th><th>最低压实度（%）</th></tr>
<tr><td rowspan="3">胸墙</td><td colspan="2" rowspan="2">填料距路床顶
<80 cm</td><td>石灰土</td><td>90/95</td></tr>
<tr><td>砂、砂砾</td><td>93/95</td></tr>
<tr><td colspan="2">>80 cm</td><td>素　土</td><td>90/95</td></tr>
<tr><td rowspan="4">管顶以上
至路床顶</td><td rowspan="4">管顶距路床顶
小于80 cm</td><td rowspan="2">管顶上30 cm
以内</td><td>石灰土</td><td>95/88</td></tr>
<tr><td>砂、砂砾</td><td>88/90</td></tr>
<tr><td rowspan="2">管顶上30 cm
以上</td><td>石灰土</td><td>92/95</td></tr>
<tr><td>砂、砂砾</td><td>95/98</td></tr>
<tr><td rowspan="4">检查井及
雨水口周围</td><td colspan="2" rowspan="2">路床顶以下0～80 cm</td><td>石灰土</td><td>92/95</td></tr>
<tr><td>砂</td><td>95/98</td></tr>
<tr><td colspan="2" rowspan="2">80 cm以下</td><td>石灰土</td><td>90/92</td></tr>
<tr><td>砂</td><td>93/95</td></tr>
</table>

（三）施工过程质量监理

1. 地下管线质量监理

城市道路地下管线比较多，有给水、排水、燃气、暖气、电讯、电缆等，城市道路施工首先要进行的就是地下综合管线的施工，包括：放样、开挖、平整基底、浇筑基础、防腐处理、排管布线、接口处理、闭水试验、回填压实等过程。根据各种管线的施工工艺不同，监理工程师应采用不同的方法控制其质量。

2. 路基工程质量监理

城市道路路基是道路结构层的重量组成部分，路基强度和稳定性是关键，在路基施工过程中，监理工程师应按照工程承包合同，设计施工图，规范要求承包单位严格控制各道工序的施工质量，对每道工序应进行自检，申报，不合格坚决整改或返工。

1）土质路基施工质量监理

(1) 土质路基施工前，监理工程师应查勘施工现场，掌握挖方路段和填方路段的土质情况，复核地下隐藏设施情况，了解现场排水处理情况；

(2) 审合承包单位填写的开工报告及施工组织设计文件，对其质量保证体系、技术措施、施工工艺、人员设备配套、取样测试等计划逐项审核；

(3) 检查路基开挖程序、开挖质量、开挖标高等；

(4) 检查填土基底处理，用土质量、填土松铺厚度等；

(5) 检查压实度，控制土的含水量；

(6) 严格冬、雨季施工质量控制；

(7) 路基完成后，应检查路基标高、宽度、距离及中心线位置是否符合设计要求；

(8) 路基施工后应禁止通车，当必须通行时，应经常洒水，并重新碾压。

2）石质路基质量监理

（1）开工前应根据工程特点制定监理细则，尤其需要爆破施工时应有必要的安全措施；

（2）认真审核承包单位的施工方案，重点对爆破方案进行研究，预测在施工中可能发生的质量事故，提出应变措施，做好充分的应变准备；

（3）对石方的开挖监理员应旁站监理，石质路基的填筑、压实、路基高程、纵横坡度、边坡等工程质量应严格控制；

（4）检查工程用料质量，填料应防渗水软化，铺砌应平整，满足强度要求，整体材料应符合设计要求；

（5）实施爆破时，操作人员一定要持证上岗，无操作证的人员不准实施爆破工作，监理工程师应对爆破的炮眼位置、深度、方向、装药量、安全防护设施等进行检查验收；

（6）石质路基完工后进行自检、报验，监理工程师确定工程无缺陷时方可签署中间交工证书。

3. 道路基层质量监理

道路基层承受比路基更大的垂直压力，因此，监理工程师对道路基层刚度和强度及整体性应重点控制，道路基层做法一般有砂石、碎石、块石、石灰土、石灰粉、煤灰混合等。

1）砂石基层质量监理

（1）审核开工报告及文件（施工方案、工艺流程、质量标准等）；

（2）检测放样尺寸、位置、高程控制等；

（3）检查原材料质量、规格、级配、含泥量等，取样送检；

（4）检查施工设备完好性，数量能否满足施工需要；

（5）检查基底是否干净、平整，是否符合设计要求；

（6）检查各段上料均匀性、松铺厚度、边线整齐否；

（7）控制洒水量、碾压遍数，检测压实度、外形尺寸，发现局部有“软弹”现象，应进行局部处理；

（8）路面基层完工后，严禁通行。

2）碎石基层质量监理

（1）碎石路基应注意所使用材料的技术指标、规格、颗粒形状是否与设计相一致；

（2）检测摊铺厚度、均匀度、纵横坡度；

（3）检测碾压顺序、碾压遍数、铺撒嵌缝料均匀度；

（4）其他监理程序同砂石基层。

3）石灰土基层质量监理

石灰土是根据一定比例，由石灰、土经洒水、拌和均匀而形成的路面基层材料。石灰土作基层材料，具有稳定性好，强度随时间的延长而增长，对路面后期强度给予有效补偿，在技术上和经济上都有重要意义，应用广泛。

（1）审核开工报告、施工方案、施工工艺、质量标准；

（2）审核原材料质量（出厂质保书、试验报告、取样送检复试）；

（3）审核配合比、试验报告，检测石灰土塑性指数；

（4）检查测量放样，施工机具及材料进场等准备工作；

（5）检查拌和过程中的剂量、颜色均匀性和含水量；

（6）检查摊铺厚度，碾压遍数、速度、压实度；

（7）检查标高、宽度是否符合设计要求；

（8）检查工程缺陷，有无“软弹”现象，有无裂缝产生，若有采取措施进行补救；

（9）检测路面基层平整度、厚度、中线高程、纵横坡度及外观形状。

施工完毕后承包单位应进行自检，并报申监理工程师验收，合格后签署中间交工证书。

4．道路面层质量监理程序（图5－3）

1）混凝土面层质量监理程序（图5－4）

混凝土面层是用混凝土在路面基层上浇筑经振捣成型的高等级路面（包括素混凝土、钢筋混凝土）。混凝土路面强度高，耐久性能好，养护费用低，适用重载、高速、城市交通、工矿道路、堆场、停车场、码头等重载区使用较多。

2）沥青混凝土面层质量监理程序（图5－5）

沥青混凝土面层是以沥青为结合料，用不同粒径的矿料（砂、碎石、石屑、石粉等）按一定比例配合，拌制而成。沥青混凝土路面是城市道路中的高级路面，具有施工速度快、路面平整度好、行车平稳等优点，一般市区内道路使用较多。

沥青混凝土路面质量监理、水泥混凝土路面质量监理要点见第三章。

3）沥青表面处治质量监理

（1）施工前监理工程师应该根据合同要求、设计文件图纸、有关技术规范等，编制本工程的表面处治面层质量监理细则，审核承包单位的开工报告、施工方案、工艺流程等文件；

（2）检验工程用砂、石料的规格、技术指标，对沥青的针入度、软化点等技术指标进行试验检测；

（3）检查施工机械情况；

（4）施工开始检查基层整修是否平整完好，杂物浮土清理是否彻底；

（5）严格控制洒油、撒料、扫墁和碾压的各道工序，必须连续，不得中断，当天施工当天成型；

（6）施工温度宜在15℃以上为好，控制沥青用量准确、喷洒均匀。

4）沥青表面处治的沥青性能指标（表5-2）

表5-2　沥青表面处治的沥青性能指标表

种类 / 试验项目	石油沥青		煤沥青		页岩沥青	
	气温 25℃以上	气温 15～25℃	气温 25℃以上	气温 15～25℃	气温 25℃以上	气温 15～25℃
针入度25℃（cm）	121～150	121～180	—	—	＞200	—
延伸度25℃（cm）	＞60	＞60	—	—	—	—
标准黏度 C_{60}^{10}（s）	—	—	—	—	＞40	＞32
浮游度50℃（s）	—	—	151～200	75～150	—	—
软化点（环球法）（℃）	＞35	＞35	32～35	30～33	33～36	30～33
加热温度（℃）	130～160	130～160	不超过120	不超过120	不超过115	不超过110

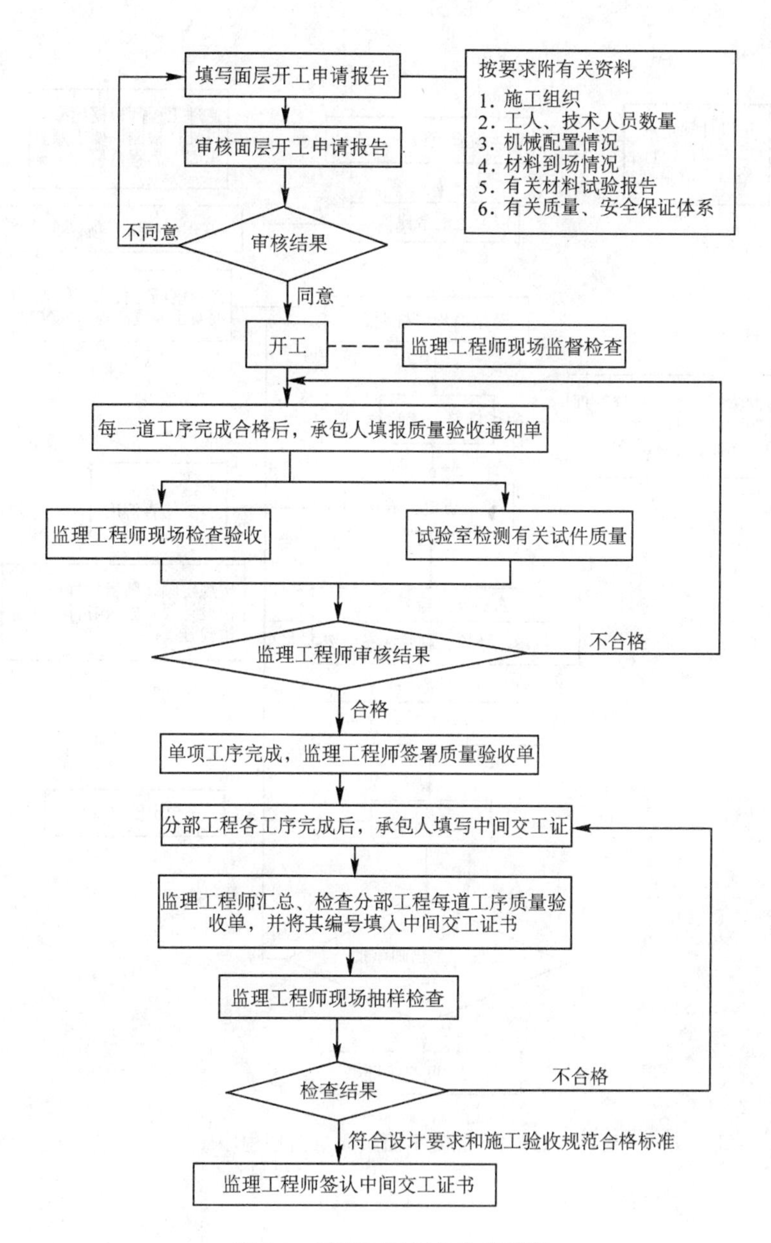

图 5-3　道路面层质量监理程序

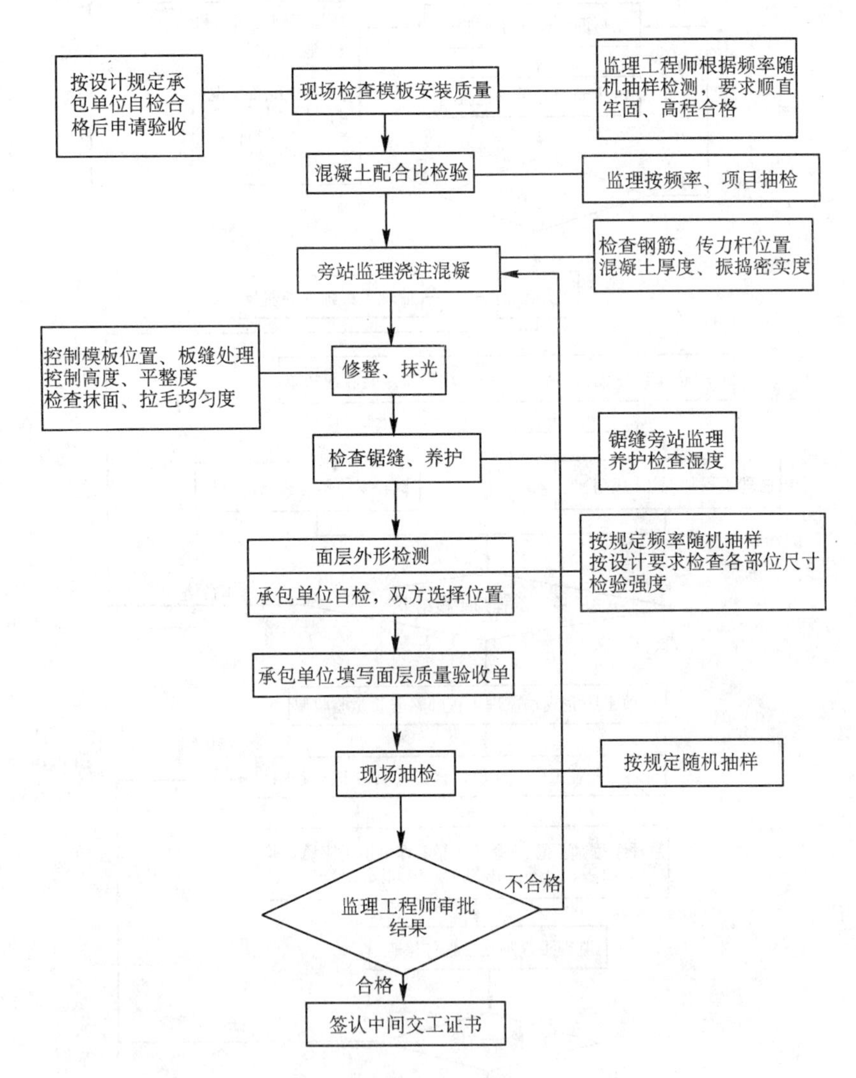

图 5-4 混凝土面层质量监理程序

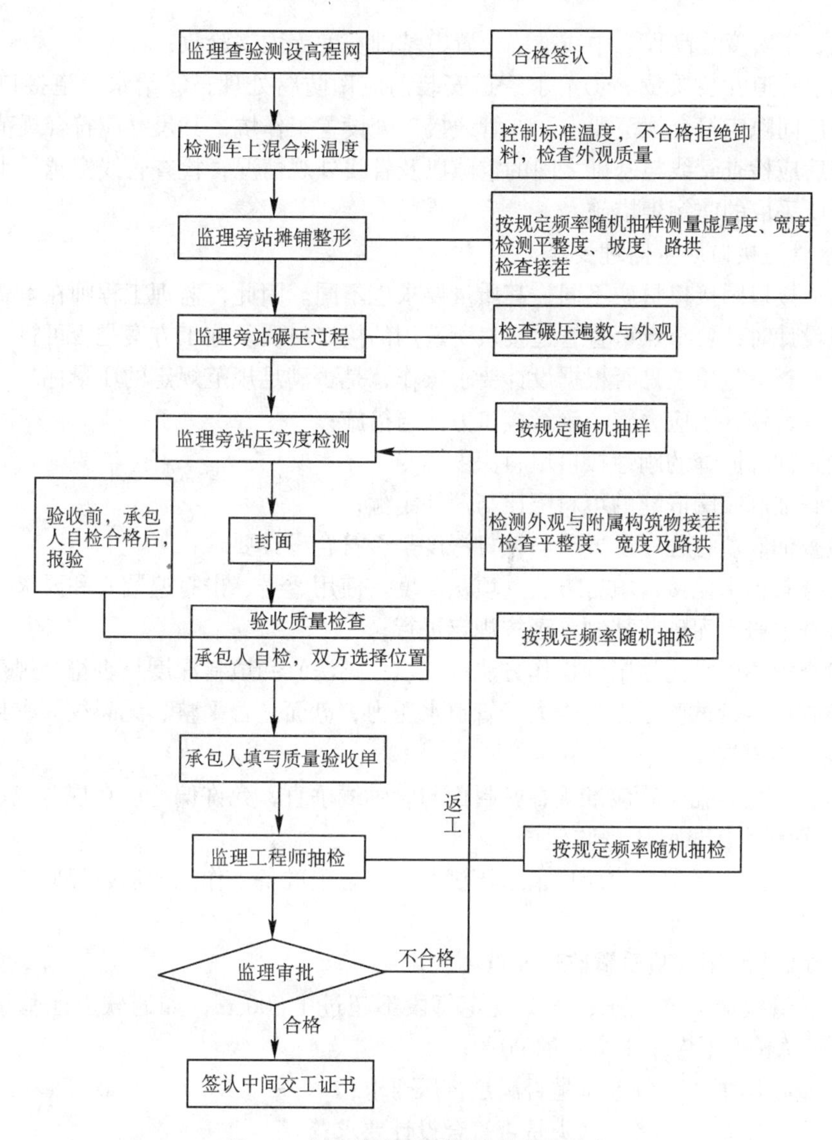

图 5-5　沥青混凝土面层质量监理程序

第二节　城市地下管道工程质量监理

一、给水管线工程质量监理

1. 给水管线施工质量监理

1）给水管线施工质量监理要点

（1）审核承包单位开工报告，检查人员、材料、机械设备进场情况；

（2）检查管材出厂质量保证书、试验报告，镀锌管应取样送检；

（3）给水管道沟槽尺寸、标高应符合规范、设计要求；

（4）给水管道基础符合设计要求，除天然地基外，还有砂基础、混凝土基础、桩基础、石灰基础等，监理工程师依据设计图纸和规范要求，对各种基础应进行检查验收，基础材料、配合比、压实度、高程、中线准确位置、基础宽度等均需验收；

(5) 给水管道安装质量。①给水管道安装前应做防腐处理；②给水管道接口应套圈密封，接口对口间隙应符合规范要求；③管线接口处设置工作坑，其尺寸应符合规范规定；④管线安装完后应检查管线与基础之间的空隙以及管线外观情况，检查管线穿越污水管线或污水构筑物时所采取的防污染措施。

2) 给水管道接口质量监理要点

给水管道接口因接口材质不同，其质量要求也不同。因此，监理工程师在审查承包单位的施工组织设计时，要重点审查管道接口所选用的接口材质及施工方案是否可行、适用；施工过程中应检查承包单位是否根据设计要求操作，是否满足规范规定的质量标准。

(1) 检查铸铁、预应力管、钢管接口方法与措施；

(2) 检查油麻嵌缝的刚性接口填料深度；

(3) 检查油麻胶圈嵌缝的填料配比与消耗定额；

(4) 检查油麻填打程序及方法与填打深度是否符合设计要求；

(5) 检查石棉水泥接口填打方法（填灰深度、使用錾号、击打遍数）和要求；

(6) 检查膨胀水泥砂浆拌制是否按规定进行；

(7) 检查填膨胀水泥砂浆的操作方法（三填三捣法）和填料深度是否符合规范规定；

(8) 检查法兰盘试验压力是否大于管道水压力，盘面是否平整、无裂纹，密封面上不得有疤、砂眼及辐射沟纹；

(9) 检查法兰螺孔位置应准确，密封面与管轴线垂直，允许偏差应在规范规定以内。

2. 给水管线水压试验质量监理

管线安装完毕，承包单位应申请水压试验，当各项准备工作完成后，经监理工程师审核同意，方可进行水压试验。

1) 给水管线水压试验质量监理要点

(1) 较长管线应分段试压，根据规定每段不超过 1 000 m，如遇软土地基每段不超过 200 m，试压总长度不应小于全长的 90%；

(2) 检查打压泵的准备工作是否满足打压要求；

(3) 检查打压泵盖、堵及接头是否符合设计要求；

(4) 审查试压管件、支墩是否符合设计要求；

(5) 做好压力表的检验校正，做好放水排气设施等准备工作；

(6) 串水后试压管段压力宜保持在 0.2～0.3 MPa，持续时间铸铁管 24 h，预应力混凝土管 24～36 h 后方可正式试压；

(7) 水压试验时应逐步升压，每次以 0.2 MPa 为宜，每次升压后应检查确定无问题出现后，方可继续升压；

(8) 水压试验升压时，后背、支墩、管端不得站人，待停止升压后才可进入检查。

2) 管道渗水量测定质量监理

用放水法测定管道渗水量的程序是：水压加至试验压力后，停止加压，开始记录压力降压 0.1 MPa 所用时间 t_1 (min)；之后将水压重新升至试验压力，停止加压并放水至量桶，将压力降到 0.1 MPa 为止，记录降压所用的时间 t_2 (min)；根据试压段长度 L (m) 及 t_1、t_2 和量桶中水量 Q (L)，可计算出试压管道的渗水量。

$$q=\frac{Q}{t_1-t_2}\times\frac{1}{L}\times 1\ 000\ (\text{L/(km·min)})$$

（3）管道渗水量质量标准

管道渗水量试验测定结果以管道未发生破坏，渗水量 q 值在规范允许的范围（见表 5-3）之内为合格，经监理工程师检查确认合格后，签认交工证书。

表 5-3　给水管道水压试验允许渗水量 q

管径（mm）	允许渗水量（L/（km·min））			管径（mm）	允许渗水量（L/（km·min））		
	钢管	铸铁管	预应力混凝土管、自应力钢筋混凝土管、钢筋混凝土管、石棉水泥管		钢管	铸铁管	预应力混凝土管、自应力钢筋混凝土管、钢筋混凝土管、石棉水泥管
100	0.28	0.70	1.40	800	1.35	2.70	3.96
125	0.35	0.90	1.56	900	1.45	2.90	4.20
150	0.42	1.05	1.72	1 000	1.50	3.00	4.42
200	0.56	1.40	1.98				
250	0.70	1.55	2.22	1 100	1.55	3.10	4.60
				1 200	1.65	3.30	4.70
300	0.85	1.70	2.42	1 300	1.70		4.90
350	0.90	1.80	2.62	1 400	1.75		5.00
400	1.00	1.95	2.80	1 500	1.80		5.20
450	1.05	2.10	2.96				
500	1.10	2.20	3.14	1 800	1.95		5.80
				2 000	2.05		6.20
600	1.20	2.40	3.44	2 200	2.15		6.60
700	1.30	2.55	3.70				

注：1. 表中所列允许渗水量 q 值为试验段长度 1 km 的标准；长度小于 1 km 时，按比例折算成 1 km 的。

2. 石棉水泥管水压试验允许渗水量适用于 $DN75$～$DN500$。

3. 表中未列的各种管径，可用下列公式计算渗水量

钢管：$q=0.05\sqrt{D}$

铸铁管、球墨铸铁管：$q=0.1\sqrt{D}$

预应力钢筋混凝土管、自应力钢筋混凝土管：$q=0.14\sqrt{D}$

式中　D——管内径（mm）；

q——允许渗水量（L/（km·min））。

3. 给水管道冲洗、消毒质量监理

（1）给水管道安装完后，应进行冲洗，监理工程师审批承包单位的冲洗方案，制定管道冲洗质量监理细则，要求承包单位按方案进行冲洗；

（2）检查承包单位接通旧管放水冲洗的准备工作，复查关闸断水、支墩拆除、接管、开闸通水等具体要求，措施是否严密适用；

（3）在放水冲洗前，应做好开闸前冲洗准备，检查管道有无异常，关闸、存水、取样水质化验等各项工作应符合规范要求；

（4）放水后管内应存水达 24 h，经承包单位取样化验水质合格，申报监理工程师认可，

可不消毒；若水质化验不合格，应进行消毒处理。

二、排水管渠工程质量监理

排水管渠埋于地下，是隐蔽工程，因此必须采用密实不渗水的材质和管道接口，应具有防腐蚀、抗冲刷能力，并要求排水管渠内壁光滑平整，严格控制渠底标高和坡度。

监理工程师在排水管渠施工之前，应复查承包单位就开工的准备工作，审核承包单位提交的施工方案、技术措施，要求承包单位提交砂浆、混凝土配合比，复查承包单位放线位置。

施工过程中应检查混凝土、砂浆强度，取样复试；检查排水渠沟尺寸、标高；检查管材安装质量等。

（一）排水管渠工程监理工作程序（图 5-6）

（二）排水管渠质量监理要点

1. 测量放样质量监理要点

（1）复核检测临时水准点闭合差和导线方位角闭合差是否在允许范围之内；

（2）检查管渠中线及附属构筑物位置与沟槽长度，检查坡度板设置位置和高程是否准确，是否与另一水准点闭合；

（3）检测管道中心线的控制点、中心桩、中心钉高程，标示与管线上下有冲突构筑物位置；

（4）检查接入原有管道或河道接头高程，检查挖槽边线、堆土界线和交通、排水等措施；

（5）检查沟槽中埋设坡度板是否准确。

2. 排水管渠沟槽质量监理要点

（1）沟槽开挖前，应复核检查沟槽断面型式是否适用安全；

（2）施工过程中应检查中心线位置、沟槽宽度、高程，严防槽底土壤超挖或扰动破坏；

（3）机械挖槽时，应预留 20 cm 的保护层，再用人工清理至底标高；

（4）当地下水位较高时，应采取降水措施，并在槽沟边加支撑，避免沟槽出现坍塌；

（5）由于出现超挖、槽底土被扰动、地质不均匀，以及受冻、受雨水浸泡等因素，监理工程师应会同设计、业主、承包单位共同商议处理方案，按规定及时办理变更手续；

（6）沟槽尺寸应符合设计要求，沟槽开挖完成后，承包单位应进行自检，并报监理工程师审核验收。

（三）排水管道地基基础质量监理

1. 排水管道地基处理质量监理要点

（1）检查承包单位槽底保护层开挖，槽底地质状况是否符合地质报告条件；

（2）检查垫层平面位置、高程、垫层密实度是否符合设计要求；

（3）检查混凝土管座的配合比、混凝土抗压强度、模板尺寸、模板固定、钢筋绑扎、混凝土捣实、养护等是否符合设计要求和规范规定的合格标准。

2. 排水管道基础质量监理要点

（1）管渠基础施工应有施工方案、操作规程、基础用材料配合比，对砂浆、混凝土应取样送检复验，测抗压强度，承包单位在管渠基础开工之前，应将上述材料报监理工程师审核，监理工程师制定相应的监理细则与质量标准；

（2）管渠基础施工前应认真检查沟槽质量，如出现沟底超挖、槽底土松动现象，严禁用土

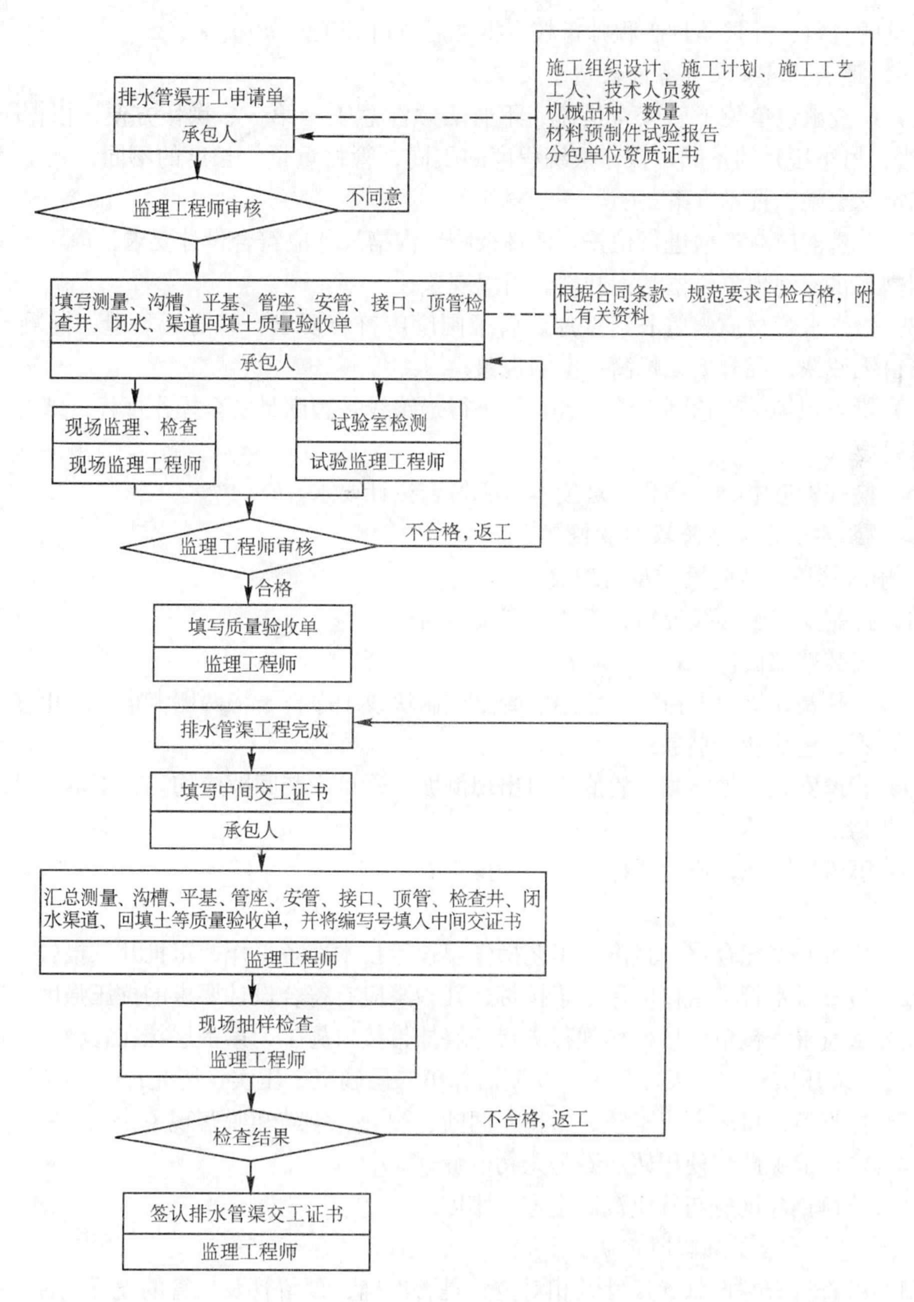

图 5-6 排水管渠工程质量监理程序

回填，此时，应用环刀法取土样，测地基承载力，对超挖部分应进行有效处理，出设计变更；

（3）管渠基础混凝土强度应符合设计要求，监理工程师应旁站监理混凝土的浇注，振捣是否密实，避免出现蜂窝、麻面等问题；

（4）应控制管座中心位置、标高、宽度、厚度等相关数据，不符合设计要求的应纠正，甚至返工。

三、排水管道安装质量监理

排水管道安装承包单位应做好充分准备工作，对于下管方案、安全措施、质量标准等均应有完整的资料，并报监理工程师审核，批准后方可开工。

（一）排水管道安装准备阶段质量监理

（1）审查承包单位下管安全措施，下管必须注意安全第一、操作方便，依据下管方式（人工法、吊车法）的不同，操作熟练程度的不同，管材重量、长度的不同，施工环境的不同，确定安全施工技术方案；

（2）下管前应对沟槽进行检查，清理杂物，沟槽尺寸应符合设计要求，沟底土无松动现象，沟槽无水浸泡现象，槽帮无开裂、坍塌现象；

（3）检查水管材质、管长、壁厚、管子圆度应符合要求，管身无裂缝，混凝土管无露筋，管口无残缺，混凝土无蜂窝、空洞现象；

（4）检查现场是否达到下管要求，吊车行走路线是否满足安全操作规程，绑套管的绳索是否满足要求；

（5）检查管道中心、高程、坡度等是否符合设计要求。

（二）排水管道安装阶段质量监理

1. 排水管道安装阶段质量监理要点

（1）控制安装中心线位置，避免出现接口错槎；

（2）安装坡度板控制管道高程；

（3）在平基或垫层上稳管，应用混凝土预制块或干净石子将两侧卡牢，防止移动，若在土基上稳管，应铺砂子垫层；

（4）管道安装必须牢固，管底不得出现倒坡，管口安装间隙应均匀，不得有错口，管内不能有杂物；

（5）下管应平稳，避免碰撞，防止安全事故。

2. 排水管道接口质量监理

（1）检查砂浆配合比、强度、工艺操作规程等技术准备工作，审批开工报告；

（2）检查排水管道接口应用砂浆抹带，其砂浆应有符合设计要求的抗压强度，监理工程师根据要求监督承包单位按操作规程进行分层抹带接口施工，第一层抹在管缝中，厚度为带厚的1/3，应压实粘牢，表面划毛，初凝后抹第二层砂浆，压实、压光；

（3）抹管道接口表面应平整，不得有间断、裂缝、空鼓和脱落现象；

（4）接口缝隙严禁使用砖、石等杂物嵌缝；

（5）接口钢丝网应与管座混凝土连接牢固。

3. 检查井工程质量监理

（1）检查检查井形状、尺寸及相对位置是否准确，预留管及支管的设置位置、井口、井盖的安装高度等是否符合设计要求；

（2）检查砌砖检查井的砂浆配合比，砌体灰缝、勾缝质量等应符合设计要求和规范规定；

（3）检查井壁是否相互垂直，不得有通缝，灰浆必须饱满、平整，抹面压光，不得空鼓、裂缝；

（4）井内流槽应平顺，踏步安装应牢固，位置准确，不得有建筑垃圾等杂物；

（5）井框、井盖必须完整，位置准确。

（三）排水管道闭水试验

排水管道施工完毕，承包单位应申报进行闭水试验，提交闭水试验方案，监理工程师根据闭水试验的准备工作，审批承包单位闭水试验申请，并制定相应的监理细则和质量标准。

（1）根据闭水 30 min 渗水量大小确定试验管段是否合格；

（2）闭水试验前，应检查试验管段灌水浸泡后有无渗漏；

（3）试验管段浸泡 24 h 后进行闭水试验；

（4）闭水试验的水位应在试验管段上游管内顶以上 2 cm；

（5）对渗水量测定时间不少于 30 min，不同管径对渗水量的允许值不同，分别测定；

（6）渗水量合格应由监理工程师签署意见认可。

（四）排水沟槽回填土

沟槽回填对于不同部位有不同要求，回填土既要保护管道安全，又要考虑上部承受荷载，回填后上部修路应安全通行，为此，沟槽回填分三个部分（胸腔、管顶以上500 mm、管顶 500 mm 以上）进行。

（1）要求承包单位申报回填土方案，三个部分（胸腔、管顶以上 500 mm、管顶500 mm 以上）中每部分对压实要求、最大含水量、最大干密度和松铺厚度均应表述清楚；

（2）回填土的最佳含水量与相应的最大干密度是衡量回填土质量的依据，监理工程师应控制好这两个指标；

（3）回填松铺厚度控制，一般厚度为 300 mm，同时控制夯具和碾压遍数，要求质量达到设计要求；

（4）控制压实度，一般胸腔部分大于 90%，管顶以上 500 mm 部分大于 85%。管顶 500 mm以上的部分根据上部路面等级、沟槽厚度不同一般应在 85%～98%之间；

（5）压实度检测用环刀法，回填土沿沟渠每两个井之间，每一层取 3 点为一组，回填分几层就取几组试样；

（6）沟槽回填完毕，承包单位应向监理工程师申报验收，当试验资料、施工工艺、外观质量均合格，监理工程师签署中间交工证书。

第三节　城市防洪工程质量监理

城市防洪工程包括河道开挖、疏浚治理以及设置防洪堤、建水工构筑物等工程项目。防洪工程关系到城市建设和国家财产及人民生命的安全，其质量责任重于泰山，监理工程师对于城市防洪工程的监理，应当高标准、严要求，控制好各项检测程序、检验方法，确保城市防洪工程质量能够满足设计要求，达到若干年一遇的自然灾害不会因工程质量问题使国家经济和人民生命财产造成重大损失。

一、土方工程质量监理

城市防洪工程中土方工程是比较大的工程之一，河道开挖、疏浚，修堤筑坝，建构筑物等每项工程中均有土方工程。根据工程的不同特点，监理工程师对各施工工序进行质量控制，如河沟开挖、疏浚工程应控制：测量放样——河沟开挖、清淤——整理边坡——清理河床——检查验收；又如修堤筑坝工程应控制：测量放样——基槽开挖——清理地基及处理——基槽自检、报验——土料上坝——土料摊铺报验——土料压实报验——坝面整理——验收签证。

（一）挖土方工程质量监理

1. 挖土方工程质量监理程序（图 5-7）

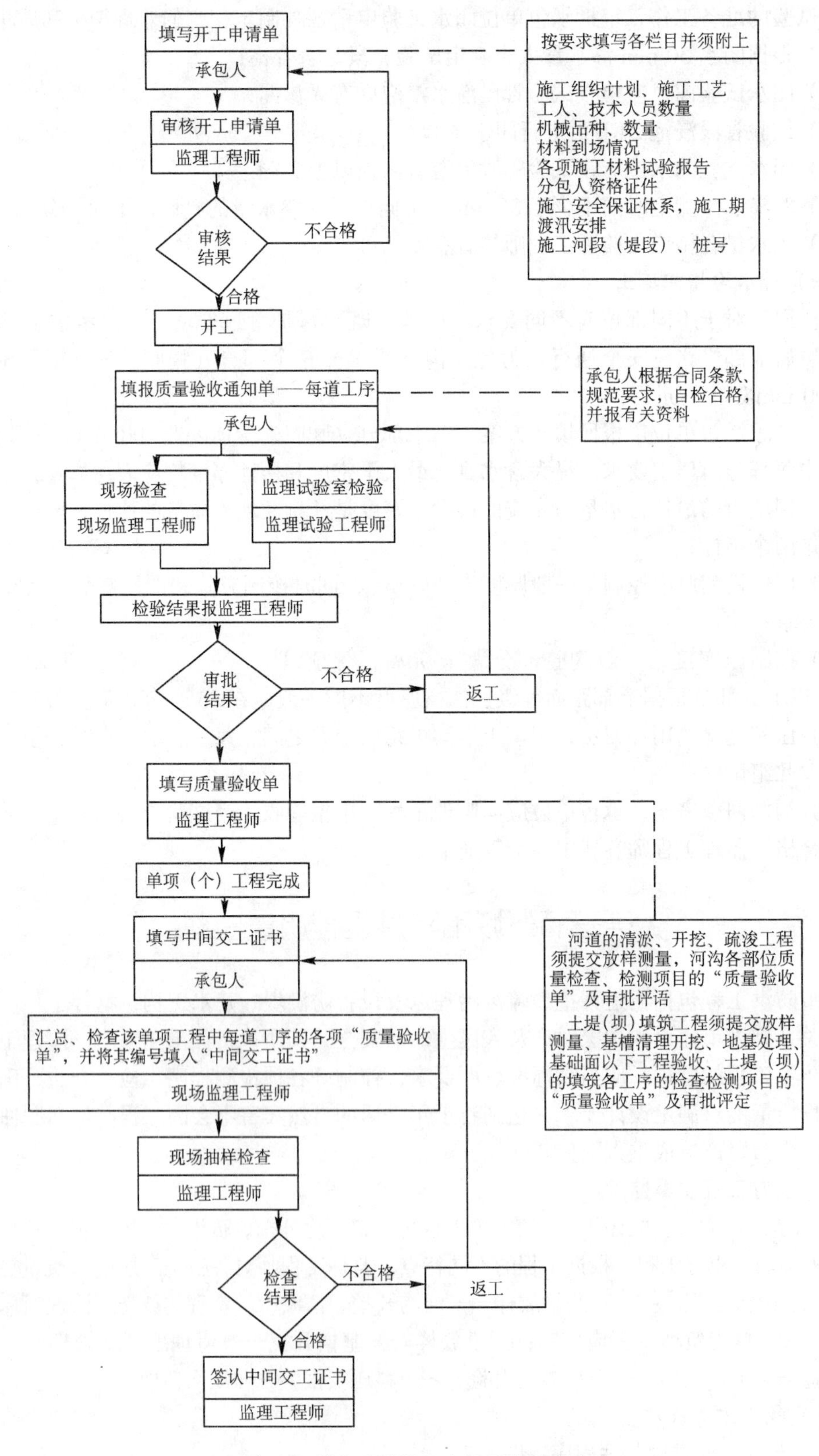

图 5-7　城市防洪挖土方质量监理程序

2. 挖土方工程质量监理要点

(1) 土方开挖前应测量放样，监理工程师应检查复测是否合格；

(2) 地下水位高的，在开挖前应降水处理；

(3) 检查基槽河道开挖弃土处理方案，应指定弃土场；

(4) 挖土方至设计标高后进行清理，监理工程师根据承包单位申报，应组织设计单位对现场进行验收，确认符合设计要求；

(5) 对于基底、河床清理，若发现草皮、树根、乱石、水井、洞穴、废旧管道应彻底清除，遇淤泥、泥炭土、腐殖土、溶盐以及有机质含量大的土，应根据情况采取相应措施清理；

(6) 对于基底、河底土壤严禁扰动，超挖严禁用土回填，应进行处理或变更设计，尤其是筑坝工程应特别重视基底土扰动问题；

(7) 严格控制开挖尺寸、标高，允许误差应在设计和规范允许范围内；

(8) 开挖基槽、河沟应整齐、顺直，平整度、坡度应符合设计要求。

3. 河道疏浚工程质量监理要点

河道疏浚大多是在不断流的情况下进行，因此采用机械疏浚，其施工工艺和一般的人工清淤不同，根据工程特点，监理工程师对质量控制的要点如下。

(1) 检查承包单位对水下地形的测量工作；

(2) 选试验段进行水下开挖，开挖前应对试验段进行详细的水下测量、取样分析，确定疏浚方案；

(3) 河道疏浚应符合设计要求，开挖应注意掌握深度和宽度，不得危及河堤、护坡和岸边建筑物，但也不应有漏挖现象；

(4) 对于回淤比较重的地方，应加大检测力度，根据设计要求制定专门的开挖方案，选择适宜的挖土机械；

(5) 挖出的泥应弃在指定的排泥场；

(6) 检查开挖区和抛泥区的导标设置，检查开挖和采样分析，均应符合设计要求；

(7) 河道疏浚施工应有详细的施工记录，监理工程师应有详细的质量监理记录。

(二) 填土方工程质量监理

1. 均质土堤 (坝) 填筑工程质量监理

均质土堤 (坝) 填筑是城市防洪工程中常见的一种堤 (坝) 形式，它可以利用当地材料，就近取土，降低工程费用。均质土堤 (坝) 施工监理应注重料场的选择，控制土的含水量变化以及上坝土料的质量。

(1) 填筑前检查基底处理情况，是否受水浸泡，是否有淤泥，是否受冻，是否有杂质，是否有洞穴等；

(2) 检查承包单位提交的开工报告，内容是否完整、可行；

(3) 检查复测承包单位在坝基开挖和坝体填筑过程中交接中心线控制桩和水准点是否准确；

(4) 检查承包单位料场的选择，土料应取样试验，上层杂土应清除，料区水位高的地区，应做好降水工作，为防止雨水浸泡，料场应做好排水工作；

(5) 做好压实试验段的干容重的检测，确定上坝土料最佳含水量、土料粒径、松铺土厚度、压实工艺等，并严格按批准的试验段填筑工艺进行；

(6) 填筑过程中检查是否有剪切破坏现象，是否有弹簧土，是否有漏压层、虚土层，是否有冻土块，是否有层间光面或裂缝，上述现象应避免，若存在应采取措施进行处理；

(7) 认真检查堤（坝）体填筑时与其他构筑物面接合处（如接缝、接坡、与基础接触面、填筑层面、坝体与岸坡、坝基与其他构筑物齿墙等结合处）应符合设计要求；

(8) 堤（坝）体自身纵、横接缝时，应挖结合槽；

(9) 检查成型的堤（坝）表面是否平整，边线是否顺直，坝体尺寸、标高是否符合设计要求；

(10) 在施工过程中应严格控制土的含水量和压实度。

2. 黏土心墙与斜墙填筑质量监理

黏土心墙与斜墙填筑工程应注意在填筑上升的坝体横断面的形状应有利于雨季排水，并注意检查心墙与斜墙的保护。

1) 黏土心墙与斜墙填筑质量监理程序（图 5-8）

2) 黏土心墙与斜墙填筑质量监理要点

(1) 检查填筑过程是否有层间光滑面、弹簧土、漏压虚层土、裂缝等现象；

(2) 检查墙体与上下游坝体结合处土砂料是否彼此混合，墙体不应有纵向接缝；

(3) 斜墙保护层或防冻层以及墙后垫层填筑必须符合设计要求；

(4) 心墙与斜墙防渗体填筑质量检测项目应符合设计要求，检测项目包括干密度、密实度、渗透系数、轴线位移、顶和底高程、厚度、坡度等。

二、石方工程质量监理

石方工程质量监理主要包括岩基开挖、堆石体、石笼护体、砂石垫层、反滤层等工程的质量监理。

(一) 岩基开挖质量监理

(1) 岩基开挖前应放样测量，确定准确的基坑开挖线；

(2) 岩基开挖应自上而下分层进行，并做到分层检查、检测及处理；

(3) 岩基清基后应会同设计部门进行现场验收；

(4) 岩基验收应做到表面平整、清洁、无杂物、无风化层、岩基开挖边坡不应有反坡，应挖成顺坡，当坡度过陡时，宜挖成台阶状；

(5) 开挖中出现的软弱层、断面破碎带、地下水流应进行处理，会同设计部门研究处理方案；

(6) 爆破开挖应有相应的安全措施，爆破应分层进行，最后留下 1.5～3 m 的保护层，再进行保护层清爆；

(7) 大型工程岩基开挖后须钻取岩芯，经检验合格后方可验收。

(二) 堆石体质量监理

堆石体施工流程包括：基槽验收合格→砂料进场验收合格→摊铺砂石垫层→夯实→堆石体砌筑→检查验收等，监理工程师应对每一道工序监理并验收，合格后方可进行下一道工序。

(1) 检查砂石料垫层摊铺、夯实质量是否符合设计要求；

(2) 堆石体砌筑前应检查基坑尺寸、高程、平整度是否符合设计要求；

(3) 堆石体砌筑应分层进行，每层砌筑完毕应进行自检、报验，验收合格后方可砌筑上一层；

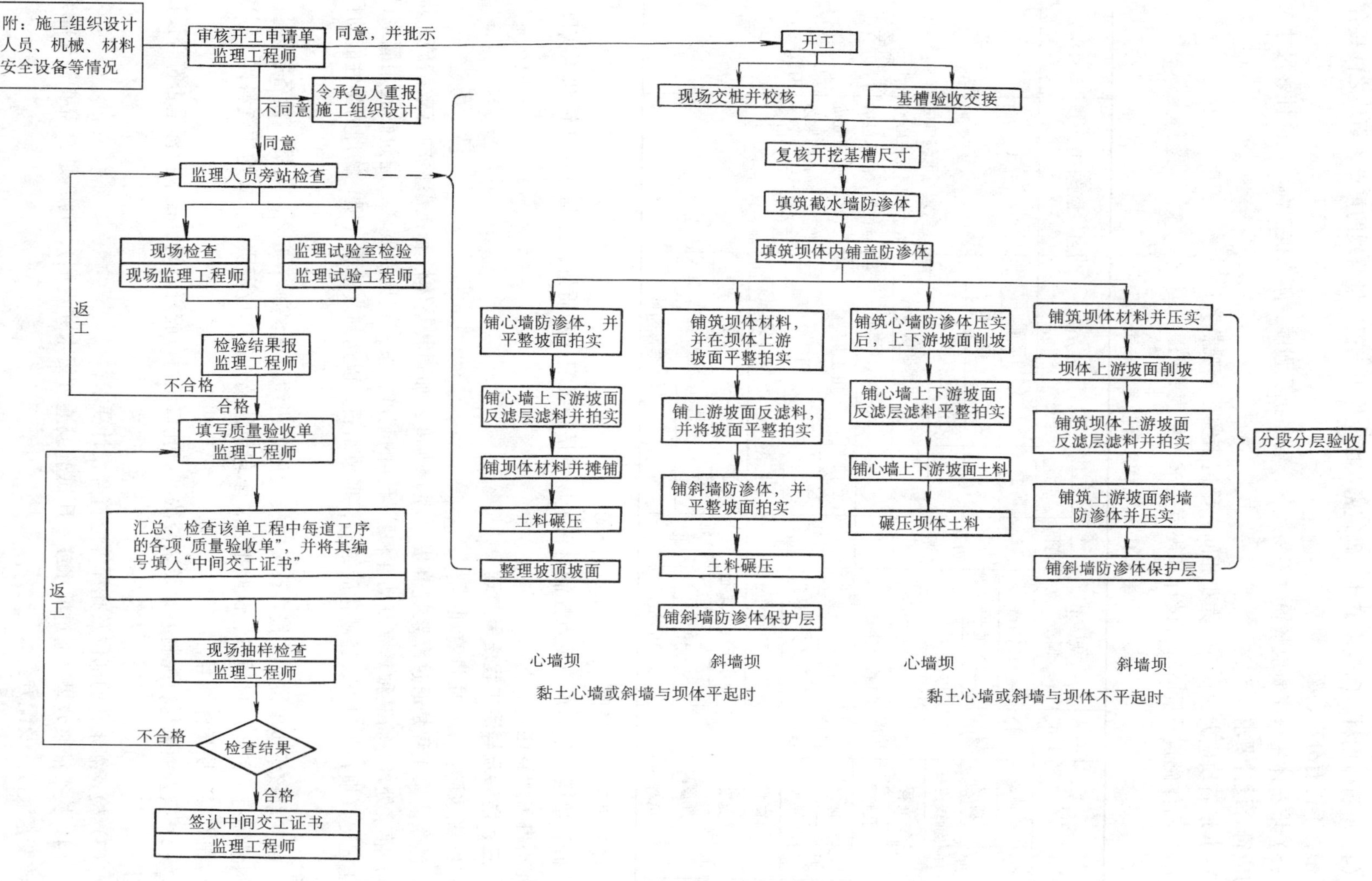

图 5-8 粘土心墙与斜墙填筑质量监理程序

(4) 堆石体用料、砌筑稳定性、砌筑密实度应作为工程质量监理的重点，石块之间接合应紧密，不得有分离、架空现象；

(5) 堆石体用料应质地坚硬、不易风化，石料抗压强度、防水抗渗性、抗冻性、尺寸大少均应符合设计要求；

(6) 堆石块应大面在下，大小相间，稳定密实，外观整齐；

(7) 石体砌筑质量应符合设计和规范要求，见表 5-4；

表 5-4 堆石体质量监理汇总表

序号	项目		质量标准	允许偏差	检验频率		检验方法	检验程序	认可程序
					范围	点数			
1	堆石坝	坝顶宽	按施工图设计尺寸	±20 cm	20 延米	2	用尺量	监理与承包单位双方共同选择检测点位置，由承包单位检测，监理旁站监测，测得结果必须合格，否则应令承包单位返工	须经监理工程师书面认可有效
		坡度		设计的 5%		4	用坡度尺量		
		轴线位移		±10 cm		2	经纬仪测量纵横各一点		
		高程		±10 cm		4	用水准仪测量		
		孔隙率		按设计要求		1	取样测量		
2	护坡	坡度		设计的 5%	20 延米	4	用坡度尺量		
		厚度		不小于设计规定		2	用尺量		
		高程		±10 cm		4	用水准仪测量		
3	护脚	宽度		不小于设计规定	20 延米	2	用尺量		
		厚度		±15 cm		2	用尺量		
		高程		±10 cm		4	用水准仪测量		

(8) 堆石体质量监理程序（见图 5-9）。

砂石垫层质量监理应重点控制材料进场质量和级配拌和质量，控制分层摊铺和压实度，在此不再多加叙述。

三、防渗及导渗工程质量监理

1. 灌浆防渗工程质量监理

灌浆防渗工程是通过灌浆提高堤（坝）强度，加强其整体性和抗渗性的有效措施，堤（坝）灌浆处理是将某种具有流动性和胶凝性的浆液，按一定比例要求，通过钻孔用灌浆设备压入堤（坝）孔隙中，经硬化胶结后，形成结石，以达到改善堤（坝）物理力学性能的目的。

(1) 审核承包单位开工报告，要求提交施工组织设计、施工工艺，人员、设备投入量，材料进场有关的出厂材质单、试验报告，承包单位及分包单位资质，水文地质资料，工程质量检测方案、质量标准等；

(2) 检查灌浆材料配制方案及浆液浓度、孔口压力、胶凝时间等技术指标是否符合设计要求；

(3) 检查灌浆孔的部位及孔深等应符合设计要求；

(4) 检查灌浆效果（通过灌水或水压试验或通过集水井观测），判断是否需要补充灌浆或改变浆液浓度及配方。

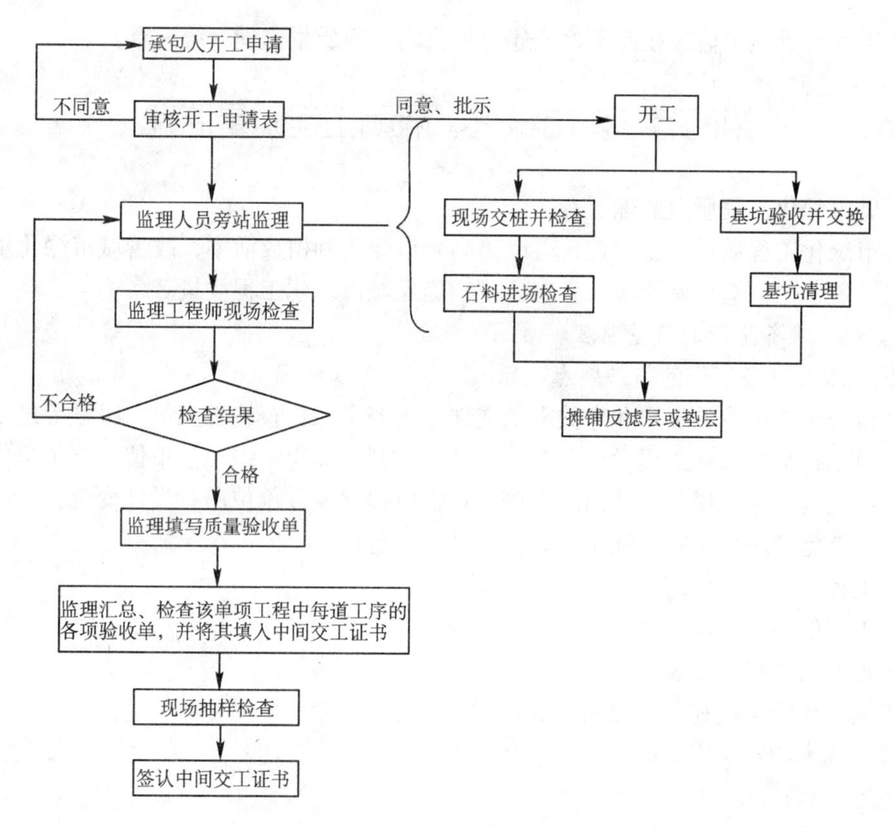

图 5-9　堆石体质量监理程序

2. 防渗铺盖和截渗墙工程质量监理

防渗铺盖和截渗墙工程一般有用土料填筑和用混凝土或钢筋混凝土填筑两种工艺。其作用都是防止堤坝渗水、漏水，以保证堤（坝）的防洪安全性。

1）用土料填筑的防渗铺盖和截渗墙工程质量监理

（1）检查基槽开挖应符合设计要求，基槽开挖应从低洼处到高处顺序进行，填筑工料验收应按黏土心墙与斜墙填筑土料要求进行检查验收；

（2）土料含水量控制和土料压实度应符合设计要求；

（3）土料压实应分层进行，防渗铺盖和截渗墙填筑压实必须连续进行，分层铺料，分层压实，严格控制接缝处和结合面处的施工质量；

（4）土料填筑前，槽内应进行清理，基槽内的渗水应全部排除，基底土应耙松 2～3 cm 后再上土料压实以保证基底结合良好；

（5）在堤（坝）体内与心墙或斜墙相连接的铺盖应与心墙或斜墙同时进行铺筑，堤（坝）体的外部分防渗铺盖可在库内存水前完成，但未放水前，应加以防护。

2）用混凝土或钢筋混凝土填筑的防渗铺盖和截渗墙工程质量监理

（1）严格基槽验收，对基槽岩基软弱层、破碎带、渗水地段应加以处理；

（2）控制混凝土配合比和强度，检查混凝土的养护管理；

（3）旁站监理混凝土浇注施工，浇注振捣密实，不得有蜂窝、空洞；

（4）浇混凝土前应清理基槽杂物，岩基应先凿毛清理；

（5）立模、绑筋应满足设计要求。

市政工程桥梁施工监理在此不再赘述，见公路工程质量监理（第三章）。

第四节 城市绿化、照明工程质量监理

一、城市绿化工程质量监理

对城市绿化工程质量实行监理，可以提高城市绿化种植成活率，改善城市绿化景观，节约绿化建设资金，创造良好的城市生态环境，确保城市绿化工程质量。

（一）施工准备阶段的质量监理

1. 施工现场准备工作的监理要点

（1）检查施工单位的资质和有关审批文件是否齐全，检查施工人员、机械等进场情况。

（2）根据批准的绿化工程设计及有关文件，在开工前应组织设计单位和施工单位进行设计交底，如发现施工现场与设计图纸不符之处，应提交设计单位出具设计变更。

（3）检查施工单位编制的施工计划书，其中应包括：

①施工程序和进度计划；

②各工序的用工数量及总工日；

③工程所需材料进度表；

④机械与运输车辆和工具使用计划；

⑤施工技术和安全措施；

⑥施工预算；

⑦大型及重点绿化工程应编制施工组织设计。

（4）做好地下管线、主要建筑物、道路工程等与绿化工程有关的工程调查，尤其是城市建设综合工程中的绿化种植，应在这些工程完工后进行。

（5）整地。绿化工程施工多在道路工程或者建筑工程等完工后进行，一般遗留的场地多数凹凸不平，特别是雨后积水难以排除，势必影响将来植物的生长，因此，绿化工程在开工前应进行整地工作：

①公路绿化互通立交区域场地应依照绿化设计的要求先用推土机等机械设备将场地粗略整治之后进行灌水，使得土壤自然下沉将坑洼不平的地方暴露出来，防止将来土壤塌陷，难于补救，待土壤干燥之后再平整至绿化设计要求；

②对于路桥区域，由于施工后场地多为生土，植物在其上面生长非常困难，此时应该换土，平整场地应用人工进行。

（6）应该对种植植物的土壤进行化验分析，如含有建筑废土及其他有害成分以及强酸性土、强碱土、盐土、重黏土、砂土等应根据设计要求，采用相应的消毒、施肥和换土（客土）等措施。

2. 种植材料的选择要点

（1）种植材料，应根系发达，生长茁壮，无病虫害，规格及形态应符合设计要求；

（2）水生植物，应根、茎发育良好，植株健壮，无病虫害；

（3）铺栽草坪用的草块及草卷应规格一致，边缘平直，杂草不得超过5%，草块土厚度宜为3～5 cm，草卷土层厚度宜为1～3 cm；

（4）植生带，厚度不宜超过1 mm，种子应分布均匀、饱满，发芽率大于95%；

（5）播种用的草坪、草花、地被植物种子，应注明品种、品系、产地、生产单位、采收年份、纯净度及发芽率，不得有病虫害，自外地引进的种子应有检疫合格证，发芽率达90%以上方可使用。

3. 苗木的起苗与运输监理要点

（1）起苗是指把苗木从苗圃地上挖起来。起苗操作的好坏对苗木的质量影响很大，它关系到苗木的成活程度。因此，苗木的起苗应注意控制以下几点：

①选择生长健壮、无病虫害、树形端正、根系发达的树苗；

②掘苗应以不伤及主、侧根为宜，掘露根乔灌木的根系大小应根据掘苗现场的株行距，树木的干径、高度而定，一般情况下，乔木根系应按树木高度1.3 m处胸径的8~10倍，灌木根系可按树木高度的1/3左右，其切口要平滑，不得有劈裂根或将根拉断；

③掘常绿树木的土球可按树木胸径的7～10倍，或者按树高的1/3左右确定，黄杨的土球应按树高的1/2左右确定。土球应完好，要削平整，土球包装物要严，草绳要打紧不能松脱，土球底要封严不能漏土；

④生长较慢的常绿树如雪松、黑松等土球规格应加大一级采用；

⑤苗木的运输量应根据种植量确定，苗木运到现场应及时栽种；

⑥苗木装卸车时应轻吊轻放，不得损伤苗木和造成散球；

⑦装运苗木时，应根向前，梢向后，顺序码放整齐，在后车厢处应垫草包以免磨伤树干，注意树梢不得拖地，装好后应用绳将树干捆牢，捆绳时应垫蒲包不得勒伤树皮；

⑧裸根乔木长途运输时，应覆盖并保持根系湿润。

（二）绿化工程施工阶段的质量监理

1. 种植穴、槽的挖掘质量监理要点

（1）种植穴挖掘前应了解地下管线和隐蔽物埋设情况；

（2）检查种植穴、槽的定点放线应符合设计要求，位置准确，标记明显，定点时应标明中心点位置，种植槽应标明边线；

（3）坑径一般可比规定的根系或土球直径大20～30 cm，，如遇土质过黏、过硬或含有有害物质如白灰、沥青等，应加大坑径1～2号；

（4）挖坑的坑壁要随挖随修使其成直上直下，不要成锅底形；

（5）在斜坡处挖坑，应先做成一个平台，平台应以坑径最低规格为依据，然后在平台上挖坑。

2. 树木种植质量的监理要点

（1）检查种植树苗的品种、规格是否符合设计要求；

（2）栽树时种植深度应与原种植线一致，注意行、列应在一条线上，相邻树苗株距均匀，树木保持直立，不得倾斜；

（3）种植裸根树木，应将种植穴底填土成半圆土堆，植入树木填土至1/3时，应轻提树干，使根系舒展，并充分接触土壤，随填土分层踏实；

（4）栽植带土球树木，要尽量提草绳入坑，摆好位置和高度后用土铲放稳，再剪断腰绳和草包，栽绿篱时，如土球完整、土质坚硬，应在坑外将包打开提干捧坨入坑，若坑内拆包，应尽量将包装物取出后，方可分层填土踏实；

（5）树木种植后浇水、支撑固定应注意：

①种植后应在大于种植穴直径周围，筑成高 10～15 cm 的灌水土堰，堰应筑实不得漏水；

②种植树木的当日应浇透第一遍水，以后根据温度等情况及时补水；

③浇水时应防止因水流过急冲刷裸露根系，若浇水后出现土壤沉陷，致使树木倾斜，应及时扶正、培土；

④对于人员集散较多的广场、人行道，树木种植后应铺设透气护栅；

⑤种植胸径 5 cm 以上的乔木，应设支柱固定，支柱应牢固，绑扎树木处应夹垫物，绑扎后树木应保持直立。

二、10 kV 及以下城市照明工程质量监理

（一）架空线路与杆上电气设备质量监理

1. 开工前复测定位质量监理要点

（1）审核承包单位的开工报告，其内容应该包括：

①施工单位资质及其个人岗位证书是否合格；

②施工组织设计内容是否完整、合理，满足施工要求（质量管理体系、施工工艺、机械设备用量、场地状况、人员情况、工程量、安全保证体系、进度计划等）；

③施工现场开工条件是否具备（材料供应、作业条件、施工方法、试验、机具等）。

（2）监理工程师在熟悉图纸的基础上，应对现场测量定位进行监督检查，重点控制中心桩位置及辅助桩的设置，一般定位有：

①直线杆顺线路方向位移不应超过设计距离的 3%，直线杆横线路方向位移不应超过 50 mm;

②转角杆、分支杆的横线路、顺线路方向的位移均不应超过 50 mm;

③直线杆辅助桩的设置应在顺线路方向中心桩前后 3 m 处设置，转角杆除前后之外，还应在转角点的夹角平分线上内、外侧 3 m 处各设一根辅助桩。

2. 电杆基坑、立杆、架线质量监理要点

（1）电杆基坑深度应符合设计要求，根据基坑的土质情况确认电杆埋深是否达到稳固电杆的要求，一般土质，埋深为杆长的 1/6，对于特殊土质或无法保证电杆稳固时，应采用加卡盘、围桩、打入字拉线等加固措施，基坑回填土应分层夯实，地面设防沉土台；

（2）立杆前应检查电杆的质量，当采用普通环形钢筋混凝土定型产品时，应符合规范规定（表面光洁平整，壁厚均匀，无露筋、跑浆现象，无裂缝、弯曲现象）；

（3）电杆立好后应正直，倾斜度符合规范规定（不大于杆梢直径的 1/2），尤其是转角杆紧线后不得向内倾斜；

（4）架线横担应为热镀锌角钢，高、低压横担尺寸应符合规范要求，安装应平整，端部上下偏差不应大于 20 mm;

（5）各部位螺母应拧紧，螺栓外露部分不应少于两个螺距，螺母受力的螺栓应加弹簧垫或者双母；

（6）绝缘子及瓷横担安装前，应检查外观质量（瓷釉光滑，无裂痕、缺釉斑点、烧痕、气泡等现象，弹簧销、弹簧垫的弹力适宜）；

（7）绝缘子安装前应清除表面的污垢，安装应牢固，连接可靠，不得积水，控制绝缘子裙边与带电部位的间隙不应小于 50 mm;

(8) 承力拉线应与线路方向的中心线对正，分角拉线应与线路分角线方向对正，防风拉线应与线路方向垂直；拉线穿越带电线路时，应在拉线上下加装绝缘子，拉线绝缘子自然悬垂时距地面不应小于2.5 m；

(9) 导线展放过程不应发生磨损、断股、扭曲、金钩、断头等现象，导线有损伤应按规定进行修补，符合要求后方可架设；

(10) 导线架设中，不同金属、不同规格、不同绞制方向的导线严禁在档距内连接；

(11) 架空线在同一档内，同一根导线的接头不得超过一个，应控制接线头位置与导线固定处的距离，控制架空导线之间的距离，控制靠近电杆的两条导线间的水平距离应符合规范规定。

3. 架空线工程交接验收

(1) 电杆、线材、金具、绝缘子等器材的质量应符合技术标准的规定；

(2) 电杆组立的埋深、位移、倾斜等应合格；

(3) 金具安装的位置、方式、固定等应符合规定；

(4) 绝缘子的规格、型号及安装方式方法应符合规定；

(5) 拉线的截面、角度、制作和标志应符合规定；

(6) 导线的规格、截面应符合设计规定；

(7) 导线架设的固定、连接、档距、弧垂以及导线的相间、跨越、对地、对树的距离应符合规定；

(8) 验收资料应齐全、完整、翔实（线路路径批准文件、工程竣工资料、竣工图、设计变更文件、测试记录等）。

(二) 低压电缆线路质量监理

(1) 检查电缆型号、规格应符合设计要求，电缆外观排列整齐，无机械损伤，标识牌齐全、正确、清晰；

(2) 控制电缆埋设深度应符合规范规定和设计要求；

(3) 电缆在直线段，每隔50～100 m、转弯处、进入建筑物等处应设置明显的标志；

(4) 直埋敷设的电缆穿越铁路、道路、道口等机动车通行地段时，应穿管敷设，对电缆保护管的质量应控制（不应有空洞、裂缝、凹凸不平等现象，内壁光滑无毛刺，弯曲、连接质量等应符合规范规定）；

(5) 交流单相电缆单根穿管时，不得用钢管或铁管；

(6) 控制电缆接头和终端头整个绕包过程保持清洁和干燥，应用汽油浸过的白布将线芯和绝缘表面擦干净，电缆芯线连接方式应采用压接方式，压接面应满足电气和机械强度要求；

(7) 电缆沟回填应分层夯实；

(8) 工程验收时，检查技术资料和相关文件是否齐全。

(三) 变压器、箱式变电站质量监理

1. 变压器、箱式变电站设置地点质量监理

(1) 设置地点的温度、湿度、海拔高度等应符合规范规定；

(2) 周围应无火灾、爆炸、化学腐蚀及剧烈振动的危险，通风良好，不易积水；

(3) 四周宜有足够的安全空间，便于高压电缆、低压电缆及线路进出，并应避让地下设

施。

2. 变压器、箱式变电站产品质量和运输监理

(1) 设备表面不得有机械损伤，附件齐全，各组合部件无松动和脱落，连接件无损坏；

(2) 油浸式变压器密封处良好，无渗漏油现象；

(3) 运输过程无异常可不进行器身检查；

(4) 变压器到达现场后3个月未安装的，应加装吸湿器，并应检测油箱密封情况，测量变压器内油的绝缘强度，测量绕组的绝缘电阻。

3. 变压器、箱式变电站的安装质量监理

1) 室外变压器安装应控制

(1) 柱上台架所用铁件应热镀锌，变压器应与台架固定，柱上挂警告标志；

(2) 变压器距地面距离不得小于2.5 m，以3 m为宜；

(3) 变压器高压引下线、母线应采用多股绝缘线，中间不得有接头，导线截面应满足设计要求，间距不应小于0.3 m；

(4) 变压器附件安装应符合规范要求。

2) 室内变压器安装应控制

(1) 变压器距墙体的距离不小于800 mm，距门的距离不小于1 000 mm；

(2) 吊装油浸式变压器应利用油箱体吊钩，不得用变压器顶盖上盘的吊环吊装整台变压器，吊装干式变压器可以利用变压器上部钢横梁主吊环吊装；

(3) 变压器本体就位前应验收基础轨道是否水平，轨距是否符合设计要求。

3) 变压器附件安装质量监理

(1) 油枕安装前应用变压器油清洗干净，并安装油位表，放气孔和导油孔应畅通，油枕应利用支架安装在油箱顶盖上，并用螺栓紧固；

(2) 干燥器与油枕间管路的链接应密封，管道应通畅，安装时应将干燥器盖子处的橡皮垫取掉，并在盖子上装适量变压器油；

(3) 温度计安装前应进行校验，测温装置指示应正确；

(4) 变压器安装后，应进行检查、试验和验收，确认符合运行条件方可投入试运行。

(四) 路灯系统质量监理

1. 路灯控制系统的质量监理要点

(1) 路灯运行控制宜采用光控开关、定时钟、路灯控制仪、遥控系统等。

(2) 路灯控制电器的工作电压、照度调试范围、时间精度、开关方式、性能等应符合规范要求。

(3) 路灯控制电器的安装应注意：①微机等控制设备应与其他电器隔离安装，并应设有屏蔽装置；②光控开关的光电探头应安装在避免有光干扰的位置上；③电子控制设备应有防尘、防潮、防水等措施，避免太阳照射。

(4) 路灯遥控系统应保证元器件的可靠性和精度，对电流、电压、功率、电量等参数应满足系统需要，所采用的通讯方式应具备经济性、可靠性和范围覆盖能力，并能快速传输准确的数据，具备故障报警功能。

2. 路灯安装质量监理要点

(1) 灯具配件应齐全，无机械损伤、变形、油漆剥落、灯罩破裂等现象；

(2) 灯具的防护等级、密封等必须在 IP55 以上；

(3) 灯具应抽样进行升温和光学性能等测试；

(4) 灯头安装应牢固、可靠，位置应符合设计要求，接线应正确，灯线使用应符合规范要求；

(5) 灯臂、灯盘、灯杆内穿线不得有接头，穿线管应光滑，无毛刺；

(6) 路灯使用的所有金属构件应作镀锌防腐处理，质量符合规范规定；

(7) 各种螺母紧固，宜加垫片和弹簧垫，紧固后螺丝露出螺母不得少于两个螺距。

(五) 安全保护装置质量监理

(1) 下列电气装置的金属部位，均应接地或接零：

①变压器、配电柜（箱、盘）等的金属外壳和底座；

②室内外配电装置的金属构架及靠近带电部位的金属遮拦和金属门；

③电力电缆的金属护套、接线盒和保护管；

④配电和路灯的金属杆塔；

⑤其他因绝缘破坏可能使其带电的外露导体。

(2) 接零、接地保护。

①采用接零、接地保护时，单项开关应装在相线上，保护零线上严禁装设开关或熔断器；

②保护零线和相线的材质应相同，线的截面应符合设计要求和规范规定；

③保护接零时，在线路分支、首端及末端应安装重复接地装置，接地装置的接地电阻不应大于 10 Ω。

(3) 接地装置。

①接地埋深应符合设计要求，接地可以是建筑物的金属结构（梁、柱）及设计规定的钢筋混凝土结构的内部钢筋，也可以是配电装置的金属外壳；

②接地装置的导体截面应符合热稳定和机械强度要求，圆钢直径不得小于 10 mm，扁钢厚度不得小于 4 mm，宽度不小于 25 mm；

③接地体的焊接应牢固并进行防腐处理，焊接应采用搭接焊，搭接长度应符合规范规定(圆钢为直径的 6 倍，扁钢为宽度的 2 倍)。

思　考　题

1. 城市道路工程开工前准备阶段的质量监理有哪些主要内容?
2. 市政工程填方用土质量监理要点是什么?
3. 给水管线施工质量监理有哪些要点?
4. 排水管道基础质量监理有哪些要点?
5. 城市防洪工程挖土方工程质量监理有哪些要点?
6. 河道疏浚工程质量监理有哪些要点?
7. 均质土堤（坝）填筑工程质量监理有哪些主要内容?
8. 城市绿化工程施工现场准备工作的监理有哪些要点?
9. 苗木的起苗与运输的监理有哪些要点?
10. 路灯控制系统的质量监理有哪些要点?

第六章　信息系统工程质量监理

第一节　信息系统工程质量监理概况

一、信息系统的界定、范围、分类与特点

（一）信息系统的界定

20世纪90年代后期，国家对信息化建设高度重视，提出了“以信息化带动工业化”的发展新思路，无论国家、地方和企业对信息系统建设的规模越来越大。

社会的各个领域在生产、服务、管理、生活的各个层次或各个方面应用各种信息技术，开发利用各种不同形式的信息资源，促进社会、经济、科技进步，提高人民生活质量的一个过程就是信息化。由于信息技术发展快，涵盖范围广，学科之间交叉与渗透综合复杂，因而，国家信息产业部在《信息系统工程监理暂行规定》第三条明确规定：“信息系统工程是指信息化工程建设中的信息网络系统、信息资源系统、信息应用系统的新建、升级、改造工程。”(见图6-1)。

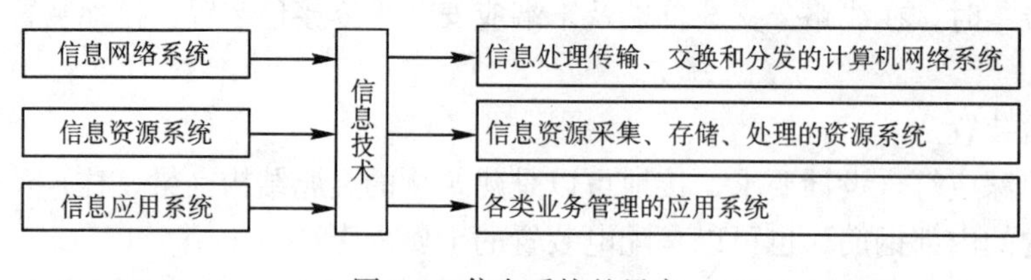

图6-1　信息系统的界定

（二）信息系统的范围

信息工程是以计算机技术和现代通信技术为支撑的信息化建设的基础工程和应用工程。其包含范围大致为：

1. 智能化建筑工程

（1）机房建设；

（2）安防系统；

（3）综合布线系统；

（4）网络监控系统。

2. 信息网络系统工程

（1）系统设计阶段；

（2）系统实施阶段；

（3）系统验收阶段；

（4）系统质保期阶段。

3. 信息资源系统工程

（1）信息资源采集；

(2) 信息资源储蓄；
(3) 信息资源处理。
4. 信息应用系统工程
(1) 电子政务工程；
(2) 商贸交通能源信息化工程；
(3) 教育卫生、文体信息化工程；
(4) 生活社区信息化工程。

(三) 信息工程项目的分类

1. 按部门和行业分类
(1) 商业信息化；
(2) 贸易信息化；
(3) 交通信息化；
(4) 能源信息化；
(5) 教育信息化；
(6) 卫生信息化；
(7) 文体信息化；
(8) 农业信息化；
(9) 党政机关信息化。
2. 按应用专业和技术属性分类
(1) 计算机集成工程；
(2) 大、中、小学校园网工程；
(3) 远程教学系统；
(4) 电子政务系统；
(5) 城市宽带网系统工程；
(6) 视频点播系统工程；
(7) 视频会议系统工程；
(8) 安全防范监控系统工程；
(9) 全球定位系统工程；
(10) 金关工程；
(11) 金卡工程；
(12) 金税工程；
(13) 路桥收费管理系统工程；
(14) 住宅信息管理系统工程；
(15) 智能化信息管理系统工程；
(16) 结构化布线系统工程。
3. 按信息工程项目的子系统分类
(1) 城区宽带网系统；
(2) 城市应急联动指挥调度系统；
(3) 全球定位系统；

(4) 数字通信网系统；

(5) 安全防范系统；

(6) 机房及电源保障系统。

(四) 信息系统工程的特点

(1) 行业新颖，人员年轻，处于高科技领域，对从业人员要求高。不仅要求具有丰富的实践经验和理论技术，同时还要求知识面广，通晓国家标准和行业规范。

(2) 科学技术含量高，是知识密集型的产业；新技术、新产品、新工艺不断涌现，层出不穷，更新换代极快。

(3) 工程类型广泛、涉及面广、覆盖国民经济各行各业，各种科学技术领域综合交叉。

(4) 建设单位对新技术要求高，用户需求不断更新。

(5) 信息工程覆盖面广，技术发展快，不确定因素多，工程风险大。

二、信息系统工程监理的现状

我国开展信息化建设以来，已走过十多年的历程，取得了很多成绩。但在信息系统工程建设中的进度、投资和质量控制方面，还存在不少问题。

(一) 目前习惯做法

目前，我国信息建设业主单位基本可划分为两类：一类是信息产业部门，一类是信息系统应用部门。在信息系统工程建设过程中，习惯采用的方法是：一部分业主单位具有一定的信息技术实力，可以根据需要进行规划、设计、建设和运营；一部分业主对将要建设的信息系统工程需求不甚清楚，过分强调依赖自身力量选定方案，未经严格的设计和实施过程中必要的监理，使建成的系统在实用性、可靠性、安全性、可维护性及可扩展性等方面存在问题和隐患，影响使用和运营，造成浪费。

项目建设时，常常在开始实施前组成专家委员会，做立项咨询或项目评估；完工后请专家做测试验收和评审。

(二) 存在的缺陷

尽管大部分信息系统建设单位在项目实施前后都开专家论证会，在一定程度上弥补了建设单位技术力量的不足，但仍存在以下缺陷：

(1) 专家委员会是临时组织，大部分外聘专家是兼职，不可能投入大量的时间和精力做项目的立项与实施准备工作。

(2) 专家委员会对建设业主的服务是不连贯的，不能做到全过程的跟踪和服务。

(3) 专家委员会不承担经济责任，不受法律约束，不能分担建设业主在项目上的风险。

(4) 从根本上改变不了建设项目长期存在的“只有一次教训，没有二次经验”的问题。

另外，在信息系统工程建设过程中，还存在良莠混杂、恶意竞争、道德淡薄、粗制滥造、合同不全和互相扯皮等问题。随着信息系统工程的投入增加、建设规模与建设数量加大和对信息化项目建设管理水平要求的提高，需要引入第三方监理机制，对整个项目建设实施监督管理，分清各方责任义务，提高信息化建设的投资效应和社会效益。

三、信息系统工程监理的必要性

在信息系统工程项目的建设过程中，引入信息系统工程监理机制十分必要，主要体现在：

1. 是市场经济发展的需要

随着信息化建设项目越来越多，只靠政府主管部门的监督管理是远远不够的。需要信息系统工程监理方运用科学手段和规范管理，提高工程建设水平。

2. 是业主单位的需要

由于业主单位很少具备既有信息工程管理经验，又懂专业技术和系统方法，并熟悉经济、法律的相关内容的人员，因而需要由信息系统监理方弥补业主在信息技术力量、项目管理水平和经验方面以及资料支持和精力方面的不足，开展卓有成效的工作。

3. 是信息系统工程本身的需要

由于信息系统工程建设过程中，涉及众多业主单位与集成商、设备供应商之间，集成商与各分包商之间存在大量合同关系、协作配合关系，需要信息系统工程监理单位监督指导各方严格履行合同，督促相关各方加强技术沟通和相互配合。客观公正地处理工程各方在技术、合同方面的争议，维护其应有的合法权益，促进工程建设顺利进行。

4. 是信息系统工程廉政建设的需要

信息系统工程在市场环境下运作不可避免地会出现一些腐败现象，由信息系统工程监理单位作为第三方介入，可以对工程建设的投资、质量、进度等方面进行严格控制，配合政府主管部门进行监督管理，防止和减少各类腐败现象发生。

5. 是与国际接轨、开拓国际市场的需要

推行信息系统工程建设监理制度，有利于保护外商在中国的投资利益，有利于国内有实力的计算机系统集成商熟悉国际通行的做法，还有利于企业和国内信息系统工程建设监理单位开拓国际市场。

四、信息系统工程监理概念

信息系统工程监理是针对信息系统工程项目，由专业化的信息系统工程监理单位接受业主单位的委托和授权，根据国家批准的信息系统工程建设法律、法规和信息工程建设监理合同以及其他工程建设合同，综合运用技术、经济、行政、法律等手段，对信息系统工程参与者的行为进行监控、督导和评价，确保建设行为的合法性、科学性、合理性和经济性，最终更好地实现项目建设的质量、进度、投资目标。

国家信息产业部［2002］570号文中明确规定：信息系统工程监理是依法设立且具备相应资质的信息系统工程监理单位，受业主委托，依据国家有关法律法规、技术标准和信息系统工程监理合同，对信息系统工程项目实施监督管理。

五、信息系统工程监理的模型

模型中的几大方块分别对应整个信息系统工程监理的主要组成要素。其中最基本的是第一个方块——监理的支撑要素，它又可以分成三个层次：从作为基础的监理依据的法律法规和标准；监理组织、人员、设施以及以质量管理体系为代表的支持监理工作的软环境；到最接近具体任务的合同、监理规划及实施细则。第二方块是监理内容，即“五控制、二管理与一协调”。第三个方块是监理的对象，即各种不同的信息系统工程，选择几个具有典型意义的。第四个方块是监理阶段，即在信息系统工程的整个生命周期中监理工作发挥作用的几个阶段，是贯穿在监理内容与不同的监理对象中加以体现的（见图6-2）。

六、信息系统工程监理的意义

（1）有利于社会主义市场经济条件下投资者对信息工程技术服务的社会需求。

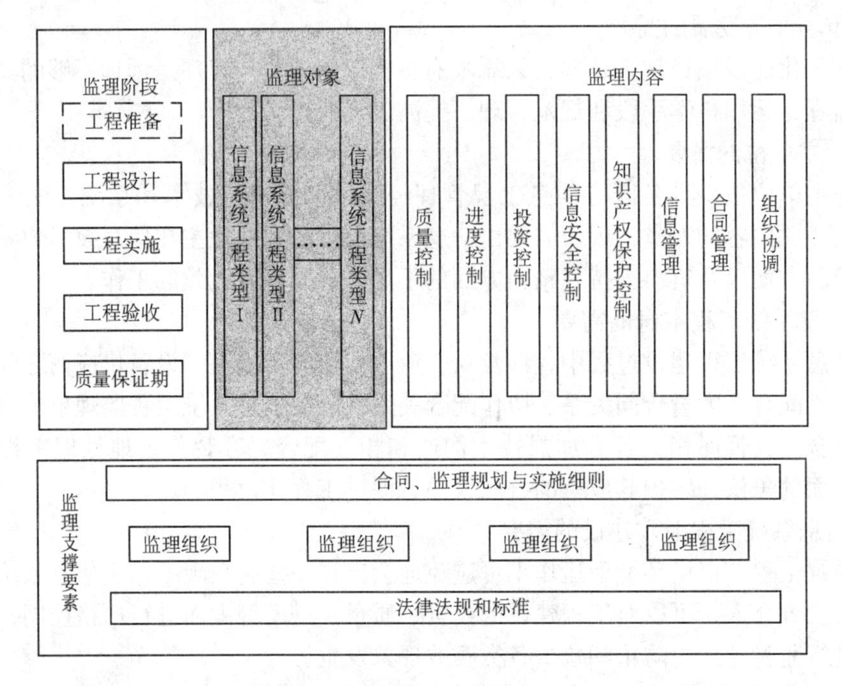

图 6-2 信息系统工程监理模型

(2) 有利于实现政府在信息工程建设中的职能转变，是在信息工程建设领域加强法制和经济管理的重要措施。

(3) 有利于培育、发展和完善我国信息系统工程建设市场，使之形成一个有机整体。

(4) 大力推行信息系统监理，有利于提高信息工程质量，有利于保障工期，有利于控制投资，有利于增进效益，有利于促进我国信息化建设的健康发展。

第二节 信息系统工程质量监理的依据、内容和基本方法

一、信息系统工程质量监理的依据

信息系统工程监理是严格地按照有关法律、法规和其他有关准则实施的。信息系统工程监理的依据是国家批准的信息系统工程项目建设文件、有关信息系统工程建设的法律和法规、信息系统工程建设监理合同和其他工程建设合同等。

(一) 国家有关法律法规

信息系统工程项目的实施每个阶段都要确定实施单位，实施单位的确定必须遵循国家规定的《工程建设施工招标投标管理办法》、《中华人民共和国政府采购法》、《国家基本建设大中型项目实行招标的暂行规定》、《合同法》。信息系统工程建设还必须遵循《中华人民共和国计算机信息安全保护条例》、《关于加强政府上网信息保密管理通知》、《中华人民共和国保守国家秘密法》等。

(二) 有关信息技术标准

1) 综合布线标准

information technology – Gnericcabling for customer premises 1995, ISO/IEC 11801;《中华人民共和国通信行业标准》, YD/T926.1—1997;

大楼通信综合布线系统，GB/T 50312—2000；

2）防范技术标准

《安全技术防范工程程序与要求》，GA/T57—94；

《视频安防监视技术要求》，GA/T 367—2001；

《银行营业场所安全防范》；

《安全防范系统验收规则》，GA308—2001。

3）信息系统工程保密技术标准

保密技术要求，BME1—2000；

安全保密设计指标，BME2—2001 等。

（三）工程建设合同

信息系统工程建设监理合同以及其他相关工程建设合同是信息系统工程建设监理的最直接的依据。

（四）有关政策文件

二、信息系统工程质量监理的任务

（一）信息系统工程监理的基本任务

信息系统工程建设监理工作千头万绪，但归结起来其基本任务就是对信息系统工程项目进行五大控制、两管理、一协调，保障工程项目按预期目标完成。五大控制就是指质量控制、进度控制、投资控制、信息安全控制及知识产权保护控制；两管理是指信息管理和合同管理；一协调是指协调多方面关系。

(1) 质量控制（quality control）：主要是通过对工程集成商资质的核查、软硬件设备质量的控制、项目设计阶段的设计方案的审核、施工阶段的质量监控、工程质量事故的处理、工程质量评定和测试等进行控制。

(2) 进度控制（time control）：主要是通过项目管理的一系列方法，对项目各个阶段进度计划进行审核，使施工阶段的工程进度按照预定的计划进行。

(3) 投资控制（cost control）：主要通过核实设备价格、审查决策阶段投资概算、审查工程设计阶段投资预算、招标阶段投资控制、施工阶段工程计量与付款控制、验收阶段审核等进行控制。

(4) 信息安全控制（security control）：主要通过对信息系统的设计方案的审核，对实施过程中信息安全方面的监控，来确保信息系统工程符合建设单位的信息安全，同时，也要符合国家相关的信息安全规范。

(5) 知识产权保护控制（intellectual property protection）：此部分的控制是贯穿整个信息系统工程全过程的控制。监理工程师应按照国家有关知识产权保护的规定严格要求信息系统工程承建方遵守法规。

(6) 合同管理：协助业主招标和拟定工程合同，在施工阶段监督集成商执行合同的情况，督促合同双方履行合同规定的义务，调解合同纠纷以及管理合同违约索赔。

(7) 信息管理：管理监理过程中发生的合同、文档以及工程资料。

(8) 协调多方面关系：协调业主、集成商、招标公司以及外部供应商等多方面的工作关系。

（二）信息系统工程监理的中心任务

信息系统工程监理的中心任务就是控制工程项目目标，也就是控制经过科学规划所确定的工程项目投资、进度和质量目标。这三大目标是相互关联、互相制约的目标系统。

三、信息系统工程质量监理的基本方法

信息系统工程监理已形成一个完整的方法体系，这就是目标规划、动态控制、组织协调、信息管理、合同管理。（内容参见上册有关章节）

第三节　信息系统工程质量监理工作程序和内容

信息系统工程监理的特点是全过程监理，主要包括四个阶段的监理工作：工程建设决策及招投标阶段、工程建设设计阶段、工程建设施工阶段、工程建设竣工验收阶段。监理的目标、方法和程序都体现在这四个阶段的监理工作中。

一、信息系统工程建设决策及招投标阶段监理工作程序和内容

与一般的建设工程不同，信息系统工程建设一般由同一个单位完成工程的设计和建设(集成)。但在招标之前，业主必须对其拟建的工程有一个思路，并根据这个思路提出书面设计方案。根据我国信息化建设的实际，有的业主单位有一定的信息系统建设概念，能够提出自己对信息化建设的要求；但也有些单位往往表达不清系统希望达到什么目的，这就需要建设前期的咨询服务，监理机构可以首先协助建设单位做一些咨询性质的工作，并帮助建设单位完成招投标阶段的工作。

（一）决策及招投标阶段监理质量控制工作内容

(1) 监理单位应分析业主与承建单位签订的项目开发合同，并将其转换为技术要求，以协助业主单位提出完整的各项业务需求。

(2) 协助参与编制招标书，对招标书中的技术和质量要求提出建议，以使招标书的内容准确表达业主单位的需求。

(3) 协助业主制定招投标工作程序，并为业主提供良好的法律保证。

(4) 协助业主成立招标小组，并协助业主向招投标管理机构提出招标申请。

(5) 协助业主编制招标文件，对工程所涉及主要产品及附件的功能、性能指标提出建议，并在招标书中明确规定；对工程验收的基本要求提出建议，并在招标书中明确规定。

(6) 协助业主制定评标、定标办法并向主管部门报批。

(7) 协助业主发布招标公告或招标邀请函。

(8) 协助业主做好投标资格预审条件的审查。

(9) 协助业主做好招标文件答疑工作。

(10) 协助业主建立评标小组。

(11) 协助业主召开开标会议，审查投标标书。

(12) 协助业主参与和监督评标、定标的全过程。

(13) 协助业主发出中标通知书和中标结果通知书。

(14) 协助业主做好中标设计方案的优化和审查工作。

(15) 协助业主审查中标方的设备采购清单。

(16) 协助业主做好承包合同的审查和协议条款的谈判工作。

(17) 协助建设单位与中标单位商签工程承包合同。

（二）项目决策及招投标阶段监理进度控制工作内容

（1）监理单位应参与业主单位招标前的准备工作，协助业主单位编制本项目的工作计划，工作计划应包含项目主要内容、组织管理、项目实施阶段划分和项目实施进程等内容；

（2）监理单位应分析业主单位项目的内容及项目周期，并提出合理安排工程进度的建议；

（3）监理单位应对合同中提供的产品和服务的供应周期做出说明，并建议业主单位做出合理安排；

（4）监理单位应对集成商的工程实施计划及其保障措施提出建议，并在招标书中明确规定；

（5）监理单位协助评标时，应对投标单位标书中项目安排及进度控制措施进行审查，提出监理意见。

（三）项目决策及招投标阶段监理投资控制工作内容

（1）监理单位应指导业主单位对工程的目标、范围和功能进行界定，协助确定所需产品和服务的预算；

（2）监理单位应建议业主单位在招标书中对项目目标、范围、内容和产品及服务的技术要求做出明确规定；

（3）监理单位协助评标时，应对投标书所提供的内容进行审核，评估其与招标书的符合性、一致性和合理性，对可能的投资变化提出监理意见。

二、信息系统工程建设设计阶段监理工作程序

在设计阶段，通过设计将建设单位的基本要求具体化，同时从各方面衡量其需求的可行性，并经过设计过程的反复协调，使建设单位的需求变得科学、合理，从而为实现信息系统工程项目确立信心。

由于设计阶段是确立信息系统工程价值的主要阶段，而设计质量对项目总体质量有着决定性的影响，同时设计阶段是影响投资大小的关键阶段，所以设计阶段监理是保证信息系统工程建设顺利完成的基础。

（一）设计阶段监理工作程序

见图 6-3。

（二）设计阶段监理的质量控制工作内容

（1）结合信息系统工程项目特点，收集设计所需的技术经济资料；

（2）编写设计要求文件；

（3）组织信息系统工程设计方案竞赛或设计招标，协助业主选择好工程设计单位；

（4）拟定和商谈设计委托合同内容；

（5）向设计单位提供设计所需基础资料；

（6）分阶段动态监控设计过程，保证设计深度达到施工图纸阶段要求；

（7）协助业主督促设计单位开展多方案比选和优化工作，并对设计方案提出优化意见；

（8）配合设计进度，组织设计单位与有关部门和各设计单位之间的协调工作；

（9）对结构体系、设备系统、主要设备、材料的选定提出审查意见；

（10）配合设计单位开展技术经济分析，进行系统优化设计，并向业主提交技术分析报告；

（11）核查设计文件是否贯彻和满足了方案审查中提出的修改要求；

（12）核查设计深度和控制设计进度以及设计方采取的有关质量、进度的保证措施，并

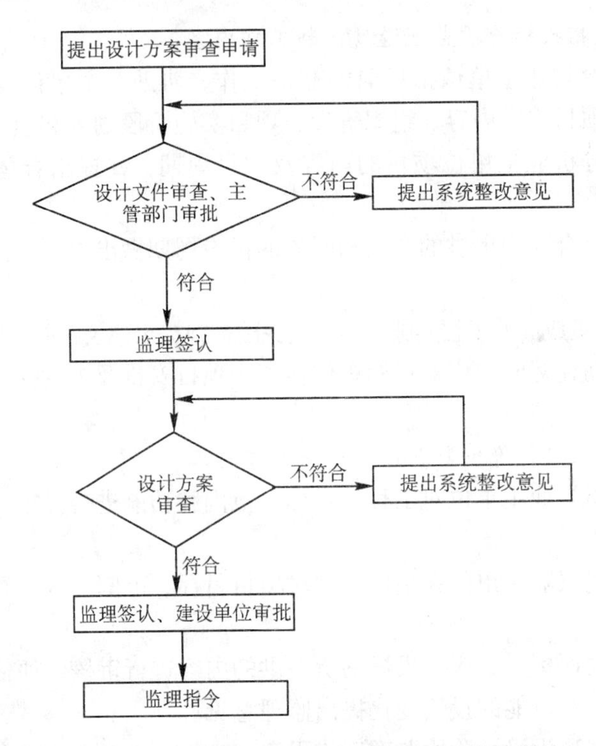

图 6-3 信息系统工程设计阶段监理工作程序

进行跟踪检查，及时向业主报告有关情况；

（13）核查设计所使用的依据文件、规范、标准和工程资料的有效性；

（14）核查施工图设计是否已贯彻和满足前期设计审查提出的有关要求；

（15）核查施工图设计的深度是否符合设计深度标准的有关要求及设计合同的有关要求，并据此进行验收工作；

（16）督促设计方按政府有关管理部门提出的审查意见完善设计；

（17）组织设计文件的报批。

（三）设计阶段监理进度控制工作内容

为保证本工程建设进度目标，必须做好开工前期的各项准备工作，有效实施施工图设计阶段的各项监理工作，并将施工图设计进度与前期各项开工准备工作有机地结合衔接。为此，必须有效实施以下三方面工作：

（1）初步设计完成与审批工作，满足消防、人防、市政等各项工作的报批与审查要求；

（2）完成初步设计所确定项目的施工图设计，并满足施工要求和相关环保、市政、热力、给排水等公用设施的要求；

（3）协助业主准备施工招标文件和施工招投标工作，确定承包单位。

设计监理进度控制工作的第一工作目标，就是保证施工图设计的各节点进度严格按照设计进度计划实施，最终是要满足项目施工要求。业主与设计单位签订设计合同，须制定详细的进度计划、提供可靠的设计资源保证。设计阶段进度控制的关键工作为：

（1）协助业主备齐完整、有效的满足设计需求的相关基础资料；

（2）确认统一的设计标准和设计原则；

（3）主要材料、设备的选型及价格性能比；

(4) 分阶段各专业的综合汇审；

(5) 施工图纸的审核与确认，具体工作流程为：

①要求设计单位及时提交设计阶段的工作计划，依据合同对项目进展情况进行审核，审核意见提交业主单位；②组织监理工程师评审设计单位的项目计划，审核其各阶段工作内容的可行性及其进度的合理性，审核各阶段是否有工作成果的判定依据及其可操作性，对于不合理的内容，监督其进行整改；③根据设计单位项目计划确定阶段性进度监督、控制的措施及方法；④审查设计单位项目计划中进度纠偏措施的合理性、可行性，提出审核意见；⑤根据设计合同和进度计划，检查和控制设计进度，督促设计单位按总体设计进度计划提交设计成果文件。

(四) 设计阶段监理投资控制工作内容(参考上册有关章节)

(五) 设计阶段监理信息安全控制工作内容

(1) 在设计监理阶段对信息系统安全控制主要是对设计文档进行监督管理，确保整个信息系统安全工程满足业主的信息安全需求，保证整个信息安全工程符合国家相关法律法规的规定。

(2) 督促设计单位按照国家及各省、市、区有关信息安全要求，开展方案安全设计，确保设计中的安全需求真实准确地反映业主信息安全的需求，切实降低信息系统的安全风险。

(3) 确认安全方案是否符合国家有关标准和规定。

(4) 协助业主优选安全方案。

(5) 对设计技术文档严格管理，对文档的准确性、真实性进行严格检查，保证文档的详细程度、文档的格式和构成符合有关规定要求。

(六) 设计阶段监理知识产权控制工作内容

信息系统工程中在系统方案、需求方案、软件等方面涉及很多的知识产权问题，在设计监理阶段，监理要及时提醒业主和设计方对设计文档或设计过程中的有关知识产权保护事项加以特别关注，对采购软件的使用权合法性进行监控，维护各方利益。

(七) 设计阶段监理合同和信息的管理及组织协调工作内容(参考上册有关章节)

三、信息系统工程建设施工阶段监理工作程序

信息系统工程实施有资金投放量大、项目建设持续时间长、变动大、涉及单位多、暴露的问题多、合同双方利益冲突多等特点，所以信息系统工程实施阶段监理的主要任务是根据实施阶段的目标规划和计划，通过动态控制、组织协调、合同管理，在安全和知识产权保护符合涉及单位需求和国家相关法律、法规、规范和标准的前提下，使项目的工程质量、施工进度和投资符合预定的目标要求。

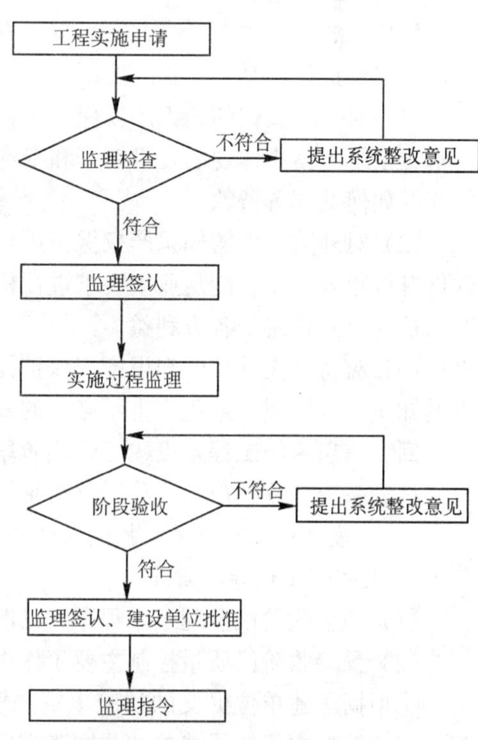

图 6-4　信息系统工程施工阶段监理工作程序

（一）施工阶段监理工作程序（见图 6-4）

（二）施工阶段质量控制监理的主要工作内容（参考上册有关章节）

（三）施工阶段进度控制监理的工作内容重点（参考上册有关章节）

（四）施工阶段投资控制监理的主要工作内容（参考上册有关章节）

（五）施工阶段信息安全控制监理主要工作内容

信息系统安全控制主要是在工程实施过程中对质量、进度、成本进行控制，并对工程文档进行管理，确保整个信息系统安全工程满足建设单位的信息安全需求，保证整个信息安全工程符合国家相关法律法规的规定。

(1) 明确设计要求，协助业主选择合格的供货单位，检验供货厂商所提供的产品和供货资质证明材料的合法性。

(2) 对到货产品进行检验，确保到货设备与厂商所提供的产品资质和供货资质一致，并督促业主及时进行必要的检验。

(3) 对施工方及施工人员的资质、资格进行严格审查，督促施工方严格按国家有关规范规程的要求施工，并达到设计要求。

(4) 对工程技术文档严格管理，对文档的准确性、真实性进行严格检查，保证文档的详细程度、格式和构成符合有关规定要求。

(5) 在信息系统安全建设的验收阶段，审核施工单位提交的信息系统安全工程验收大纲，检查安全设备的安装配置是否达到实施方案中的技术指标和性能，审查安全性能的测试结果，并检查各种技术文档是否齐全。

（六）施工阶段知识产权保护控制监理的主要工作内容

信息系统工程中在系统方案、需求方案、软件等方面涉及很多的知识产权问题，监理对知识产权保护控制是全过程的控制。

(1) 对工程文档的知识产权保护进行控制，对业主在需求方案中体现的管理技术核心和秘密、系统方案中体现的技术精华和专利，协助业主在甲乙双方合同中明确知识产权及其相关资源如何共享等条款。

(2) 对外购软件的知识产权保护进行控制，对采购软件的版本、用户数、许可证书数、软件升级年限等是否满足业主要求进行检查，并检查非自主产权软件的使用权合法文件和证明，从而有效地维护各方利益。

(3) 对待开发软件的知识产权保护控制，及时提醒业主在与开发商的合同中明确约定双方的知识产权归属，避免产生不必要的知识产权纠纷。

四、信息系统工程建设竣工验收阶段监理工作程序

信息系统工程建设验收阶段分为系统预验收和系统竣工验收两个阶段。

（一）竣工验收阶段质量控制监理的主要工作内容

1. 工程竣工预验收阶段

(1) 预验收阶段监理工作程序，见图 6-5。

(2) 预验收阶段质量控制主要工作内容：

①根据承建单位提交的初验申请和资料，确认是否具备预验收条件，提出监理初验意见；②协助业主组织承建单位共同确定验收阶段的工作计划，明确验收目标、各方责任、验收内容、验收标准、验收方式和验收结果等内容；③协助业主监督承建单位进行初验测试，

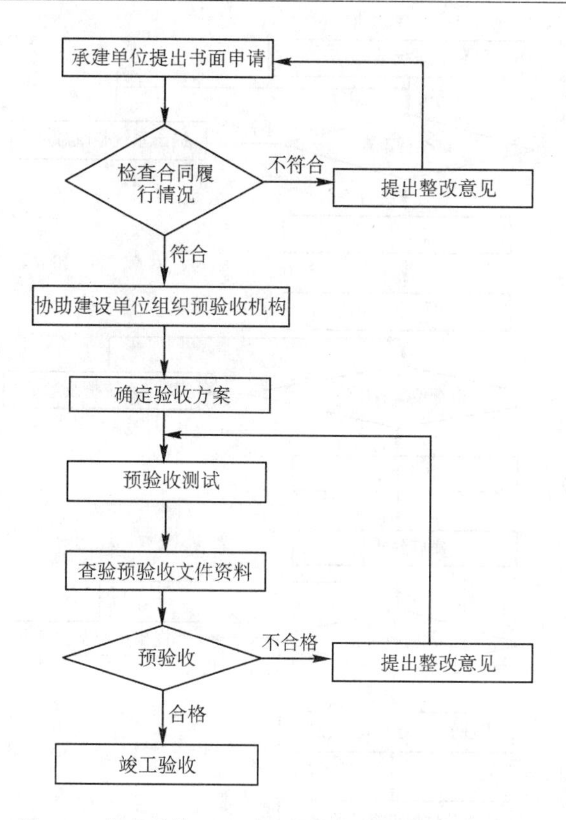

图 6-5　信息系统工程竣工预验收阶段监理工作程序

并记录验收过程及结果；④对初验中发现的质量问题进行评估，根据质量问题的性质和影响范围确定整改要求和整改后的验收方式；⑤督促承建单位根据整改要求重新提交整改方案，并监督整改过程，整改符合要求后，重新组织预验收；⑥协助业主组织承建单位对初验结果进行确认，共同签署初验合格报告；⑦有计划地监督系统的试运行，督促承建单位解决出现的质量问题，过程和问题应予以纪录。

2. 工程竣工验收阶段

（1）工程竣工验收阶段监理工作程序，见图 6-6。

（2）工程竣工验收阶段质量控制监理的主要工作内容。

①信息系统通过试运行阶段，如无重大质量问题，由工程承包单位申请、经总监理工程师审核、报请建设单位进行工程最终验收；②协助业主借鉴初验的方法组织工程竣工验收；督促并协助业主制定有效的控制措施和竣工验收计划，编制验收大纲；③分阶段、分步骤地协助业主组织系统验收，协助业主组织第三方测试或行业主管部门验收；④督促承建单位完成工程资料的整理和汇编工作，审核系统竣工资料的准确性、一致性、完整性，为业主建立系统的工程档案；⑤督促承包商为业主建立详细的网络档案，一旦出现问题，业主可以迅速检索与定位；⑥总监理工程师组织、各专业监理工程师参与编写监理工作总结；⑦向建设单位提交监理文档；⑧监理文件存档。

（3）工程竣工验收阶段进度控制监理的主要工作内容。

①监理单位应对验收阶段进度安排提出监理意见；②监理单位应审核承建单位工程整改计划的可行性，控制整改进度；③监理单位应要求业主单位、承建单位以初验合格报告作为

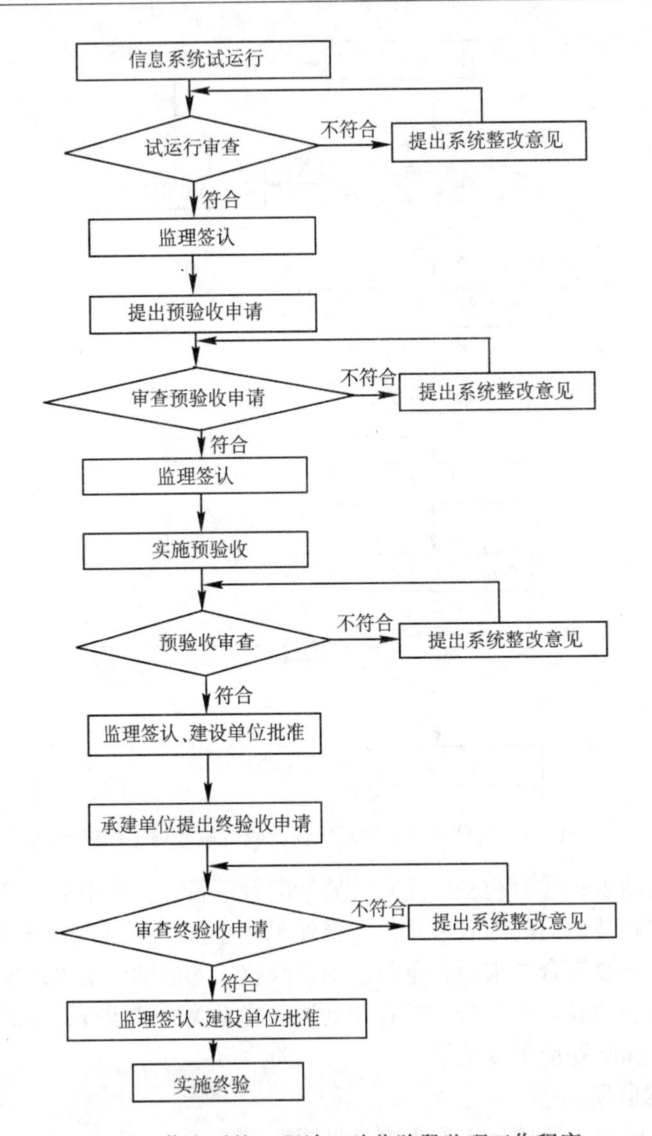

图 6-6 信息系统工程竣工验收阶段监理工作程序

启动试运行的依据，以终验合格报告作为工程验收结束的依据。

(4) 工程竣工验收阶段投资控制监理的主要工作内容。

①总监理工程师审核承建单位提交的阶段性付款申请，根据合同规定的付款条件，签署付款意见；②依据工程合同、设备材料采购合同、工程变更等资料，协助完成工程结算审核工作。

第四节 信息系统工程质量监理实务项目

一、计算机机房工程建设监理

随着机算计网络迅速普及和信息技术的广泛应用，任何再小的企业都有计算机网络系统。如何更高效、安全地管理服务器和网络设备，做好计算机机房的建设，为计算机网络系统提供一个安全、可靠的运行环境，已成为信息工程的一项重要建设内容。

在各类计算机机房中，机房环境必须满足计算机设备对温度、湿度和空气清洁度的要求，供电电源的质量（电压、频率和稳定性等）、接地地线、电磁场和振动等需符合有关技术要求，并且要求照度、空气的新鲜度和流动速度、噪声的要求。同时，对机房的消防、安全保密也有较高要求。机房建设要满足《中华人民共和国国家标准电子计算机机房设计规范》及国家其他有关规范的要求。

（一）机房工程建设的内容

（1）机房装修系统。

（2）机房布线系统（包括网络布线、电话布线等）。

（3）机房屏蔽、防静电系统。

（4）机房防雷接地系统。

（5）机房安全防范系统。

（6）机房专业空调通风系统。

（7）机房网络设备放置设施。

（8）机房照明及应急照明系统。

（9）机房 UPS 配电系统。

（二）机房工程设计

1. 设计原则

（1）实用性和先进性：计算机网络系统，采用先进的技术和较先进的设施，为保证其运行良好，机房的建设应采用先进成熟的技术和设备。不但要满足当前的需求，又要兼顾未来的业务发展需要。

（2）安全可靠性和可管理性：计算机网络运行要求高可靠性，不能出现单点故障，即在机房的建设中，结构设计、布局，设备选型等方面应有较高的可靠性。关键设备、硬件采用备份、冗余等技术，并且采用相关的软件技术提供较强的控制管理和参考以及对事故全保密监控技术，从而提高机房的安全可靠性。同时，因采用了集中管理监控，就可以迅速确定故障，提高运行的可靠性，简化机房管理人员的维护工作。

（3）标准化：机房系统设计，应基于国际、国内的相关标准，各分系统也应符合相应的标准。使得机房系统在统一设计、规范管理下有序进行，这样才能满足未来的业务发展和设备增容。

（4）经济性/投资保护：应以较高的性能价格比建造机房，建造中要考虑其灵活性与可扩展性，能适合计算机网络发展的需求，使资金的投入－产出比达到最大值。

2. 机房的选址

（1）应选择独立的建筑物来建立机房，可避免周围建筑发生火灾或其他紧急情况时，不会受到影响。同时，也提高了机房的安全性、阻止入侵者非法进入。

（2）建筑要牢固，楼板承重、楼层净高符合使用要求。

（3）机房要有扩展空间。

（4）机房周围避免强电磁干扰源，建筑物本身及周围应该没有强污染源、强放射源、火灾易发点等。

（5）有良好通信条件，便于各类主干网的接入。

（6）足够的电力容量和用电安全，在一定情况下，考虑设置提供满足技术要求的发电机房及油库。

（三）计算机机房监理依据（技术规范、标准）

(1)《计算机场地安全要求》(GB 9361—1988)；

(2)《计算机场地技术条件》(GB 2887—1989)；

(3)《信息设备（包括电气事务设备）的安全（IEC950)》(GB 4943—1995)；

(4)《信息技术设备的无线电干扰限值和测量方法》(GB 9254—1998)；

(5)《电子计算机房设计规范》(GB 50714—1993)；

(6)《火灾自动报警系统设计规范》(GB 50116—98)；

(7)《建筑物防雷设计规范》(GB 50057—94)；

(8)《低压配电设计规范》(GB 50054—95)；

(9)《环境电磁卫生标准》(GB 9175—88)；

(10)《电磁辐射防护规定》(GB 8702—88)；

……

（四）机房工程监理的范畴

(1) 机房建筑工程：吊顶、墙面、防静电地板、机房隔断及门窗等。

(2) 电气工程：布线、供配电、照明、UPS供电、接地系统等。

(3) 空调新风系统：空调系统、空调漏水监测系统、排风系统、新风系统。

(4) 消防报警及自动灭火系统：消防灭火系统及火灾自动报警系统。

(5) 安全防范系统（门禁系统、保安监控报警系统）。

(6) 网络及电话布线系统。

（五）机房建设监理要点

1．施工前阶段的监理要点

(1) 审查承建方的营业执照、企业资质等级证书、专业许可证、岗位证书。

(2) 设计图纸会审，督促做好施工前的机房图纸设计交底。

(3) 监督承建方做好施工组织设计交底，让每一位施工员了解各自工作的具体要求。

(4) 监理方认真做好审核施工组织设计，掌握具体施工方案、质量保证措施、工程进度安排等，确保工程进度和质量。

2．施工阶段的监理要点

(1) 设备、器材进场的质量监控。

材质证明资料齐全（生产厂家的生产许可证；产品合格证；电器设备有CCEE认证书；检验报告（带有CMA标志)；并查看是否在有效期内；消防产品均应提供“消防产品检验报告”等由国家消防产品质量监督检验中心等国家指定检测部门颁发的产品认证书。

各项资料是否符合国家标准要求。

(2) 机房环境条件的监理。

供电系统及安全（地接、照明、UPS)。

控制温湿条件（21±3℃，45%～60%)。

防火、防尘、防噪（尘埃低于0.5 μm，噪音小于70 dB)。

(3) 应有烟火自动报警系统。

内配手动或自动灭火设备；出入口保持畅通，不可放置杂物；应有紧急照明设备和紧急出口；墙壁采用防火材料；有防盗保安监控系统。

3. 机房工程的验收阶段监理要点

机房工程验收阶段的监理主要包括对工程各系统的质量验收以及相关文档资料的检查验收。主要包括：

(1) 机房电气工程验收；

(2) 机房接地系统及消防系统验收；

(3) 机房装饰工程验收；

(4) 机房安防系统验收；

(5) 机房布线系统验收。

二、计算机网络系统工程建设监理

计算机网络系统工程包括综合布线系统、网络系统及计算机系统，这是信息工程的基础设施。

(一) 综合布线系统

综合布线系统应支持语音、数据传输和图像、影视应用等综合型的应用。由于综合布线系统主要应用了标准化和模块化的接插件，垂直、水平方向的线路布置就有很大的灵活性，只需改变接线间的跳线，调整网络设备，增加接线模块，就可能满足用户对此系统的扩展需要。

布线系统的方案在考虑到网络的宽带、传输速率及传输数据、保密性等问题时，也提出了对电缆的选择，如选择屏蔽还是非屏蔽的电缆，3 类、5 类、还是 6 类线缆，光缆还是实缆等。

1. 布线系统组成

布线系统通常由 6 个子系统组成，即工作区子系统、水平布线子系统、垂直布线子系统、设备间子系统、管理子系统和楼宇（建筑群）接入子系统。

2. 布线系统基本特性

(1) 支持语音和数据高速传输。

(2) 支持所有语音图像、影视、视频会议和数据传输应用。

(3) 便于维护、管理。

(4) 能支持各厂家的设备和特殊性的传输。

3. 布线系统工程监理要点

(1) 对施工环境的检查。

(2) 对材料进场重点检查，控制质量。

(3) 设备安装。

(4) 配线部件安装。

①各部件应完整、安装就位、标志齐全；②安装螺丝必须拧紧，面板应保持在一个面上；③机柜与配线架等设备连接是否可靠、牢固；④跳线制作是否规范，配线面板的布线是否合理、整洁。

(5) 信息模块安装。

①安装位置一般距离地面 30 cm 以上。应固定在接线盒内，插座面板采用直立和水平等形式；接线盒盖可开启，应有防水、防尘、抗压力功能，接线盒盖面应与地面齐平且规范；② 标志应齐全。

（6）双绞线电缆及光缆安装。

4. 布线工程的验收

（1）设备与材料应符合设计与规范要求。

（2）设备试验、调试和试运行应符合规范要求。

（3）系统安装完毕后，进行各子系统的质量验收，监督完善各项手续、资料并按设计规定项目要求进行系统试验、调试、做好运行记录。试验、调试单位由经建设和监理方认可的第三方进行。

5. 布线工程的测试

（1）测试内容。

①工作间到设备间的连通状况；②主干线连通状况；③跳线测试；④信息传输速率、衰减、距离、接线图、近端串扰等。

（2）测试的步骤。

①布线施工人员随装随测，此时只测电缆的通断；②布线施工完毕，施工单位根据国际标准进行自试，对所有性能测试最后要出具每一条线路的测试报告。在测试报告中应包括应用福禄克公司 DSP 100/2000/4000 进行测试；③施工完毕，承建方报监理方验收，监理方对工程进行抽样测试，电缆系统抽测的比例通常为 10%～20%。

6. 双绞线及光纤的测试标准

（1）光纤连接损耗，见表 6-2。

表 6-2 光纤连接损耗

连接类别	光纤连接指数（dB）			
	多 模		单 模	
	平 均	最大值	平均值	最大值
熔 接	0.15	0.3	0.15	0.3

（2）光纤的测试标准，见表 6-3 。

表 6-3 光纤的测试标准

衰减系统	衰减系数	衰减系统	衰减系数
850 多模	3.75 dB/km	1 550 单模室外	0.5 dB/km
1 300 多模	1.5 dB/km	1 310 单模室内	1.0 dB/km
1 310 单模室外	0.5 dB/km	1 550 单模室内	1.0 dB/km

光缆衰减（dB）＝衰减系数（dB/km）×长度（km）

接头衰减（dB）＝接头个数×接头损耗（dB）

熔接衰减（dB）＝熔接个数×熔接损耗（dB）

（二）网络系统

计算机网络可分为局域网、城域网、广域网和因特网。距离越长、速率越低。

（1）局域网距离最短，传输速率最高。局域网分布范围一般在 2 km 以内，最大距离不超过 10 km，局域网主要用来构建一个部门单位的内部网路，如办公网络、企业网络、校园网络等。

（2）城域网覆盖范围为几千米至几十千米，传输速率为 2 Mb/s 至数 Gb/s，城域网可满足机关、公司等与社会服务机构计算机联网需求。

广域网覆盖范围很大，几个城市、一个国家或几个国家。

因特网是一个超大型的广域网。

1. 网络技术

1）局域网

①令牌环网；②以太网：10 Base－T；100 Base－T；1 000 Base－T（1 000 Base－T、1 000 Base LX、1 000 Base SX、1 000 Base CX）

2）广域网技术

①X.25分组交换网；②DDN数字数据网；③FR帧中继；④XDSL数字用户线路；⑤ATM异步传送。

2. 计算机网络系统和安全保密工程监理内容

1）方案论证、分析

①查实业主现有的计算机系统情况；②查实业主项目建设书、网络系统的规划；③审核方案的总体设计满足业主要求；④审核总体设计方案符合实用性、可靠性、先进性、可扩展性、开放性、安全性、科学性原则；⑤设备选型合理性。

2）招投标及合同签订阶段

①招投标书中的技术方案满足业主需要，方案可行、先进、实用；②设备型号、规格和性能满足方案中要求；③审查投标方具有招标书提出的资格；④投标方的投标产品有原厂家的质量承诺材料和授权经销证明；⑤服务条款符合业主需要；⑥合同是否符合《合同法》。

3）工程实施阶段

①施工组织、施工交底；②设备到货验收；外包装、品牌、规格型名、随机资料、合格证、产品商检单；③各个设备加电进行初步测试；各个设备功能、性能测试；调试方案审验和实施及质量监督；④检查系统符合国家保密局的规定；⑤系统运行时参数质量分析；⑥系统初验及试运行；⑦系统终验；⑧系统文档验收；系统的维护和维修的规范。

三、电子政务工程建设监理

电子政务工程是指国家机关在政务活动中，用现代化信息技术进行公共行政管理，达到精简机构，提高政府工作质量和效率，为社会提供优质服务。

电子政务是早期政府机关的办公自动化系统的继承和发展。政府办公自动化系统也在发展之中，从先前数据处理为中心的传统第一代MIS和第二代以工作流为中心的公文流转处理系统，通过E－mail、文档数据管理、复制、目录服务、群组协同工作等技术的支撑，逐步实现了对涉及人事、文档、会议等的自动化管理。现在，电子办公系统已不局限于信息管理或事务处理，而是通过信息技术手段提高政府部门的知识搜集、分析、传递和利用能力，将知识管理与政府业务流程紧密结合，提高政府整体的管理水平和效率。知识管理解决政府知识共享和再利用问题。

在电子政务面向办公业务系统中，需要解决信息安全的问题。因此电子政务系统的特点是在统一的安全支撑平台和应用支撑平台的基础上，建立适合各政府部门业务的高质量、高效率、智能化的办公子系统，提供领导决策和政府办公的信息，从而实现政府机关的办公自动化、无纸化、资源信息化、决策科学化。

（一）电子政务的概念及特点

电子政务是用现代化网络通信与信息技术，构成一个电子化的虚拟政府机构，打破现行行政机关的组织界限和时间、空间以及条块的制约，将政府管理和服务由传统政府管理职能转向信息化、网络化、自动化管理服务职能。

电子政府是指运用现代信息技术手段实施管理服务的现代政府机构。

电子政务具有两个特点：

（1）信息安全。

电子政务作为各级政府内部办公事务和政务办理的工具和手段，承担着为公众服务和社会管理等重要任务。系统不可避免地涉及了广泛、敏感的信息和数据。因此，确保安全，在电子政务工程进程中具有相当重要的地位。信息安全是电子政务建设的基础。

（2）电子政务的应用。

“电子”是手段，它是一整套可提供政务安全、可靠运行的基础网络体系、基础安全支撑平台、应用支撑平台。“政务”是核心，是规划和使用。即使有再好的基础网络建设，没有科学、成功的政务应用，一切就是空的。

（二）电子政务的内容

1. 政府对政府的电子政务

（1）电子法规政审系统。

（2）电子公文处理系统。

（3）电子档案系统。

（4）电子财政管理系统。

（5）电子办公系统。

（6）电子培训系统。

（7）业绩评价系统。

2. 政府对企业的电子政务

（1）电子采购与招标。

（2）电子税务。

（3）电子证照办理。

（4）信息咨询服务。

（5）中小企业电子服务。

3. 政府对民众的电子政务

（1）教育培训服务。

（2）就业服务。

（3）电子医疗服务。

（4）社会保险网络服务。

（5）公民信息服务。

（6）交通车辆的管理服务。

（7）公民电子税务。

（8）电子证件服务。

（三）电子政务平台

（1）网络通信平台。

（2）系统平台。

（3）电子政务应用平台。

（4）电子政务数据和信息。

（5）安全体系。

（6）政务标准和规范（2002 年 5 月《电子政务标准化指南》）。

（四）电子政务工程体系结构（见图 6-7）。

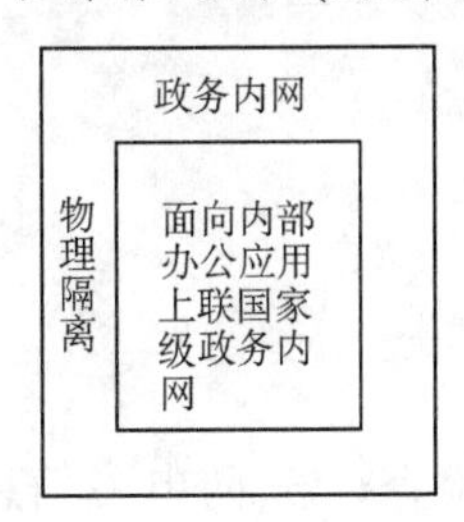

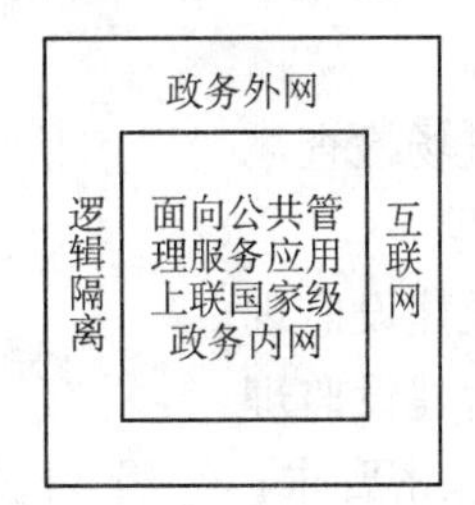

图 6-7　电子政务工程体系结构

电子政务工程分为政务内网和政务外网，两网之间进行相应的逻辑隔离或物理隔离，这决定于政务网的级别。

（五）电子政务工程监理依据

1. 法律、法规和政策

（1）2002 年 8 月中办【2002】17 号《国家信息化领导小组关于电子政务建设指导意见》；

（2）国办函【2002】74 号《国务院办公厅关于实施电子政务试点示范工程的通知》；

（3）国办发【2001】36 号《全国政府系统政务信息化 2001—2005 年规划纲要》；

（4）电子政务试点示范工程总体组《电子政务试点示范工程总体实施方案》；

（5）2002 年 5 月电子政务国家标准委、国务院信息办《电子政务标准化指南第一版》；

（6）国发【2000】23 号《国家行政机关公文处理办法》；

（7）国务院令 147 号 1994 年 2 月 18 日《中华人民共和国计算机信息系统保护条件》；

（8）国务院令 195 号，1997 年 5 月 20 日修订《中华人民共和国计算机信息网络国家联网管理暂行规定》；

（9）国保发【1999】4 号国家保密局 1999 年 7 月 30 日印发《关于加强政府上网信息保密管理的通知》。

2. 电子政务监理基本内容

（1）安全性原则是电子政务工程建设的灵魂，监理重点把握这一关，在项目实施各阶段注意系统的安全性审查、监督和监控。

（2）电子政务工程是一个应用系统，以“办政”为主。即政务管理、政务服务和政务办理，同时也是一项“电子”工程，建立网络平台、安全系统平台的计算机基础网络，监理参照计算机网络工程进行监理活动。

（3）电子政务工程监理的范畴。

① 布线系统；② 网络系统集成；③ 服务器平台集成；④ 安全支撑平台建设；⑤ 应用支撑平台建设；⑥ 电子政务系统建设。

3. 电子政务工程实施监理

（1）方案论证阶段及总体方案设计监理。

① 需求调查，可行性分析；② 总体网络体系结构要符合电子政务内、外网络体系结构；③ 工程的涉密信息系统的设计和安全系统设计；④ 布线系统设计应满足政务内、外网络结构要求；⑤ 政务内、外网隔离应满足有关规定；⑥ 应用系统应满足需求要求，内容要齐全；⑦ 项目的建设手续是否齐全；⑧ 承建方的资质审查。

（2）设备选型监理。

（3）设备、材料进场检查。

（4）布线工程监理。

（5）网路系统集成建设监理。

（6）安全支撑平台建设监理。

① 系统安装符合保密要求；② 平台关键设备检查；③ 防电磁信息泄漏检查；④ 授权管理服务系统检查；⑤ 时间戳服务系统检查；⑥ 信任域服务系统检查。

4. 电子政务初验及试运行

（1）竣工验收。

（2）向主管部门报验。

（3）由监理方会同承建方配合主管部门进行现场考察和测试。

（4）主管部门组织专家评估小组对系统的安全保密情况进行鉴定和论证。

（5）主管部门批准具备投入运行条件的系统使用，对不完全具备条件的指出存在问题和漏洞，待改进后再另行报批和报验，直到验收鉴定通过。

（6）工程文档验收。

（7）防火墙。

（8）入侵检测。

（9）漏洞归档。

（10）病毒防止。

（11）安全审计。

四、信息系统工程建设监理案例

案例一　北京市电子政务在线服务平台（网上行政审批）

（一）概述

“数字北京”是北京市十五规划的一项重大信息化系统工程，电子政务工程是带动全市信息化建设的龙头项目。行政审批是政府部门与社会公众关系最密切的一项业务，因此，以网上审批作为电子政务实施的突破点，不仅能够提高政府部门的办事效率，也能使公众真切体会到政务信息化给市民带来的极大便利。2002 年在北京市 15 个委办局选择开展网上审批试点工程。试点工程实施完成后，将根据总结的经验和教训，在全市 45 个委办局及 18 个区县全面推进网上审批。

（二）网上审批系统建设目标

1. 整体建设目标

依托北京市电子政务网络平台，实现委办局内部互联互通，委办局之间通过专网实现数据交换和网上资源共享，政府内部实现电子化办公和网络化办公，面向企业和市民的审批、管理和服务业务上网进行。最终建成体系完整、结构合理、高速宽带、互联互通的电子政务网络系统，建成北京市政务系统共建共享的信息资源库，全面开展网上交互式办公。

2. 阶段实施目标

（1）一期工程，完成15个委办局的58项试点工程审批项目和2个互联审批项目。

（2）二期工程，以试点工程为样板，试点单位完成所有项目的网上审批开发工作，同时在全市政府部门全面铺开，18个区县45个委办局实现网上审批。

（三）网络系统整体设计原则

（1）实用性原则。

（2）先进性及成熟性原则。

（3）可靠性原则。

（4）可扩展性和灵活性原则。

（5）开放性原则。

（6）标准化原则。

（7）可移植性原则。

（8）可维护性、可管理性原则。

（9）整体性保障原则。

（10）安全与保密原则。

（四）项目实施与管理

2002年2月“北京市电子政务网上审批试点工程工作小组”召开会议，提出加强网上审批市级平台开发建设的要求，北京数字证书认证中心有限公司（以下简称BJCA），将总体负责市级平台建设。

市级平台建设需要进行硬件平台、网络平台搭建以及相关应用软件平台的开发、集成。市级平台将提供单点登录、审批办理导航、咨询与培训、监督投诉、智能搜索等服务。其中市级平台的单点登录、审批办理导航服务将与15个委办局的网上审批系统结合，实现“登录市级平台，漫游委办局”的效果。

本项目的客户方由北京市计委、北京市信息办和首都之窗运行管理中心组成，项目建设基于BJCA和客户方就市级外网平台建设所签订的相关建设合同或建设协议为依据。

市级平台建设工程庞大，项目涉及15个委办局、多家软件开发单位、项目分承包商，项目实施过程中严格按照ISO 9000质量认证体系对项目进行管理，保障了项目成功实施。

1. 项目管理

1）管理目标

（1）进度控制。目的是保证项目如期完成。进度控制是由项目经理直接参与负责，通过建立严格完善的项目进度报告制度、项目定期协调会议制度来切实了解项目进展情况，找出导致任务未如期完成的原因，并提出补救办法，同时安排下一步工作进度，将可能导致延误工期的事件提交项目经理会议讨论，最大可能地避免延误工期事件的发生。

（2）质量控制。项目质量是项目成功的生命线，质量保证经理将被授予较大的权力，具有质量否决权，任何技术方案和技术实施都要接受质量保证小组的检查和审核，同时，项目的规范化实施也是保证项目质量的重要前提，任何个人和小组都要严格按照质量监控管理规范的要求执行。

(3) 风险控制。风险控制是项目抵抗意外风险，降低风险损失，保证项目成功的重要保证之一。项目经理要及时发现隐患，提早预测可能发生的风险，要有足够的思想准备和办法对付可能发生的各种隐患。对于预测到的各种隐患提前做好应变措施。

(4) 成本控制。成本控制也是本项目的重要控制内容。BJCA本着对客户项目负责的态度，也要保证公司的经营利润。项目严格成本管理和控制，考虑设备采购、人员安排、工作人员待遇等一切要发生成本的因素，通过预算手段和严格审批制度，强化成本意识，将成本外开支控制到最低，当然所有的成本控制是在不改变系统实施质量的前提下付诸实施的。

(5) 变更控制。在项目开发过程中的阶段性成果都列入配置管理并进行变动控制，包括开发管理文档、技术文档、数据、代码等。对完成的短期成果由开发小组自行审查通过后，标明版本列入配置管理，对短期开发成果内容的变动更新由开发小组自行决定，变动后修改版本号，重新列入配置管理。对完成的阶段性产品由质量保证小组进行审查通过后，标明版本列入配置管理，并交付项目用户小组进行试用，对阶段开发成果内容的变动更新由项目用户小组试用后向变更控制委员会提出或由变更控制委员会自行提出，需求更改经变更控制委员会审核通过后方可提交开发小组实施变动，开发小组接受变更控制委员会任务后，在下一阶段开发中将该任务列入开发内容。

2) 组织结构及分工

本项目以项目经理为核心，在项目领导小组的领导下，在变更控制委员会的协调下进行项目实施。各部门相应的职责如下：

(1) 领导小组的职责。是项目的最高领导；控制进度、风险等重大决策；协调客户方和集成方的关系；协调市级外网平台与各委办局审批平台的关系。

(2) 变更控制委员会的职责。负责整个项目的变更控制管理，包括项目变更申请评审、项目变更申请批准。

(3) 项目经理的职责。把握整个实施工程的具体实施；制定实施总计划和相关原则；组织实施队伍；检查、督促、落实项目实施的进度和效果；定期向领导小组通报项目进展情况。

(4) 质量保障组的职责。制定配置管理计划；对配置管理实施进行全程监控；随时了解配置管理实施进展情况；及时对配置管理实施情况提出意见和建议。

(5) 客户协调组的职责。协调与客户方的关系；协调与各委办局的关系；协调市级外网平台与各委办局网上审批平台的联调。

(6) 技术领导组的职责。全面负责市级外网平台建设的技术问题；组织、管理下辖业务技术小组；组织制定和评审市级外网平台的总体解决方案设计；组织制定和评审市级外网平台的详细的项目实施计划；组织制定和评审市级外网平台的测试计划；组织制定和评审市级外网平台的验收方案和验收标准；组织、管理项目文档的编写，并对最终提交的文档进行验收，确保文档质量；协助质量保证小组对项目质量的控制；负责市级平台的整体设计、市级平台的子系统划分及制定接口规范；指导和审核下辖业务技术小组的技术方案、工作计划；指导和验收下辖业务技术小组所提交的各阶段成果；负责组织市级外网平台的联合调试以及市级外网平台与各委办局网上审批系统的联调；负责给委办局提供技术支持，帮助委办局进行网上审批系统改造；全面协助项目经理检查、督促、落实项目实施的进度和效果。

(7) 各业务技术小组的职责。在技术领导组的指导下，制定相应的解决方案和工作计划；按时、高质量地提交各阶段成果；配合市级外网平台的联合调试以及市级外网平台与各委办局网上审批系统的联调。

3) 建立合理的项目进度计划

项目建设从 2002 年 4 月开始，5 月底试运行，项目组制定了如下项目进度计划（略去具体日期）：

①集成方完成项目组组建，明确人员和职责。②完成与客户方签订完成市级外网平台合同和确定初步方案。③完成市级外网平台系统设计方案；完成市级外网平台系统详细实施计划；完成市级外网平台系统配置管理计划；完成市级外网平台系统测试计划；完成市级外网平台系统验收方案；并完成上述方案的评审和（与客户方）签证确认。④完成市级外网平台系统的设计、编码和测试；完成市级外网平台系统系统软、硬件的采购和安装调试。⑤完成市级外网平台系统的联合调试；完成 1～2 个委办局网上审批系统的改造；完成市级外网平台系统测试报告。⑥完成市级外网平台系统与委办局网上审批系统；完成市级外网平台系统验收报告。⑦市级外网平台系统正式试运行；完成项目总结报告。

4) 严格实行配置管理

为了保证项目进展中的完整性、一致性、可控性，使项目建设极大程度地与用户需求相吻合，项目严格实行配置管理制度。

(1) 成立配置管理机构。

为了能更好地实施配置管理，成立了 EServiceSCM、EServiceCCB 组织。EServiceSCM 组织的主要职责是根据用户提出的需求，监控其实施，确保系统功能极大地与用户需求相吻合。EServiceCCB 组织的主要职责是评估、审批变更请求和问题报告，进行配置标识、配置状态记录；EServiceCCB 中有软件质量保证小组中的成员，所配置管理用户代表均属于软件开发单位；EServiceCCB 接受项目建设单位 BJCA 的直接领导。

(2) 配置标识。

需求基线包括的文档有立项报告（含实施计划）、需求分析报告、配置管理计划；设计基线包括的文档有系统设计说明书、测试计划；编码基线包括的文档有源代码和可执行程序；测试基线包括的文档有测试大纲、测试报告、验收计划以及有项目管理部门签字的验收报告。

需求基线的验收标准是由客户认可；设计基线的验收标准是 EServiceCCB 组织对于设计说明书的评审通过；编码基线的验收标准是 EServiceCCB 组织对于源代码和可执行程序的评审通过；验收基线的标准是项目管理部门对于系统功能在全面测试后的签字认可。

实施计划的标识是《立项报告》中的实施部分；配置管理计划的标识是《配置管理计划》；需求报告说明书的标识是《需求分析报告》；详细设计说明书的标识是《系统设计说明书》；测试计划的标识是《测试计划》；测试大纲的标识是《测试大纲》；测试报告的标识是《测试报告》；验收计划的标识是《验收计划》；验收报告的标识是《验收报告》。

(3) 配置控制。

在需求阶段，需求工作人员在需求报告没有提交到配置管理员处之前可以任意修改自己的文件，一旦提交则再修改前必须向项目经理阐明缘由和修改时限，得到批准后再行修改，修改完毕后及时提交。

在设计阶段，设计工作人员分模块分别进行设计，在所负责模块的设计报告没有提交到配置管理员处之前可以任意修改自己的文件，一旦提交则再修改前必须向项目经理阐明缘由和修改时限，得到批准后再行修改，修改完毕后及时提交。大家提交的设计报告由配置管理员汇总、整理，由 EServiceCCB 评审。

在编码阶段，编码人员分模块分别进行编码，所有程序软件的版本控制由配置管理员负责，每当程序有功能改动需要对版本升级（例如：从 1.0 升级到 1.1）。

在测试阶段，项目经理就程序模块以及项目产品的功能和性能进行划分，指定每一测试部分的负责人员。在测试结束每个测试人员必须提交测试问题记录和报告，根据测试结果由项目经理安排进一步的修改和测试工作。根据需要，项目经理安排测试人员进行交换测试。

在每个阶段完成时该阶段的位于受控库中的配置标识项就被设置成只读方式，一般不允许修改。

（4）配置的检查和评审。

项目计划进行四次配置的检查，检查点分别设置在需求基线、设计基线、编码基线、测试基线达到时。评审时每种基线的内容、范围要遵循配置管理计划。

需求基线包括的文档有《需求报告说明书》；设计基线包括的文档有《系统设计说明书》；编码基线包括的文档有全部程序的原代码、可执行代码；测试基线包括的文档有《测试大纲》、《测试问题纪录》和《测试报告》以及《验收计划》和《验收报告》。

每次检查如发现问题，有问题的配置项的负责人员应给出造成问题的原因并提出解决建议，由 EServiceCCB 评议后敲定解决问题的方法并交与相关人员实施，实施完毕实施人员必须及时通知 EServiceCCB 进行评议，以便尽早修正该配置项的错误状态。

（五）系统特点

（1）单点登录。用户在市级平台注册和登录后，可以在 15 个委办局的平台上漫游而不需要重新注册和登录。

（2）一用户管理。市级平台统一进行用户信息管理，各委办局平台从市级平台获取用户核心信息。

（3）CA 认证技术。统一使用北京数字证书认证中心颁发的数字证书，确保使用者身份的可靠性和唯一性。

（4）流程控制管理。系统可以自由定义流程的流转过程，并规定办理时限。当审批流程发生变化时，不需对系统的编码进行改动，只需用户通过简单的操作即可修改或重新定义审批工作的流程及各步骤的执行人员。

（5）权限管理。对个人工作权限进行定义和限制，规定不同级别的用户在网上审批业务的不同角色，实现对不同业务的访问和控制。

（6）时限管理。系统可以根据流程的办理时限对逾期未办的项目向业务经办人发出警告，督促办理人员在规定时限内完成审批业务。

（7）监督功能。提供分级查询，便于领导随时检查监督下属的工作；各个专网平台向纪检或纠风部门提供接口和授权，使其能随时检查了解网上审批执行情况；申请者可在外网上了解审批状态和进程，看到审批意见和日期，也可通过留言板等工具与政府部门充分进行交流和反馈意见甚至提出投诉。

（六）系统运行情况

2002年5月31日，一期工程的开发基本结束，北京市电子政务在线服务平台试运行开通。经过4个月的试运行及调整优化，于2002年9月29日正式开通。

案例二 广德市信息平台系统建设监理

（一）项目背景

信息平台是广德市信息化建设的重要基础设施。以广德市信息网络中心为中心节点，通过建设一个高吞吐量、无阻塞的、连接各镇的高速骨干交换网络平台，为广德市各政务应用系统的互连互通、数据交换和数据共享提供一个公共信息平台。该工程总预算为2 300多万元人民币。

市政府市信息办为此提出了具体要求：

（1）综合信息平台将连接市政府现有网络、行政服务中心的网络，16个市属单位、12个外联双管单位；

（2）综合信息平台上将运行一套多部门联合审批的软件；

（3）综合信息平台将成为市教育网、卫生网等市政府重点信息工程的交换中心。

市政府信息办还要求该信息平台能够保证未来五年内，其服务器、网络设施等都可以（通过升级扩容）满足不断增加的子系统信息交换的需要，满足各子系统业务量增长、业务类型扩充/调整、应用扩展的需要，支撑广德市电子政务的整体应用水平提高的需要。

（二）监理角色的引入

由于该项目在该市信息化建设中的重要地位，市信息办受市领导委托成为该项目的建设单位。为了高效稳妥地推进项目的实施工作，决定采用国内其他地区已经实行过的“信息系统工程监理模式”，由有实力、有经验的监理公司协助建设单位做好项目的实施管理工作，并决定采用向全国公开招标的方式选择合格的监理公司。

招标中心接受市信息办的委托向全国公开招信息系统工程监理公司。来自北京、广州、深圳的六家公司参与了竞标，最后中标的监理公司获得了评标专家组多数专家的推荐，成为本项目的监理公司。

（三）监理工作的组织

监理公司为此成立了该项目的监理部，由总监理工程师负责，各专业领域委派专业监理工程师，再配备一定数量的现场监理员。监理公司的具体安排如下：

（1）委派一名承担过多项规模超过千万元的工程项目，具有丰富的信息系统工程监理经验的高级工程师作为该项目的总监理工程师。并授权总监理工程师在不同的阶段可以委派总监理工程师代表代行总监理工程师的职责。

（2）由于本项目所涉及的技术领域有数据通信、网络管理、综合布线、机房工程、网络安全等，监理公司委派了五名具有相应技术背景与实践经验的专业监理工程师分别负责各专业监理工作。

（3）由于综合布线和机房工程的现场监理工作量较大，监理公司加派了两名现场监理员协助专业监理工程师进行现场监理工作。

为了支持监理部的工作，监理公司还组织了由一名主管领导、三名咨询专家和一名法律顾问组成的咨询委员会，负责协调、咨询和监督监理部的工作。

(四) 招标前的监理工作

监理公司介入工作的首要任务是进行需求调研，拟定招标文件中的技术要求，为承包商（系统集成商）招标工作做准备。尤其重要的是，监理公司应该为系统集成商的设计工作留下充分的发挥余地，避免在项目招标前对系统集成商资质、设备选型、软件选型做出不恰当的限制。因此，监理单位应保持独立、公正的立场。

例 1 招标前，建设单位与多家系统集成商、设备厂商进行过多次技术交流，系统集成商也都按照自己对项目的初步理解提交了初步方案。这些方案有一定的参考价值。但是，由于各系统集成商代理的产品不同，比如布线产品就有 Avaya、Acatel、IBM，网络产品有 Cisco、华为、港湾等，所以这些方案或多或少带有明显的倾向性，不适合作为招标文件的依据。监理公司在这个阶段需要认真调研建设单位的需求，对系统集成商或厂商提出的方案采取独立思考、博采众长、去芜存菁的态度加以参考。

为此监理公司向信息办承诺：

(1) 除非建设单位亲自组织，否则监理公司不与参与投标的系统集成商进行单独的交流。

(2) 招标文件中不提出偏向于某项技术、某个公司、某个产品的技术要求。

(3) 技术文件需要列出推荐的产品时，必须得到建设单位的书面认可。

例 2 监理公司在需求调研后，总监理工程师组织监理委员会的咨询专家和专业监理工程师研讨了系统集成商提交的多个初步方案，在此基础上，结合自身对建设单位需求的理解，拟定招标的技术说明书。建设单位在征求有关专家的意见后原则上同意该招标技术说明书。

监理单位还根据本项目的特点，与建设单位一起制定了“工程承包合同”初稿，作为招标文件中商务部分的主要内容。由于国家尚未颁布“信息系统工程承包合同”的标准格式，结合信息系统工程中设备供应和软件开发的特点，在征询法律顾问意见的基础上对技术和商务条件作了必要的修订，特别是对项目实施中设备价格变化（信息系统工程设备价格基本上是呈下降趋势）、工程量变化、知识产权保护、信息安全管理的内容作了相应的补充。监理公司的法律顾问用在其他项目中经常碰到的问题逐一提醒建设单位，双方对本项目较有可能出现的情况在工程承包合同初稿中做了较清晰的责任界定。

在基本完成招标技术说明书和合同初稿的起草工作之后，监理公司主动回避参与系统集成商招标工作。

(五) 招标阶段监理工作

建设单位正式委托了招标中心来承担招标工作。由于建设单位在监理公司协助下已经完成了招标文件的技术文档和主要商务文档的起草工作，标书的准备工作得以顺利进行。

八家系统集成商经过竞争，飞驿公司脱颖而出，成为该项目的承包单位。

例 1 在定标中，飞驿公司因为商务条件好、总分相对最高而中标，但其技术方案还有较多不尽如人意之处，所以专家意见中特别提到需要该公司在中标后修改和完善技术方案设计。

建设单位因此要求监理公司监督和评估飞驿公司的方案修改工作，并核实因方案修改而引起的工程承包价格变化。于是监理公司的监理委员会中的专家和总监理工程师、专业监理工程师参与到完善方案的监理工作中。

为了做好方案完善的监理工作，监理公司一方面要结合评标专家的意见，另一方面要结合自身对项目需求的理解，拟定“方案调整建议”，对方案调整提出了独立的意见和建议，供建设单位和承包单位参考，在与承包单位进行了深入沟通后，责成承包单位认真制定调整方案。

在“方案调整报告”中，监理公司提出了如下意见和建议：

(1) 根据飞驿公司投标文件中的技术方案，建设单位需要购买3台价格昂贵的Cisco 7507路由交换机：其中两台分别连接西信、盈星上Internet网，还有一台设置在互联网交换机和防火墙之间。但是，根据实际的网络结构，监理单位认为第三台Cisco 7505是不必要的。原因如下：

首先，交换中心的核心交换机Catalyst 4006本身就支持三层交换，能够支持静态路由/RIP/OSPF/EIGRP/BGP等路由协议，完全可以胜任所需的路由工作，没有必要由这台设备完成路由工作。

其次，承包单位设想利用这台Cisco 7507进行访问控制，而这项工作由防火墙来完成更合适。因为防火墙本身就是专用的进行访问控制的设备，比起用路由器来作访问控制速度更快、功能更强。

因此，监理公司建议不使用这台路由器。

(2) 飞驿公司的设计方案中，在外网和平台核心交换机之间、平台和市政府之间配置了两台天融信防火墙。该设计方案把Web服务器连接在Catalyst 4006上，这样一来，Web服务器将直接暴露在Internet之中，无任何安全保护。监理公司因此建议将Web服务器连接到防火墙的DMZ区。

(3) 由于平台将成为广德市政府各部门之间的数据共享中心，市政府部门和平台之间的信息流量非常大，如果其间采用防火墙，将大大降低数据访问的速度，所以监理公司建议取消连接市政府到信息平台的防火墙，并在信息平台和市政府之间的主干网络上运行Trunk协议，支持IEEE802.1q。

承包单位采纳了监理公司建议的调整方案。

例2　方案调整后，监理公司要求承包单位提出调整后的报价单。监理公司在拿到新的报价单后，经过认真核查，发现了以下问题：

(1) 承包单位报出的新增设备和软件的价格折扣明显低于投标报价折扣；

(2) 已经取消的设备相应的工程费和税金没有扣除；

(3) 部分配置降低的设备价格没有下调。

为此，监理单位立即拟定了“关于调整方案后报价的审核意见”，并认真与承包单位的项目负责人协商，得到了其认可。

在上述方案调整工作完成后，建设单位通知招标中心按照调整后的报价发出了“中标通知书”，至此，监理公司的工作重心转为协助进行工程承包合同谈判阶段。

由于招标文件中“工程承包合同”初稿准备得比较充分，合同谈判的工作量不大，并在友好气氛中很快结束。

（六）工程实施阶段监理工作

监理公司在项目监理工作中，按照北京市质量技术监督局颁布的全国第一个《信息系统工程监理规范》，对整个综合信息平台实施了质量、进度、投资、安全和知识产权等五项控制，合同和文档管理以及组织协调工作，较充分地履行了监理公司的职责。

1. 质量控制

例 1 整个系统备份设备采用 HP 的光盘塔，使用 9.1G 的 MO 碟。实际中，集成公司提供了廉价、低密度的 MO 碟，导致系统备份速度极为缓慢，本地备份速度仅为 500 kb/s，更不用说在网络上的备份速度。考虑到 MO 碟在建设单位的招标文件中并未指明具体的型号，集成单位未必肯轻易退货。于是，监理公司给系统集成公司下达监理联系单，以系统集成公司提供的产品在实际使用中达不到招标文件的技术性能为理由，责令退货，并及时购买读写速度快的高密度 MO 碟。

2. 进度控制

本项目的工程招标工作 2002 年 8 月底才结束，而市领导希望 2003 年元旦投入使用，系统建设只有 4 个月的时间。而整个信息平台建设包括机房装修、网络工程、主机系统等多项工程，面临巨大压力。为此，监理公司敦促承包单位限期成立项目小组、确立施工人员名单及工程详细实施方案、工程进度计划、产品到货时间表等，特别要求承包单位做好主要设备订货计划，并定期报告订货进展情况。

综合信息平台采用的产品大都是 IBM 、SUN、CISCO 等的高端产品，订货周期较长，到货时间容易受到运输、过海关、验收等因素的影响。所以需要尽早下订单，留有一定的时间余量。于是，监理单位和建设单位商定，将整个设备分为三部分采购：

（1）与外联单位协商，确定要从国外采购的高端设备清单，由承包商立即下订单。

（2）加快对外联单位的调研，以市政府下文的方式召开会议，了解外联单位的需求。当外联单位需求基本定型后，下第二批订单。

（3）少数需求不明朗的单位，待需求清晰后，其设备随其他设备招标项目一起招标。

例 1 考虑到综合信息平台以及关联项目建设涉及多家单位；同时，平台又联系 16 家市直属单位、12 家外联单位。各单位若不统一协商，极难达成一致意见。因此，监理单位及时向建设单位建议每周定期召开多方会议，共同商讨平台的建设。事实证明，多方协商会议有效地保障了平台建设的顺利实施，增加了沟通的效果。

3. 投资控制

信息系统工程项目由于大多采用造价总包的方式，所以投资控制主要应该是在承包合同签订之前。但是，由于实施过程中会出现一些事前无法预测的实际情况，难免出现设计变更，导致承包价格发生变化，所以实施过程中还有对投资进行控制的必要。

例 1 在信息平台建设开始实施后不久，监理公司与西信和盈星公司这两家 Internet 出口供应商进行了沟通。了解到盈星公司在广德地区还没有正式开展数据业务，只是代理电信的国际出口。基于这点，监理建议建设单位取消原设计中连接盈星的 Cisco 7507 路由交换机；得到建设单位认可后，监理公司通知承包单位终止该设备的订货。此时，承包单位申明设备已经下订单，不愿取消该设备。但是监理公司通过查阅订货文档，发现该设备的订货申请还没有提交，而根据承包合同，重要设备在订货前需要得到监理公司的确认，所以可以认定承包单位的申明无效。随后监理单位又与厂商直接核对，证明承包商还没有下订单。建设单位和承包单位立即签订补充协议进行设备清单的调整。

例 2 监理公司在进行该项目的投资控制时，必须统筹考虑配套工程或后期工程的投资，不能因为只注重本项目的投资控制，而造成后续项目的投资增加。在本项目中，建设单位一直对是否上 PKI 公钥证书认证系统举棋不定。监理公司考虑该系统投资较大，技术较新，为此专门安排技术人员陪同建设单位先到省信息产业厅和南河市信息中心进行考察，考察后决定，建设单位采用南河市建设的 CA 系统，广德本地只建设 RA 系统，这样可以大大节省项目的后期投资，同时避免重复建设。

4. 网络安全控制

例 1 在需求调研阶段，监理公司在陪同市信息办实地考察外联单位的安全状况时，积极参与平台网络安全策略的制定，提供网络安全方面的技术咨询。例如，考虑到外联单位将连接市政府的网络，监理单位建议采用 NAT 技术将市政府的 IP 地址进行映射，隐蔽了市政府的内部 IP，同时将某些系统端口（如 WWW、Telnet、FTP 等）进行屏蔽。

在项目实施过程中，监理公司针对系统安全问题，专门召集了承包单位、安全设备供应商以及相关单位商定落实安全策略的具体措施。监理单位要求承包单位提前提交安全配置调试文档，经过监理公司核对后由相关单位联合签名确定。在实施过程中，监理人员旁站监督承包单位工程人员的操作，要求他们严格按照制定的安全策略进行实施，防止更改配置，谨防个别安装人员的不规范操作给系统留下不应有的安全隐患。监理公司在网络控制上十分注意要求承包单位将网络安全策略通过培训交给建设单位的网管人员，使网管人员可以独立更改设置，避免在日后工作中留下安全隐患。

例 2 综合信息平台采用了较先进的数据交换技术，而各外联单位对本系统的数据、服务器向平台开放都有所保留甚至抵制，都希望能够物理隔离，但若如此，信息平台形同虚设，将很难达到市政府建设一个数据交换和数据共享平台的初衷。为此，监理公司做出如下努力：

（1）会同承包单位在每次例会上都积极介绍平台采用的技术的安全性，告诉他们如何正确使用 VLAN 划分、隔离广播域、系统运行杀病毒软件、内外网运行入侵检测、使用防火墙隔离、数据加密传输等措施，就可以保证在安全前提下数据共享。

（2）协同建设单位和各政府部门共同编制“综合信息平台操作手册”，供工作人员使用。

（3）由承包单位在建设单位设立咨询热线，及时向有关单位解答各种信息安全问题。

5. 知识产权的控制

在监理过程中，监理公司重点核实承包单位提供的软件的合法性，对软件的型号、注册号逐一登记，并抽取部分与供应厂商核实，防止出现盗版或者版本不同的情况。

监理公司要求员工在取得承包单位提交的技术文档和报价信息时严格予以保密，公司特别提醒同时监理几个项目的专业监理工程师，不要透露本项目的机密信息给其他单位。

由于广德市的信息平台建设在全国地级市中属于较先进的，因此有多个系统集成商试图通过监理单位了解承包商是如何解决几个关键的技术问题的，均遭到回绝。更有甚者，有一系统集成商假托另一城市的政府信息中心以找监理公司的名义要求查阅本项目的设计文档。监理公司本着诚信的原则，严守保密承诺，拒绝提供相关文档，得到建设单位的表扬。

6. 组织协调管理

例 1 在信息平台建设的同时，该市“一站式”审批系统也在开发之中，由于这两个项目的承包单位不同，双方在两个项目的互联问题上各执己见。

平台的承包单位提出东西两座行政服务中心的 4 台 Cisco 4006 通过冗余备份链路连接到综合信息平台 Cisco 6509，综合信息平台的 Cisco 6509 通过冗余备份链路连接到市府的两台

Cisco 6509 上，在综合信息平台上审批软件。

审批系统承包单位提出东西两座行政服务中心的 4 台 Cisco 4006 组环网，直接连接到市政府，业务服务器连接到行政服务中心的 Cisco 4006 局域网上。两方的系统认证工程师和总工程师据理力争，多次协商未果。

监理公司的资深专家在仔细分析后认为：综合平台的承包单位虽有较强的技术，但不清楚审批系统具体的业务和应用；而一站式审批系统的开发商虽懂业务和应用，但缺乏网络整体的概念。由于监理公司也承担了一站式审批软件的监理工作，对这两个工程的接口很清楚，于是监理公司提出的建议是：行政服务中心的 4 台 Cisco 4006 通过 Trunk 方式连接到市政府平台和市政府的 4 台 Cisco 6509 通过 Channel 方式连接。这样一来，行政服务中心在逻辑上成为市政府的一个外派单位，管理界面十分清晰，市政府信息中心将负责市府、行政服务中心网络设备的管理，市信息办将负责信息平台的管理。同时，为加快访问服务器的速度，业务运用服务器放置在行政服务中心的 Cisco 4006 上，数据库服务器放置在交换平台的 Cisco 6509 上，供外联单位和乡镇今后查询共享数据。此建议由于充分考虑了两个承包单位的立场，建立了双方协调的基础，所以最终得到了双方的一致认可，成为最终互联方案。

例 2 监理工作的协调问题还不只是人与人之间的协调，更加重要的是技术上的协调工作。在工程的实施过程中，监理公司协助建设单位对平台的 IP 地址、VLAN 进行了统一规划。对路由协议进行了规范，建议以 OSPF 路由协议替代 RIP 协议。定下了服务器和交换机的命名规则，联系软件开发商和系统集成商对服务器的卷组进行了划分。并为建设单位编制好相应的规划文档。虽然这些工作许多已超出监理的工作范围，但由于客户需要的是一整套咨询和监理服务，因此监理公司并不过分地局限于原定的业务范围，而是以项目顺利推进作为工作的主要目标。

（七）工程验收阶段的监理工作

工程的监理验收是监理工作最后阶段的总结，监理公司的验收工作是贯穿在项目的全过程中的，有阶段性的子系统验收，还有整个系统的验收工作。

本工程验收采取实施过程中监理定期抽检和全检（包括隐蔽工程）相结合、最后实行系统总体验收的方法。

例 1 隐蔽工程的验收。综合平台项目中涉及行政服务办公大楼的布线工程建设采用了 6 类综合布线系统。在施工过程中，为配合装修的顺利进行，监理公司组织相关单位优先对隐蔽工程进行了验收，隐蔽工程验收时重点检查桥架、线槽水平度及垂直度是否有明显偏差；线槽截断处及两线槽拼接处是否平滑、无毛刺；金属桥架及线槽节与节间是否接触良好、安装牢固、接地良好等。在验收过程中，发现承包单位建设的部分管道没有接地，部分房间信息点有遗漏，少量信息点位置分布不合理。在隐蔽工程验收时，监理单位也重视统计需要计量工程量的内容。对发现问题的地方均做好标记，尽量做到与承包单位现场协商，现场整改。

例 2 系统验收。监理单位根据招标文件的技术要求和承包单位投标文件的承诺，审核了承包单位编写的系统测试和验收方案。在系统试运行期满后，监理单位组织建设单位和承包单位根据验收和测试方案确定的流程进行了验收。由于许多单项工程验收需要创造模拟环境，比如对 IBM 的双机进行测试时，就需要模拟各种故障情况测试是否引起双机切换，如主机断电、“心跳线”故障、网卡或线缆故障等，所以验收的工作量很大。系统验收还包括验证承包单位承诺的服务响应，比如承包单位是否能够实现合同要求的故障出现 2 h 后响应等。

最后，系统顺利通过了验收，三方在验收文档上签章，项目宣告圆满完成。

由于广德市综合信息平台在工程建设中成功引进了信息系统监理机制，整个工程在技术复杂、施工工期紧张、建设单位技术人员欠缺的情况下，顺利、高效地完成了建设任务，有力地保障了市行政服务中心的顺利开业。工程验收后，建设单位非常满意监理单位的工作，正是由于他们，使得项目得以在低于预算基金、在合同工期内、保质保量地圆满完成。同时，承包单位也很满意监理单位在工程建设中给予他们的督促，感谢监理单位在工作中帮助协调各方关系，公正地维护了承包单位的利益。

思考题

1. 信息系统工程的范围是什么？
2. 信息系统工程有哪些特殊性？
3. 信息系统工程建设监理的概念是什么？
4. 信息系统工程建设监理的必要性是什么？
5. 信息系统工程建设监理的依据是什么？
6. 信息系统工程建设监理有几种基本方法？
7. 什么是信息系统工程监理制度？
8. 信息系统工程监理的基本任务是什么？
9. 信息系统工程监理的中心任务是什么？
10. 信息系统工程建设决策及招投标阶段监理工作内容是什么？
11. 信息系统工程建设设计阶段监理工作程序和内容是什么？
12. 信息系统工程建设施工阶段监理工作程序和内容是什么？
13. 信息系统工程建设竣工验收阶段监理工作程序和内容是什么？
14. 计算机机房工程建设监理的特点是什么？
15. 计算机网络工程建设监理的要点是什么？
16. 电子政务工程建设监理的范畴是什么？
17. 了解信息系统工程监理在实际案例中的应用。

第七章 附　　录

附录一　中华人民共和国建筑法

1997年11月1日第八届全国人民代表大会
常务委员会第二十八次会议通过

第一章　总　　则

第一条　为了加强对建筑活动的监督管理，维护建筑市场秩序，保证建筑工程的质量和安全，促进建筑业健康发展，制定本法。

第二条　在中华人民共和国境内从事建筑活动，实施对建筑活动的监督管理，应当遵守本法。

本法所称建筑活动，是指各类房屋建筑及其附属设施的建造和与其配套的线路、管道、设备的安装活动。

第三条　建筑活动应当确保建筑工程质量和安全，符合国家的建筑工程安全标准。

第四条　国家扶持建筑业的发展，支持建筑科学技术研究，提高房屋建筑设计水平，鼓励节约能源和保护环境，提倡采用先进技术、先进设备、先进工艺、新型建筑材料和现代管理方式。

第五条　从事建筑活动应当遵守法律、法规，不得损害社会公共利益和他人的合法权益。

任何单位和个人都不得妨碍和阻挠依法进行的建筑活动。

第六条　国务院建设行政主管部门对全国的建筑活动实施统一监督管理。

第二章　建 筑 许 可

第一节　建筑工程施工许可

第七条　建筑工程开工前，建设单位应当按照国家有关规定向工程所在地县级以上人民政府建设行政主管部门申请领取施工许可证；但是，国务院建设行政主管部门确定的限额以下的小型工程除外。

按照国务院规定的权限和程序批准开工报告的建筑工程，不再领取施工许可证。

第八条　申请领取施工许可证，应当具备下列条件：

（一）已经办理该建筑工程用地批准手续；

（二）在城市规划区的建筑工程，已经取得规划许可证；

（三）需要拆迁的，其拆迁进度符合施工要求；

（四）已经确定建筑施工企业；
（五）有满足施工需要的施工图纸及技术资料；
（六）有保证工程质量和安全的具体措施；
（七）建设资金已经落实；
（八）法律、行政法规规定的其他条件。

建设行政主管部门应当自收到申请之日起十五日内，对符合条件的申请颁发施工许可证。

第九条 建设单位应当自领取施工许可证之日起三个月内开工。因故不能按期开工的，应当向发证机关申请延期；延期以两次为限，每次不超过三个月。既不开工又不申请延期或者超过延期时限的，施工许可证自行废止。

第十条 在建的建筑工程因故中止施工的，建设单位应当自中止施工之日起一个月内，向发证机关报告，并按照规定做好建筑工程的维护管理工作。

建筑工程恢复施工时，应当向发证机关报告；中止施工满一年的工程恢复施工前，建设单位应当报发证机关核验施工许可证。

第十一条 按照国务院有关规定批准开工报告的建筑工程，因故不能按期开工或者中止施工的，应当及时向批准机关报告情况。因故不能按期开工超过六个月的，应当重新办理开工报告的批准手续。

第二节 从业资格

第十二条 从事建筑活动的建筑施工企业、勘察单位、设计单位和工程监理单位，应当具备下列条件：
（一）有符合国家规定的注册资本；
（二）有与其从事的建筑活动相适应的具有法定执业资格的专业技术人员；
（三）有从事相关建筑活动所应有的技术装备；
（四）法律、行政法规规定的其他条件。

第十三条 从事建筑活动的建筑施工企业、勘察单位、设计单位和工程监理单位，按照其拥有的注册资本、专业技术人员、技术装备和已完成的建筑工程业绩等资质条件，划分为不同的资质等级，经资质审查合格，取得相应等级的资质证书后，方可在其资质等级许可的范围内从事建筑活动。

第十四条 从事建筑活动的专业技术人员，应当依法取得相应的执业资格证书，并在执业资格证书许可的范围内从事建筑活动。

第三章 建筑工程发包与承包

第一节 一般规定

第十五条 建筑工程的发包单位与承包单位应当依法订立书面合同，明确双方的权利和义务。

发包单位和承包单位应当全面履行合同约定的义务。不按照合同约定履行义务的，依法承担违约责任。

第十六条 建筑工程发包与承包的招标投标活动，应当遵循公开、公正、平等竞争的原则，择优选择承包单位。

建筑工程的招标投标，本法没有规定的，适用有关招标投标法律的规定。

第十七条 发包单位及其工作人员在建筑工程发包中不得收受贿赂、回扣或者索取其他好处。

承包单位及其工作人员不得利用向发包单位及其工作人员行贿、提供回扣或者给予其他好处等不正当手段承揽工程。

第十八条 建筑工程造价应当按照国家有关规定，由发包单位与承包单位在合同中约定。公开招标发包的，其造价的约定，须遵守招标投标法律的规定。

发包单位应当按照合同的约定，及时拨付工程款项。

第二节 发 包

第十九条 建筑工程依法实行招标发包，对不适于招标发包的可以直接发包。

第二十条 建筑工程实行公开招标的，发包单位应当依照法定程序和方式，发布招标公告，提供载有招标工程的主要技术要求、主要的合同条款、评标的标准和方法以及开标、评标、定标的程序等内容的招标文件。

开标应当在招标文件规定的时间、地点公开进行。开标后应当按照招标文件规定的评标标准和程序对标书进行评价、比较，在具备相应资质条件的投标者中，择优选定中标者。

第二十一条 建筑工程招标的开标、评标、定标由建设单位依法组织实施，并接受有关行政主管部门的监督。

第二十二条 建筑工程实行招标发包的，发包单位应当将建筑工程发包给依法中标的承包单位。建筑工程实行直接发包的，发包单位应当将建筑工程发包给具有相应资质条件的承包单位。

第二十三条 政府及其所属部门不得滥用行政权力，限定发包单位将招标发包的建筑工程发包给指定的承包单位。

第二十四条 提倡对建筑工程实行总承包，禁止将建筑工程肢解发包。

建筑工程的发包单位可以将建筑工程的勘察、设计、施工、设备采购一并发包给一个工程总承包单位，也可以将建筑工程勘察、设计、施工、设备采购的一项或者多项发包给一个工程总承包单位；但是，不得将应当由一个承包单位完成的建筑工程肢解成若干部分发包给几个承包单位。

第二十五条 按照合同约定，建筑材料、建筑构配件和设备由工程承包单位采购的，发包单位不得指定承包单位购入用于工程的建筑材料、建筑构配件和设备或者指定生产厂、供应商。

第三节 承 包

第二十六条 承包建筑工程的单位应当持有依法取得的资质证书，并在其资质等级许可的业务范围内承揽工程。

禁止建筑施工企业超越本企业资质等级许可的业务范围或者以任何形式用其他建筑施工

企业的名义承揽工程。禁止建筑施工企业以任何形式允许其他单位或者个人使用本企业的资质证书、营业执照，以本企业的名义承揽工程。

第二十七条　大型建筑工程或者结构复杂的建筑工程，可以由两个以上的承包单位联合共同承包。共同承包的各方对承包合同的履行承担连带责任。

两个以上不同资质等级的单位实行联合共同承包的，应当按照资质等级低的单位的业务许可范围承揽工程。

第二十八条　禁止承包单位将其承包的全部建筑工程转包给他人，禁止承包单位将其承包的全部建筑工程肢解以后以分包的名义分别转包给他人。

第二十九条　建筑工程总承包单位可以将承包工程中的部分工程发包给具有相应资质条件的分包单位；但是，除总承包合同中约定的分包外，必须经建设单位认可。施工总承包的，建筑工程主体结构的施工必须由总承包单位自行完成。

建筑工程总承包单位按照总承包合同的约定对建设单位负责；分包单位按照分包合同的约定对总承包单位负责。总承包单位和分包单位就分包工程对建设单位承担连带责任。

禁止总承包单位将工程分包给不具备相应资质条件的单位。禁止分包单位将其承包的工程再分包。

第四章　建筑工程监理

第三十条　国家推行建筑工程监理制度。

国务院可以规定实行强制监理的建筑工程的范围。

第三十一条　实行监理的建筑工程，由建设单位委托具有相应资质条件的工程监理单位监理。建设单位与其委托的工程监理单位应当订立书面委托监理合同。

第三十二条　建筑工程监理应当依照法律、行政法规及有关的技术标准、设计文件和建筑工程承包合同，对承包单位在施工质量、建设工期和建设资金使用等方面，代表建设单位实施监督。

工程监理人员认为工程施工不符合工程设计要求、施工技术标准和合同约定的，有权要求建筑施工企业改正。

工程监理人员发现工程设计不符合建筑工程质量标准或者合同约定的质量要求的，应当报告建设单位要求设计单位改正。

第三十三条　实施建筑工程监理前，建设单位应当将委托的工程监理单位、监理的内容及监理权限，书面通知被监理的建筑施工企业。

第三十四条　工程监理单位应当在其资质等级许可的监理范围内，承担工程监理业务。

工程监理单位应当根据建设单位的委托，客观、公正地执行监理任务。

工程监理单位与被监理工程的承包单位以及建筑材料、建筑构配件和设备供应单位不得有隶属关系或者其他利害关系。

工程监理单位不得转让工程监理业务。

第三十五条　工程监理单位不按照委托监理合同的约定履行监理义务，对应当监督检查的项目不检查或者不按照规定检查，给建设单位造成损失的，应当承担相应的赔偿责任。

工程监理单位与承包单位串通，为承包单位谋取非法利益，给建设单位造成损失的，应当与承包单位承担连带赔偿责任。

第五章 建筑安全生产管理

第三十六条 建筑工程安全生产管理必须坚持安全第一、预防为主的方针，建立健全安全生产的责任制度和群防群治制度。

第三十七条 建筑工程设计应当符合按照国家规定制定的建筑安全规程和技术规范，保证工程的安全性能。

第三十八条 建筑施工企业在编制施工组织设计时，应当根据建筑工程的特点制定相应的安全技术措施；对专业性较强的工程项目，应当编制专项安全施工组织设计，并采取安全技术措施。

第三十九条 建筑施工企业应当在施工现场采取维护安全、防范危险、预防火灾等措施；有条件的，应当对施工现场实行封闭管理。

施工现场对毗邻的建筑物、构筑物和特殊作业环境可能造成损害的，建筑施工企业应当采取安全防护措施。

第四十条 建设单位应当向建筑施工企业提供与施工现场相关的地下管线资料，建筑施工企业应当采取措施加以保护。

第四十一条 建筑施工企业应当遵守有关环境保护和安全生产的法律、法规的规定，采取控制和处理施工现场的各种粉尘、废气、废水、固体废物以及噪声、振动对环境的污染和危害的措施。

第四十二条 有下列情形之一的，建设单位应当按照国家有关规定办理申请批准手续：

（一）需要临时占用规划批准范围以外场地的；

（二）可能损坏道路、管线、电力、邮电通讯等公共设施的；

（三）需要临时停水、停电、中断道路交通的；

（四）需要进行爆破作业的；

（五）法律、法规规定需要办理报批手续的其他情形。

第四十三条 建设行政主管部门负责建筑安全生产的管理，并依法接受劳动行政主管部门对建筑安全生产的指导和监督。

第四十四条 建筑施工企业必须依法加强对建筑安全生产的管理，执行安全生产责任制度，采取有效措施，防止伤亡和其他安全生产事故的发生。

建筑施工企业的法定代表人对本企业的安全生产负责。

第四十五条 施工现场安全由建筑施工企业负责。实行施工总承包的，由总承包单位负责。分包单位向总承包单位负责，服从总承包单位对施工现场的安全生产管理。

第四十六条 建筑施工企业应当建立健全劳动安全生产教育培训制度，加强对职工安全生产的教育培训；未经安全生产教育培训的人员，不得上岗作业。

第四十七条 建筑施工企业和作业人员在施工过程中，应当遵守有关安全生产的法律、法规和建筑行业安全规章、规程，不得违章指挥或者违章作业。作业人员有权对影响人身健康的作业程序和作业条件提出改进意见，有权获得安全生产所需的防护用品。作业人员对危及生命安全和人身健康的行为有权提出批评、检举和控告。

第四十八条　建筑施工企业必须为从事危险作业的职工办理意外伤害保险，支付保险费。

第四十九条　涉及建筑主体和承重结构变动的装修工程，建设单位应当在施工前委托原设计单位或者具有相应资质条件的设计单位提出设计方案；没有设计方案的，不得施工。

第五十条　房屋拆除应当由具备保证安全条件的建筑施工单位承担，由建筑施工单位负责人对安全负责。

第五十一条　施工中发生事故时，建筑施工企业应当采取紧急措施减少人员伤亡和事故损失，并按照国家有关规定及时向有关部门报告。

第六章　建筑工程质量管理

第五十二条　建筑工程勘察、设计、施工的质量必须符合国家有关建筑工程安全标准的要求，具体管理办法由国务院规定。

有关建筑工程安全的国家标准不能适应确保建筑安全的要求时，应当及时修订。

第五十三条　国家对从事建筑活动的单位推行质量体系认证制度。从事建筑活动的单位根据自愿原则可以向国务院产品质量监督管理部门或者国务院产品质量监督管理部门授权的部门认可的认证机构申请质量体系认证。经认证合格的，由认证机构颁发质量体系认证证书。

第五十四条　建设单位不得以任何理由，要求建筑设计单位或者建设施工企业在工程设计或者施工作业中，违反法律、行政法规和建筑工程质量、安全标准，降低工程质量。

建筑设计单位和建筑施工企业对建设单位违反前款规定提出的降低工程质量的要求，应当予以拒绝。

第五十五条　建筑工程实行总承包的，工程质量由工程总承包单位负责，总承包单位将建筑工程分包给其他单位的，应当对分包工程的质量与分包单位承担连带责任。分包单位应当接受总承包单位的质量管理。

第五十六条　建筑工程的勘察、设计单位必须对其勘察、设计的质量负责。勘察、设计文件应当符合有关法律、行政法规的规定和建筑工程质量、安全标准、建筑工程勘察、设计技术规范以及合同的约定。设计文件选用的建筑材料、建筑构配件和设备，应当注明其规格、型号、性能等技术指标，其质量要求必须符合国家规定的标准。

第五十七条　建筑设计单位对设计文件选用的建筑材料、建筑构配件和设备，不得指定生产厂、供应商。

第五十八条　建筑施工企业对工程的施工质量负责。

建筑施工企业必须按照工程设计图纸和施工技术标准施工，不得偷工减料。工程设计的修改由原设计单位负责，建筑施工企业不得擅自修改工程设计。

第五十九条　建筑施工企业必须按照工程设计要求、施工技术标准和合同的约定，对建筑材料、建筑构配件和设备进行检验，不合格的不得使用。

第六十条　建筑物在合理使用寿命内，必须确保地基基础工程和主体结构的质量。

建筑工程竣工时，屋顶、墙面不得留有渗漏、开裂等质量缺陷；对已发现的质量缺陷，建筑施工企业应当修复。

第六十一条 交付竣工验收的建筑工程，必须符合规定的建筑工程质量标准，有完整的工程技术经济资料和经签署的工程保修书，并具备国家规定的其他竣工条件。

建筑工程竣工经验收合格后，方可交付使用；未经验收或者验收不合格的，不得交付使用。

第六十二条 建筑工程实行质量保修制度。

建筑工程的保修范围应当包括地基基础工程、主体结构工程、屋面防水工程和其他土建工程，以及电气管线、上下水管线的安装工程，供热、供冷系统工程等项目；保修的期限应当按照保证建筑物合理寿命年限内正常使用，维护使用者合法权益的原则确定。具体的保修范围和最低保修期限由国务院规定。

第六十三条 任何单位和个人对建筑工程的质量事故、质量缺陷都有权向建设行政主管部门或者其他有关部门进行检举、控告、投诉。

第七章 法律责任

第六十四条 违反本法规定，未取得施工许可证或者开工报告未经批准擅自施工的，责令改正，对不符合开工条件的责令停止施工，可以处以罚款。

第六十五条 发包单位将工程发包给不具有相应资质条件的承包单位的，或者违反本法规定将建筑工程肢解发包的，责令改正，处以罚款。

超越本单位资质等级承揽工程的，责令停止违法行为，处以罚款，可以责令停业整顿，降低资质等级；情节严重的，吊销资质证书；有违法所得的，予以没收。

未取得资质证书承揽工程的，予以取缔，并处罚款；有违法所得的，予以没收。

以欺骗手段取得资质证书的，吊销资质证书，处以罚款；构成犯罪的，依法追究刑事责任。

第六十六条 建筑施工企业转让、出借资质证书或者以其他方式允许他人以本企业的名义承揽工程的，责令改正，没收违法所得，并处罚款，可以责令停业整顿，降低资质等级；情节严重的，吊销资质证书。对因该项承揽工程不符合规定的质量标准造成的损失，建筑施工企业与使用本企业名义的单位或者个人承担连带赔偿责任。

第六十七条 承包单位将承包的工程转包的，或者违反本法规定进行分包的，责令改正，没收违法所得，并处罚款，可以责令停业整顿，降低资质等级；情节严重的，吊销资质证书。

承包单位有前款规定的违法行为的，对因转包工程或者违法分包的工程不符合规定的质量标准造成的损失，与接受转包或者分包的单位承担连带赔偿责任。

第六十八条 在工程发包与承包中索贿、受贿、行贿，构成犯罪的，依法追究刑事责任；不构成犯罪的，分别处以罚款，没收贿赂的财物，对直接负责的主管人员和其他直接责任人员给予处分。

对在工程承包中行贿的承包单位，除依照前款规定处罚外，可以责令停业整顿，降低资质等级或者吊销资质证书。

第六十九条 工程监理单位与建设单位或者建筑施工企业串通，弄虚作假、降低工程质量的，责令改正，处以罚款，降低资质等级或者吊销资质证书；有违法所得的，予以没收；

造成损失的，承担连带赔偿责任；构成犯罪的，依法追究刑事责任。

工程监理单位转让监理业务的，责令改正，没收违法所得，可以责令停业整顿，降低资质等级；情节严重的，吊销资质证书。

第七十条　违反本法规定，涉及建筑主体或者承重结构变动的装修工程擅自施工的，责令改正，处以罚款；造成损失的，承担赔偿责任；构成犯罪的，依法追究刑事责任。

第七十一条　建筑施工企业违反本法规定，对建筑安全事故隐患不采取措施予以消除的，责令改正，可以处以罚款；情节严重的，责令停业整顿，降低资质等级或者吊销资质证书；构成犯罪的，依法追究刑事责任。

建筑施工企业的管理人员违章指挥、强令职工冒险作业，因而发生重大伤亡事故或者造成其他严重后果的，依法追究刑事责任。

第七十二条　建设单位违反本法规定，要求建筑设计单位或者建筑施工企业违反建筑工程质量、安全标准，降低工程质量的，责令改正，可以处以罚款；构成犯罪的，依法追究刑事责任。

第七十三条　建筑设计单位不按照建筑工程质量、安全标准进行设计的，责令改正，处以罚款；造成工程质量事故的，责令停业整顿，降低资质等级或者吊销资质证书，没收违法所得，并处罚款；造成损失的，承担赔偿责任；构成犯罪的，依法追究刑事责任。

第七十四条　建筑施工企业在施工中偷工减料的，使用不合格的建筑材料、建筑构配件和设备的，或者有其他不按照工程设计图纸或者施工技术标准施工的行为，责令改正，处以罚款；情节严重的，责令停业整顿，降低资质等级或者吊销资质证书；造成建筑工程质量不符合规定的质量标准的，负责返工、修理，并赔偿因此造成的损失；构成犯罪的，依法追究刑事责任。

第七十五条　建筑施工企业违反本法规定，不履行保修义务或者拖延履行保修义务的，责令改正，可以处以罚款，并对在保修期内因屋顶、墙面渗漏、开裂等质量缺陷造成的损失，承担赔偿责任。

第七十六条　本法规定的责令停业整顿、降低资质等级和吊销资质证书的行政处罚，由颁发资质证书的机关决定；其他行政处罚，由建设行政主管部门或者有关部门依照法律和国务院规定的职权范围决定。

依照本法规定被吊销资质证书的，由工商行政管理部门吊销其营业执照。

第七十七条　违反本法规定，对不具备相应资质等级条件的单位颁发该等级资质证书的，由其上级机关责令收回所发的资质证书，对直接负责的主管人员和其他直接责任人员给予行政处分；构成犯罪的，依法追究刑事责任。

第七十八条　政府及其所属部门的工作人员违反本法规定，限定发包单位将招标发包的工程发包给指定的承包单位的，由上级机关责令改正；构成犯罪的，依法追究刑事责任。

第七十九条　负责颁发建筑工程施工许可证的部门及其工作人员对不符合施工条件的建筑工程颁发施工许可证的，负责工程质量监督检查或者竣工验收的部门及其工作人员对不合格的建筑工程出具质量合格文件或者按合格工程验收的，由上级机关责令改正，对责任人员给予行政处分；构成犯罪的，依法追究刑事责任；造成损失的，由该部门承担相应的赔偿责任。

第八十条　在建筑物的合理使用寿命内，因建筑工程质量不合格受到损害的，有权向责任者要求赔偿。

第八章 附 则

第八十一条 本法关于施工许可、建筑施工企业资质审查和建筑工程发包、承包、禁止转包，以及建筑工程监理、建筑工程安全和质量管理的规定，适用于其他专业建筑工程的建筑活动，具体办法由国务院规定。

第八十二条 建设行政主管部门和其他有关部门在对建筑活动实施监督管理中；除按照国务院有关规定收取费用外，不得收取其他费用。

第八十三条 省、自治区、直辖市人民政府确定的小型房屋建筑工程的建筑活动，参照本法执行。

依法核定作为文物保护的纪念建筑物和古建筑等的修缮，依照文物保护的有关法律规定执行。

抢险救灾及其他临时性房屋建筑和农民自建低层住宅的建筑活动，不适用本法。

第八十四条 军用房屋建筑工程建筑活动的具体管理办法，由国务院、中央军事委员会依据本法制定。

第八十五条 本法自 1998 年 3 月 1 日起施行。

附录二　建设工程质量管理条例

(2000年1月10日国务院第25次常务会议通过)

第一章　总　　则

第一条　为了加强对建设工程质量的管理，保证建设工程质量，保护人民生命和财产安全，根据《中华人民共和国建筑法》，制定本条例。

第二条　凡在中华人民共和国境内从事建设工程的新建、扩建、改建等有关活动及实施对建设工程质量监督管理的，必须遵守本条例。

本条例所称建设工程，是指土木工程、建筑工程、线路管道和设备安装工程及装修工程。

第三条　建设单位、勘察单位、设计单位、施工单位、工程监理单位依法对建设工程质量负责。

第四条　县级以上人民政府建设行政主管部门和其他有关部门应当加强对建设工程质量的监督管理。

第五条　从事建设工程活动，必须严格执行基本建设程序，坚持先勘察、后设计、再施工的原则。

县级以上人民政府及其有关部门不得超越权限审批建设项目或者擅自简化基本建设程序。

第六条　国家鼓励采用先进的科学技术和管理方法，提高建设工程质量。

第二章　建设单位的质量责任和义务

第七条　建设单位应当将工程发包给具有相应资质等级的单位。

建设单位不得将建设工程肢解发包。

第八条　建设单位应当依法对工程建设项目的勘察、设计、施工、监理以及与工程建设有关的重要设备、材料等的采购进行招标。

第九条　建设单位必须向有关的勘察、设计、施工、工程监理等单位提供与建设工程有关的原始资料。

原始资料必须真实、准确、齐全。

第十条　建设工程发包单位不得迫使承包方以低于成本的价格竞标，不得任意压缩合理工期。

建设单位不得明示或者暗示设计单位或者施工单位违反工程建设强制性标准，降低建设工程质量。

第十一条　建设单位应当将施工图设计文件报县级以上人民政府建设行政主管部门或者

其他有关部门审查。施工图设计文件审查的具体办法，由国务院建设行政主管部门会同国务院其他有关部门制定。

施工图设计文件未经审查批准的，不得使用。

第十二条 实行监理的建设工程，建设单位应当委托具有相应资质等级的工程监理单位进行监理，也可以委托具有工程监理相应资质等级并与被监理工程的施工承包单位没有隶属关系或者其他利害关系的该工程的设计单位进行监理。

下列建设工程必须实行监理：

（一）国家重点建设工程；

（二）大中型公用事业工程；

（三）成片开发建设的住宅小区工程；

（四）利用外国政府或者国际组织贷款、援助资金的工程；

（五）国家规定必须实行监理的其他工程。

第十三条 建设单位在领取施工许可证或者开工报告前，应当按照国家有关规定办理工程质量监督手续。

第十四条 按照合同约定，由建设单位采购建筑材料、建筑构配件和设备的，建设单位应当保证建筑材料、建筑构配件和设备符合设计文件和合同要求。

建设单位不得明示或者暗示施工单位使用不合格的建筑材料、建筑构配件和设备。

第十五条 涉及建筑主体和承重结构变动的装修工程，建设单位应当在施工前委托原设计单位或者具有相应资质等级的设计单位提出设计方案；没有设计方案的，不得施工。

房屋建筑使用者在装修过程中，不得擅自变动房屋建筑主体和承重结构。

第十六条 建设单位收到建设工程竣工报告后，应当组织设计、施工、工程监理等有关单位进行竣工验收。

建设工程竣工验收应当具备下列条件：

（一）完成建设工程设计和合同约定的各项内容；

（二）有完整的技术档案和施工管理资料；

（三）有工程使用的主要建筑材料、建筑构配件和设备的进场试验报告；

（四）有勘察、设计、施工、工程监理等单位分别签署的质量合格文件；

（五）有施工单位签署的工程保修书。

建设工程经验收合格的，方可交付使用。

第十七条 建设单位应当严格按照国家有关档案管理的规定，及时收集、整理建设项目各环节的文件资料，建立、健全建设项目档案，并在建设工程竣工验收后，及时向建设行政主管部门或者其他有关部门移交建设项目档案。

第三章 勘察、设计单位的质量责任和义务

第十八条 从事建设工程勘察、设计的单位应当依法取得相应等级的资质证书，并在其资质等级许可的范围内承揽工程。

禁止勘察、设计单位超越其资质等级许可的范围或者以其他勘察、设计单位的名义承揽工程。禁止勘察、设计单位允许其他单位或者个人以本单位的名义承揽工程。

勘察、设计单位不得转包或者违法分包所承揽的工程。

第十九条　勘察、设计单位必须按照工程建设强制性标准进行勘察、设计，并对其勘察、设计的质量负责。

注册建筑师、注册结构工程师等注册执业人员应当在设计文件上签字，对设计文件负责。

第二十条　勘察单位提供的地质、测量、水文等勘察成果必须真实、准确。

第二十一条　设计单位应当根据勘察成果文件进行建设工程设计。

设计文件应当符合国家规定的设计深度要求，注明工程合理使用年限。

第二十二条　设计单位在设计文件中选用的建筑材料、建筑构配件和设备，应当注明规格、型号、性能等技术指标，其质量要求必须符合国家规定的标准。

除有特殊要求的建筑材料、专用设备、工艺生产线等外，设计单位不得指定生产厂、供应商。

第二十三条　设计单位应当就审查合格的施工图设计文件向施工单位做出详细说明。

第二十四条　设计单位应当参与建设工程质量事故分析，并对因设计造成的质量事故，提出相应的技术处理方案。

第四章　施工单位的质量责任和义务

第二十五条　施工单位应当依法取得相应等级的资质证书，并在其资质等级许可的范围内承揽工程。

禁止施工单位超越本单位资质等级许可的业务范围或者以其他施工单位的名义承揽工程。禁止施工单位允许其他单位或者个人以本单位的名义承揽工程。

施工单位不得转包或者违法分包工程。

第二十六条　施工单位对建设工程的施工质量负责。

施工单位应当建立质量责任制，确定工程项目的项目经理、技术负责人的施工管理负责人。

建设工程实行总承包的，总承包单位应当对全部建设工程质量负责；建设工程勘察、设计、施工、设备采购的一项或者多项实行总承包的，总承包单位应当对其承包的建设工程或者采购的设备的质量负责。

第二十七条　总承包单位依法将建设工程分包给其他单位的，分包单位应当按照分包合同的约定对其分包工程的质量向总承包单位负责，总承包单位与分包单位对分包工程的质量承担连带责任。

第二十八条　施工单位必须按照工程设计图纸和施工技术标准施工，不得擅自修改工程设计，不得偷工减料。

施工单位在施工过程中发现设计文件和图纸有差错的，应当及时提出意见和建议。

第二十九条　施工单位必须按照工程设计要求、施工技术标准和合同约定，对建筑材料、建筑构配件、设备和商品混凝土进行检验，检验应当有书面记录和专人签字；未经检验或者检验不合格的，不得使用。

第三十条　施工单位必须建立、健全施工质量的检验制度，严格工序管理，作好隐蔽工程的质量检查和记录。隐蔽工程在隐蔽前，施工单位应当通知建设单位和建设工程质量监督机构。

第三十一条 施工人员对涉及结构安全的试块、试件以及有关材料，应当在建设单位或者工程监理单位监督下现场取样，并送具有相应资质等级的质量检测单位进行检测。

第三十二条 施工单位对施工中出现质量问题的建设工程或者竣工验收不合格的建设工程，应当负责返修。

第三十三条 施工单位应当建立、健全教育培训制度，加强对职工的教育培训；未经教育培训或者考核不合格的人员，不得上岗作业。

第五章 工程监理单位的质量责任和义务

第三十四条 工程监理单位应当依法取得相应等级的资质证书，并在其资质等级许可的范围内承担工程监理业务。

禁止工程监理单位超越本单位资质等级许可的范围或者以其他工程监理单位的名义承担工程监理业务。禁止工程监理单位允许其他单位或者个人以本单位的名义承担工程监理业务。

工程监理单位不得转让工程监理业务。

第三十五条 工程监理单位与被监理工程的施工承包单位以及建筑材料、建筑构配件和设备供应单位有隶属关系或者其他利害关系的，不得承担该项建设工程的监理业务。

第三十六条 工程监理单位应当依照法律、法规以及有关技术标准、设计文件和建设工程承包合同，代表建设单位对施工质量实施监理，并对施工质量承担监理责任。

第三十七条 工程监理单位应当选派具备相应资格的总监理工程师和监理工程师进驻施工现场。

未经监理工程师签字，建筑材料、建筑构配件和设备不得在工程上使用或者安装，施工单位不得进行下一道工序的施工。未经总监理工程师签字，建设单位不拨付工程款，不进行竣工验收。

第三十八条 监理工程师应当按照工程监理规范的要求，采取旁站、巡视和平行检验等形式，对建设工程实施监理。

第六章 建设工程质量保修

第三十九条 建设工程实行质量保修制度。

建设工程承包单位在向建设单位提交工程竣工验收报告时，应当向建设单位出具质量保修书。质量保修书中应当明确建设工程的保修范围、保修期限和保修责任等。

第四十条 在正常使用条件下，建设工程的最低保修期限为：

（一）基础设施工程、房屋建筑的地基基础工程和主体结构工程，为设计文件规定的该工程的合理使用年限；

（二）屋面防水工程、有防水要求的卫生间、房间和外墙面的防渗漏，为5年；

（三）供热与供冷系统，为2个采暖期、供冷期；

（四）电气管线、给排水管道、设备安装和装修工程，为2年；

其他项目的保修期限由发包方与承包方约定。

建设工程的保修期，自竣工验收合格之日起计算。

第四十一条　建设工程在保修范围和保修期限内发生质量问题的，施工单位应当履行保修义务，并对造成的损失承担赔偿责任。

第四十二条　建设工程在超过合理使用年限后需要继续使用，产权所有人应当委托具有相应资质等级的勘察、设计单位鉴定，并根据鉴定结果采取加固、维修等措施，重新界定使用期。

第七章　监督管理

第四十三条　国家实行建设工程质量监督管理制度。

国务院建设行政主管部门对全国的建设工程质量实施统一监督管理。国务院铁路、交通、水利等有关部门按照国务院规定的职责分工，负责对全国的有关专业建设工程质量的监督管理。

县级以上地方人民政府建设行政主管部门对本行政区域内的建设工程质量实施监督管理。县级以上地方人民政府交通、水利等有关部门在各自的职责范围内，负责对本行政区域内的专业建设工程质量的监督管理。

第四十四条　国务院建设行政主管部门和国务院铁路、交通、水利等有关部门应当加强对有关建设工程质量的法律、法规和强制性标准执行情况的监督检查。

第四十五条　国务院发展计划部门按照国务院规定的职责，组织稽查特派员，对国家出资的重大建设项目实施监督检查。

国务院经济贸易主管部门按照国务院规定的职责，对国家重大技术改造项目实施监督检查。

第四十六条　建设工程质量监督管理，可以由建设行政主管部门或者其他有关部门委托的建设工程质量监督机构具体实施。

从事房屋建筑工程和市政基础设施工程质量监督的机构，必须按照国家有关规定经国务院建设行政主管部门或者省、自治区、直辖市人民政府建设行政主管部门考核；从事专业建设工程质量监督的机构，必须按照国家有关规定经国务院有关部门或者省、自治区、直辖市人民政府有关部门考核。经考核合格后，方可实施质量监督。

第四十七条　县级以上地方人民政府建设行政主管部门和其他有关部门应当加强对有关建设工程质量的法律、法规和强制性标准执行情况的监督检查。

第四十八条　县级以上人民政府建设行政主管部门和其他有关部门履行监督检查职责时，有权采取下列措施：

（一）要求被检查的单位提供有关工程质量的文件和资料；

（二）进入被检查单位的施工现场进行检查；

（三）发现有影响工程质量的问题时，责令改正。

第四十九条　建设单位应当自建设工程竣工验收合格之日起15日内，将建设工程竣工验收报告和规划、公安消防、环保等部门出具的认可文件或者准许使用文件报建设行政主管部门或者其他有关部门备案。

建设行政主管部门或者其他有关部门发现建设单位在竣工验收过程中有违反国家有关建设工程质量管理规定行为的，责令停止使用，重新组织竣工验收。

第五十条 有关单位和个人对县级以上人民政府建设行政主管部门和其他有关部门进行的监督检查应当支持与配合，不得拒绝或者阻碍建设工程质量监督检查人员依法执行职务。

第五十一条 供水、供电、供气、公安消防等部门或者单位不得明示或者暗示建设单位、施工单位购买其指定的生产供应单位的建筑材料、建筑构配件和设备。

第五十二条 建设工程发生质量事故，有关单位应当在24小时内向当地建设行政主管部门和其他有关部门报告。对重大质量事故，事故发生地的建设行政主管部门和其他有关部门应当按照事故类别和等级向当地人民政府和上级建设行政主管部门和其他有关部门报告。

特别重大质量事故的调查程序按照国务院有关规定办理。

第五十三条 任何单位和个人对建设工程的质量事故、质量缺陷都有权检举、控告、投诉。

第八章 罚 则

第五十四条 违反本条例规定，建设单位将建设工程发包给不具有相应资质等级的勘察、设计、施工单位或者委托给不具有相应资质等级的工程监理单位的，责令改正，处50万元以上100万元以下的罚款。

第五十五条 违反本条例规定，建设单位将建设工程肢解发包的，责令改正，处工程合同价款百分之零点五以上百分之一以下的罚款；对全部或者部分使用国有资金的项目，并可以暂停项目执行或者暂停资金拨付。

第五十六条 违反本条例规定，建设单位有下列行为之一的，责令改正，处20万元以上50万元以下的罚款：

（一）迫使承包方以低于成本的价格竞标的；

（二）任意压缩合理工期的；

（三）明示或者暗示设计单位或者施工单位违反工程建设强制性标准，降低工程质量的；

（四）施工图设计文件未经审查或者审查不合格，擅自施工的；

（五）建设项目必须实行工程监理而未实行工程监理的；

（六）未按照国家规定办理工程质量监督手续的；

（七）明示或者暗示施工单位使用不合格的建筑材料、建筑构配件和设备的；

（八）未按照国家规定将竣工验收报告、有关认可文件或者准许使用文件报送备案的。

第五十七条 违反本条例规定，建设单位未取得施工许可证或者开工报告未经批准，擅自施工的，责令停止施工，限期改正，处工程合同价款1%以上2%以下的罚款。

第五十八条 违反本条例规定，建设单位有下列行为之一的，责令改正，处工程合同价款2%以上4%以下的罚款；造成损失的，依法承担赔偿责任：

（一）未组织竣工验收，擅自交付使用的；

（二）验收不合格，擅自交付使用的；

（三）对不合格的建设工程按照合格工程验收的。

第五十九条 违反本条例规定，建设工程竣工验收后，建设单位未向建设行政主管部门或者其他有关部门移交建设项目档案的，责令改正，处1万元以上10万元以下的罚款。

第六十条　违反本条例规定，勘察、设计、施工、工程监理单位超越本单位资质等级承揽工程的，责令停止违法行为，对勘察、设计单位或者工程监理单位处合同约定的勘察费、设计费或者监理酬金1倍以上2倍以下的罚款；对施工单位处工程合同价款2%以上4%以下的罚款，可以责令停业整顿，降低资质等级；情节严重的，吊销资质证书；有违法所得的，予以没收。

未取得资质证书承揽工程的，予以取缔，依照前款规定处以罚款；有违法所得的，予以没收。

以欺骗手段取得资质证书承揽工程的，吊销资质证书，依照本条第一款规定处以罚款；有违法所得的，予以没收。

第六十一条　违反本条例规定，勘察、设计、施工、工程监理单位允许其他单位或者个人以本单位名义承揽工程的，责令改正，没收违法所得，对勘察、设计单位和工程监理单位处合同约定的勘察费、设计费和监理酬金1倍以上2倍以下的罚款；对施工单位处工程合同价款2%以上4%以下的罚款；可以责令停业整顿，降低资质等级；情节严重的，吊销资质证书。

第六十二条　违反本条例规定，承包单位将承包的工程转包或者违法分包的，责令改正，没收违法所得，对勘察、设计单位处合同约定的勘察费、设计费25%以上50%以下的罚款；对施工单位处工程合同价款0.5%以上1%以下的罚款；可以责令停业整顿，降低资质等级；情节严重的，吊销资质证书。

工程监理单位转让工程监理业务的，责令改正，没收违法所得，处合同约定的监理酬金25%以上50%以下的罚款；可以责令停业整顿，降低资质等级；情节严重的吊销资质证书。

第六十三条　违反本条例规定，有下列行为之一的，责令改正，处10万元以上30万元以下的罚款：

（一）勘察单位未按照工程建设强制性标准进行勘察的；

（二）设计单位未根据勘察成果文件进行工程设计的；

（三）设计单位指定建筑材料、建筑构配件的生产厂、供应商的；

（四）设计单位未按照工程建设强制性标准进行设计的。

有前款所列行为，造成工程质量事故的，责令停业整顿，降低资质等级；情节严重的，吊销资质证书；造成损失的，依法承担赔偿责任。

第六十四条　违反本条例规定，施工单位在施工中偷工减料的，使用不合格的建筑材料、建筑构配件和设备的，或者有不按照工程设计图纸或者施工技术标准施工的其他行为的，责令改正，处工程合同价款2%以上4%以下的罚款；造成建设工程质量不符合规定和质量标准的，负责返工、修理，并赔偿因此造成的损失；情节严重的，责令停业整顿，降低资质等级或者吊销资质证书。

第六十五条　违反本条例规定，施工单位未对建筑材料、建筑构配件、设备和商品混凝土进行检验，或者未对涉及结构安全的试块、试件以及有关材料取样检测的，责令改正，处10万元以上20万元以下的罚款；情节严重的，责令停业整顿，降低资质等级或者吊销资质证书；造成损失的，依法承担赔偿责任。

第六十六条　违反本条例规定，施工单位不履行保修义务或者拖延履行保修义务的，责令改正，处10万元以上20万元以下的罚款，并对在保修期内因质量缺陷造成的损失承担赔偿责任。

第六十七条 工程监理单位有下列行为之一的，责令改正，处50万元以上100万元以下的罚款，降低资质等级或者吊销资质证书；有违法所得的，予以没收；造成损失的，承担连带赔偿责任：

（一）与建设单位或者施工单位串通，弄虚作假、降低工程质量的；

（二）将不合格的建设工程、建筑材料、建筑构配件和设备按照合格签字的。

第六十八条 违反本条例规定，工程监理单位与被监理工程的施工承包单位以及建筑材料、建筑构配件和设备供应单位有隶属关系或者其他利害关系承担该项建设工程的监理业务的，责令改正，处5万元以上10万元以下的罚款，降低资质等级或者吊销资质证书；有违法所得的，予以没收。

第六十九条 违反本条例规定，涉及建筑主体或者承重结构变动的装修工程，没有设计方案擅自施工的，责令改正，处50万元以上100万元以下的罚款；房屋建筑使用者在装修过程中擅自变动房屋建筑主体和承重结构的，责令改正，处5万元以上10万元以下的罚款。

有前款所列行为，造成损失的，依法承担赔偿责任。

第七十条 发生重大工程质量事故隐瞒不报、谎报或者拖延报告期限的，对直接负责的主管人员和其他责任人员依法给予行政处分。

第七十一条 违反本条例规定，供水、供电、供气、公安消防等部门或者单位明示或者暗示建设单位或者施工单位购买其指定的生产供应单位的建筑材料、建筑构配件和设备的，责令改正。

第七十二条 违反本条例规定，注册建筑师、注册结构工程师、监理工程师等注册执业人员因过错造成质量事故的，责令停止执业1年；造成重大质量事故的，吊销执业资格证书，5年以内不予注册；情节特别恶劣的，终身不予注册。

第七十三条 依照本条例规定，给予单位罚款处罚的，对单位直接负责的主管人员和其他直接责任人员处单位罚款数额5%以上10%以下的罚款。

第七十四条 建设单位、设计单位、施工单位、工程监理单位违反国家规定，降低工程质量标准，造成重大安全事故，构成犯罪的，对直接责任人员依法追究刑事责任。

第七十五条 本条例规定的责令停业整顿，降低资质等级和吊销资质证书的行政处罚，由颁发资质证书的机关决定；其他行政处罚，由建设行政主管部门或者其他有关部门依照法定职权决定。

依照本条例规定被吊销资质证书的，由工商行政管理部门吊销其营业执照。

第七十六条 国家机关工作人员在建设工程质量监督管理工作中玩忽职守、滥用职权、徇私舞弊，构成犯罪的，依法追究刑事责任；尚不构成犯罪的，依法给予行政处分。

第七十七条 建设、勘察、设计、施工、工程监理单位的工作人员因调动工作、退休等原因离开该单位后，被发现在该单位工作期间违反国家有关建设工程质量管理规定，造成重大工程质量事故的，仍应当依法追究法律责任。

第九章 附 则

第七十八条 本条例所称肢解发包，是指建设单位将应当由一个承包单位完成的建设工程分解成若干部分发包给不同的承包单位的行为。

本条例所称违法分包，是指下列行为：

（一）总承包单位将建设工程分包给不具备相应资质条件的单位的；

（二）建设工程总承包合同中未有约定，又未经建设单位认可，承包单位将其承包的部分建设工程交由其他单位完成的；

（三）施工总承包单位将建设工程主体结构的施工分包给其他单位的；

（四）分包单位将其承包的建设工程再分包的。

本条例所称转包，是指承包单位承包建设工程后，不履行合同约定的责任和义务，将其承包的全部建设工程转给他人或者将其承包的全部建设工程肢解以后以分包的名义分别转给其他单位承包的行为。

第七十九条　本条例规定的罚款和没收的违法所得，必须全部上缴国库。

第八十条　抢险救灾以及其他临时性房屋建筑和农民自建低层住宅的建设活动，不适用本条例。

第八十一条　军事建设工程的管理，按照中央军事委员会的有关规定执行。

第八十二条　本条例自发布之日起施行。

附刑法有关条款

第一百三十七条　建设单位、设计单位、施工单位、工程监理单位违反国家规定，降低工程质量标准，造成重大安全事故的，对直接责任人员处 5 年以下有期徒刑或者拘役，并处罚金；后果特别严重的，处 5 年以上 10 年以下有期徒刑，并处罚金。

附录三　建设工程安全管理条例

第一章　总　　则

第一条　为了加强建设工程安全生产监督管理，保障人民群众生命和财产安全，根据《中华人民共和国建筑法》、《中华人民共和国安全生产法》，制定本条例。

第二条　在中华人民共和国境内从事建设工程的新建、扩建、改建和拆除等有关活动及实施对建设工程安全生产的监督管理，必须遵守本条例。

本条例所称建设工程，是指土木工程、建筑工程、线路管道和设备安装工程及装修工程。

第三条　建设工程安全生产管理，坚持安全第一、预防为主的方针。

第四条　建设单位、勘察单位、设计单位、施工单位、工程监理单位及其他与建设工程安全生产有关的单位，必须遵守安全生产法律、法规的规定，保证建设工程安全生产，依法承担建设工程安全生产责任。

第五条　国家鼓励建设工程安全生产的科学技术研究和先进技术的推广应用，推进建设工程安全生产的科学管理。

第二章　建设单位的安全责任

第六条　建设单位应当向施工单位提供施工现场及毗邻区域内供水、排水、供电、供气、供热、通信、广播电视等地下管线资料，气象和水文观测资料，相邻建筑物和构筑物、地下工程的有关资料，并保证资料的真实、准确、完整。

建设单位因建设工程需要，向有关部门或者单位查询前款规定的资料时，有关部门或者单位应当及时提供。

第七条　建设单位不得对勘察、设计、施工、工程监理等单位提出不符合建设工程安全生产法律、法规和强制性标准规定的要求，不得压缩合同约定的工期。

第八条　建设单位在编制工程概算时，应当确定建设工程安全作业环境及安全施工措施所需费用。

第九条　建设单位不得明示或者暗示施工单位购买、租赁、使用不符合安全施工要求的安全防护用具、机械设备、施工机具及配件、消防设施和器材。

第十条　建设单位在申请领取施工许可证时，应当提供建设工程有关安全施工措施的资料。

依法批准开工报告的建设工程，建设单位应当自开工报告批准之日起 15 日内，将保证安全施工的措施报送建设工程所在地的县级以上地方人民政府建设行政主管部门或者其他有关部门备案。

第十一条　建设单位应当将拆除工程发包给具有相应资质等级的施工单位。

建设单位应当在拆除工程施工 15 日前，将下列资料报送建设工程所在地的县级以上地方人民政府建设行政主管部门或者其他有关部门备案：

（一）施工单位资质等级证明；

（二）拟拆除建筑物、构筑物及可能危及毗邻建筑的说明；

（三）拆除施工组织方案；

（四）堆放、清除废弃物的措施。

实施爆破作业的，应当遵守国家有关民用爆炸物品管理的规定。

第三章　勘察、设计、工程监理及其他有关单位的安全责任

第十二条　勘察单位应当按照法律、法规和工程建设强制性标准进行勘察，提供的勘察文件应当真实、准确，满足建设工程安全生产的需要。

勘察单位在勘察作业时，应当严格执行操作规程，采取措施保证各类管线、设施和周边建筑物、构筑物的安全。

第十三条　设计单位应当按照法律、法规和工程建设强制性标准进行设计，防止因设计不合理导致生产安全事故的发生。

设计单位应当考虑施工安全操作和防护的需要，对涉及施工安全的重点部位和环节在设计文件中注明，并对防范生产安全事故提出指导意见。

采用新结构、新材料、新工艺的建设工程和特殊结构的建设工程，设计单位应当在设计中提出保障施工作业人员安全和预防生产安全事故的措施建议。

设计单位和注册建筑师等注册执业人员应当对其设计负责。

第十四条　工程监理单位应当审查施工组织设计中的安全技术措施或者专项施工方案是否符合工程建设强制性标准。

工程监理单位在实施监理过程中，发现存在安全事故隐患的，应当要求施工单位整改；情况严重的，应当要求施工单位暂时停止施工，并及时报告建设单位。施工单位拒不整改或者不停止施工的，工程监理单位应当及时向有关主管部门报告。

工程监理单位和监理工程师应当按照法律、法规和工程建设强制性标准实施监理，并对建设工程安全生产承担监理责任。

第十五条　为建设工程提供机械设备和配件的单位，应当按照安全施工的要求配备齐全有效的保险、限位等安全设施和装置。

第十六条　出租的机械设备和施工机具及配件，应当具有生产（制造）许可证、产品合格证。

出租单位应当对出租的机械设备和施工机具及配件的安全性能进行检测，在签订租赁协议时，应当出具检测合格证明。

禁止出租检测不合格的机械设备和施工机具及配件。

第十七条　在施工现场安装、拆卸施工起重机械和整体提升脚手架、模板等自升式架设设施，必须由具有相应资质的单位承担。

安装、拆卸施工起重机械和整体提升脚手架、模板等自升式架设设施，应当编制拆装方

案、制定安全施工措施，并由专业技术人员现场监督。

施工起重机械和整体提升脚手架、模板等自升式架设设施安装完毕后，安装单位应当自检，出具自检合格证明，并向施工单位进行安全使用说明，办理验收手续并签字。

第十八条 施工起重机械和整体提升脚手架、模板等自升式架设设施的使用达到国家规定的检验检测期限的，必须经具有专业资质的检验检测机构检测。经检测不合格的，不得继续使用。

第十九条 检验检测机构对检测合格的施工起重机械和整体提升脚手架、模板等自升式架设设施，应当出具安全合格证明文件，并对检测结果负责。

第四章 施工单位的安全责任

第二十条 施工单位从事建设工程的新建、扩建、改建和拆除等活动，应当具备国家规定的注册资本、专业技术人员、技术装备和安全生产等条件，依法取得相应等级的资质证书，并在其资质等级许可的范围内承揽工程。

第二十一条 施工单位主要负责人依法对本单位的安全生产工作全面负责。施工单位应当建立健全安全生产责任制度和安全生产教育培训制度，制定安全生产规章制度和操作规程，保证本单位安全生产条件所需资金的投入，对所承担的建设工程进行定期和专项安全检查，并做好安全检查记录。

施工单位的项目负责人应当由取得相应执业资格的人员担任，对建设工程项目的安全施工负责，落实安全生产责任制度、安全生产规章制度和操作规程，确保安全生产费用的有效使用，并根据工程的特点组织制定安全施工措施，消除安全事故隐患，及时、如实报告生产安全事故。

第二十二条 施工单位对列入建设工程概算的安全作业环境及安全施工措施所需费用，应当用于施工安全防护用具及设施的采购和更新、安全施工措施的落实、安全生产条件的改善，不得挪作他用。

第二十三条 施工单位应当设立安全生产管理机构，配备专职安全生产管理人员。

专职安全生产管理人员负责对安全生产进行现场监督检查。发现安全事故隐患，应当及时向项目负责人和安全生产管理机构报告；对违章指挥、违章操作的，应当立即制止。

专职安全生产管理人员的配备办法由国务院建设行政主管部门会同国务院其他有关部门制定。

第二十四条 建设工程实行施工总承包的，由总承包单位对施工现场的安全生产负总责。

总承包单位应当自行完成建设工程主体结构的施工。

总承包单位依法将建设工程分包给其他单位的，分包合同中应当明确各自的安全生产方面的权利、义务。总承包单位和分包单位对分包工程的安全生产承担连带责任。

分包单位应当服从总承包单位的安全生产管理，分包单位不服从管理导致生产安全事故的，由分包单位承担主要责任。

第二十五条 垂直运输机械作业人员、安装拆卸工、爆破作业人员、起重信号工、登高架设作业人员等特种作业人员，必须按照国家有关规定经过专门的安全作业培训，并取得特种作业操作资格证书后，方可上岗作业。

第二十六条 施工单位应当在施工组织设计中编制安全技术措施和施工现场临时用电方案，对下列达到一定规模的危险性较大的分部分项工程编制专项施工方案，并附具安全验算结果，经施工单位技术负责人、总监理工程师签字后实施，由专职安全生产管理人员进行现场监督：

（一）基坑支护与降水工程；

（二）土方开挖工程；

（三）模板工程；

（四）起重吊装工程；

（五）脚手架工程；

（六）拆除、爆破工程；

（七）国务院建设行政主管部门或者其他有关部门规定的其他危险性较大的工程。

对前款所列工程中涉及深基坑、地下暗挖工程、高大模板工程的专项施工方案，施工单位还应当组织专家进行论证、审查。

本条第一款规定的达到一定规模的危险性较大工程的标准，由国务院建设行政主管部门会同国务院其他有关部门制定。

第二十七条 建设工程施工前，施工单位负责项目管理的技术人员应当对有关安全施工的技术要求向施工作业班组、作业人员作出详细说明，并由双方签字确认。

第二十八条 施工单位应当在施工现场入口处、施工起重机械、临时用电设施、脚手架、出入通道口、楼梯口、电梯井口、孔洞口、桥梁口、隧道口、基坑边沿、爆破物及有害危险气体和液体存放处等危险部位，设置明显的安全警示标志。安全警示标志必须符合国家标准。

施工单位应当根据不同施工阶段和周围环境及季节、气候的变化，在施工现场采取相应的安全施工措施。施工现场暂时停止施工的，施工单位应当做好现场防护，所需费用由责任方承担，或者按照合同约定执行。

第二十九条 施工单位应当将施工现场的办公、生活区与作业区分开设置，并保持安全距离；办公、生活区的选址应当符合安全性要求。职工的膳食、饮水、休息场所等应当符合卫生标准。施工单位不得在尚未竣工的建筑物内设置员工集体宿舍。

施工现场临时搭建的建筑物应当符合安全使用要求。施工现场使用的装配式活动房屋应当具有产品合格证。

第三十条 施工单位对因建设工程施工可能造成损害的毗邻建筑物、构筑物和地下管线等，应当采取专项防护措施。

施工单位应当遵守有关环境保护法律、法规的规定，在施工现场采取措施，防止或者减少粉尘、废气、废水、固体废物、噪声、振动和施工照明对人和环境的危害和污染。

在城市市区内的建设工程，施工单位应当对施工现场实行封闭围挡。

第三十一条 施工单位应当在施工现场建立消防安全责任制度，确定消防安全责任人，制定用火、用电、使用易燃易爆材料等各项消防安全管理制度和操作规程，设置消防通道、消防水源，配备消防设施和灭火器材，并在施工现场入口处设置明显标志。

第三十二条 施工单位应当向作业人员提供安全防护用具和安全防护服装，并书面告知危险岗位的操作规程和违章操作的危害。

作业人员有权对施工现场的作业条件、作业程序和作业方式中存在的安全问题提出批评、检举和控告，有权拒绝违章指挥和强令冒险作业。

在施工中发生危及人身安全的紧急情况时，作业人员有权立即停止作业或者在采取必要的应急措施后撤离危险区域。

第三十三条 作业人员应当遵守安全施工的强制性标准、规章制度和操作规程，正确使用安全防护用具、机械设备等。

第三十四条 施工单位采购、租赁的安全防护用具、机械设备、施工机具及配件，应当具有生产（制造）许可证、产品合格证，并在进入施工现场前进行查验。

施工现场的安全防护用具、机械设备、施工机具及配件必须由专人管理，定期进行检查、维修和保养，建立相应的资料档案，并按照国家有关规定及时报废。

第三十五条 施工单位在使用施工起重机械和整体提升脚手架、模板等自升式架设设施前，应当组织有关单位进行验收，也可以委托具有相应资质的检验检测机构进行验收；使用承租的机械设备和施工机具及配件的，由施工总承包单位、分包单位、出租单位和安装单位共同进行验收。验收合格的方可使用。

《特种设备安全监察条例》规定的施工起重机械，在验收前应当经有相应资质的检验检测机构监督检验合格。

施工单位应当自施工起重机械和整体提升脚手架、模板等自升式架设设施验收合格之日起30日内，向建设行政主管部门或者其他有关部门登记。登记标志应当置于或者附着于该设备的显著位置。

第三十六条 施工单位的主要负责人、项目负责人、专职安全生产管理人员应当经建设行政主管部门或者其他有关部门考核合格后方可任职。

施工单位应当对管理人员和作业人员每年至少进行一次安全生产教育培训，其教育培训情况记入个人工作档案。安全生产教育培训考核不合格的人员，不得上岗。

第三十七条 作业人员进入新的岗位或者新的施工现场前，应当接受安全生产教育培训。未经教育培训或者教育培训考核不合格的人员，不得上岗作业。

施工单位在采用新技术、新工艺、新设备、新材料时，应当对作业人员进行相应的安全生产教育培训。

第三十八条 施工单位应当为施工现场从事危险作业的人员办理意外伤害保险。

意外伤害保险费由施工单位支付。实行施工总承包的，由总承包单位支付意外伤害保险费。意外伤害保险期限自建设工程开工之日起至竣工验收合格止。

第五章 监督管理

第三十九条 国务院负责安全生产监督管理的部门依照《中华人民共和国安全生产法》的规定，对全国建设工程安全生产工作实施综合监督管理。

县级以上地方人民政府负责安全生产监督管理的部门依照《中华人民共和国安全生产法》的规定，对本行政区域内建设工程安全生产工作实施综合监督管理。

第四十条 国务院建设行政主管部门对全国的建设工程安全生产实施监督管理。国务院铁路、交通、水利等有关部门按照国务院规定的职责分工，负责有关专业建设工程安全生产的监督管理。

县级以上地方人民政府建设行政主管部门对本行政区域内的建设工程安全生产实施监督管理。县级以上地方人民政府交通、水利等有关部门在各自的职责范围内，负责本行政区域内的专业建设工程安全生产的监督管理。

第四十一条　建设行政主管部门和其他有关部门应当将本条例第十条、第十一条规定的有关资料的主要内容抄送同级负责安全生产监督管理的部门。

第四十二条　建设行政主管部门在审核发放施工许可证时，应当对建设工程是否有安全施工措施进行审查，对没有安全施工措施的，不得颁发施工许可证。

建设行政主管部门或者其他有关部门对建设工程是否有安全施工措施进行审查时，不得收取费用。

第四十三条　县级以上人民政府负有建设工程安全生产监督管理职责的部门在各自的职责范围内履行安全监督检查职责时，有权采取下列措施：

（一）要求被检查单位提供有关建设工程安全生产的文件和资料；

（二）进入被检查单位施工现场进行检查；

（三）纠正施工中违反安全生产要求的行为；

（四）对检查中发现的安全事故隐患，责令立即排除；重大安全事故隐患排除前或者排除过程中无法保证安全的，责令从危险区域内撤出作业人员或者暂时停止施工。

第四十四条　建设行政主管部门或者其他有关部门可以将施工现场的监督检查委托给建设工程安全监督机构具体实施。

第四十五条　国家对严重危及施工安全的工艺、设备、材料实行淘汰制度。具体目录由国务院建设行政主管部门会同国务院其他有关部门制定并公布。

第四十六条　县级以上人民政府建设行政主管部门和其他有关部门应当及时受理对建设工程生产安全事故及安全事故隐患的检举、控告和投诉。

第六章　生产安全事故的应急救援和调查处理

第四十七条　县级以上地方人民政府建设行政主管部门应当根据本级人民政府的要求，制定本行政区域内建设工程特大生产安全事故应急救援预案。

第四十八条　施工单位应当制定本单位生产安全事故应急救援预案，建立应急救援组织或者配备应急救援人员，配备必要的应急救援器材、设备，并定期组织演练。

第四十九条　施工单位应当根据建设工程施工的特点、范围，对施工现场易发生重大事故的部位、环节进行监控，制定施工现场生产安全事故应急救援预案。实行施工总承包的，由总承包单位统一组织编制建设工程生产安全事故应急救援预案，工程总承包单位和分包单位按照应急救援预案，各自建立应急救援组织或者配备应急救援人员，配备救援器材、设备，并定期组织演练。

第五十条　施工单位发生生产安全事故，应当按照国家有关伤亡事故报告和调查处理的规定，及时、如实地向负责安全生产监督管理的部门、建设行政主管部门或者其他有关部门报告；特种设备发生事故的，还应当同时向特种设备安全监督管理部门报告。接到报告的部门应当按照国家有关规定，如实上报。

实行施工总承包的建设工程，由总承包单位负责上报事故。

第五十一条 发生生产安全事故后，施工单位应当采取措施防止事故扩大，保护事故现场。需要移动现场物品时，应当做出标记和书面记录，妥善保管有关证物。

第五十二条 建设工程生产安全事故的调查、对事故责任单位和责任人的处罚与处理，按照有关法律、法规的规定执行。

第七章 法律责任

第五十三条 违反本条例的规定，县级以上人民政府建设行政主管部门或者其他有关行政管理部门的工作人员，有下列行为之一的，给予降级或者撤职的行政处分；构成犯罪的，依照刑法有关规定追究刑事责任：

（一）对不具备安全生产条件的施工单位颁发资质证书的；

（二）对没有安全施工措施的建设工程颁发施工许可证的；

（三）发现违法行为不予查处的；

（四）不依法履行监督管理职责的其他行为。

第五十四条 违反本条例的规定，建设单位未提供建设工程安全生产作业环境及安全施工措施所需费用的，责令限期改正；逾期未改正的，责令该建设工程停止施工。

建设单位未将保证安全施工的措施或者拆除工程的有关资料报送有关部门备案的，责令限期改正，给予警告。

第五十五条 违反本条例的规定，建设单位有下列行为之一的，责令限期改正，处20万元以上50万元以下的罚款；造成重大安全事故，构成犯罪的，对直接责任人员，依照刑法有关规定追究刑事责任；造成损失的，依法承担赔偿责任：

（一）对勘察、设计、施工、工程监理等单位提出不符合安全生产法律、法规和强制性标准规定的要求的；

（二）要求施工单位压缩合同约定的工期的；

（三）将拆除工程发包给不具有相应资质等级的施工单位的。

第五十六条 违反本条例的规定，勘察单位、设计单位有下列行为之一的，责令限期改正，处10万元以上30万元以下的罚款；情节严重的，责令停业整顿，降低资质等级，直至吊销资质证书；造成重大安全事故，构成犯罪的，对直接责任人员，依照刑法有关规定追究刑事责任；造成损失的，依法承担赔偿责任：

（一）未按照法律、法规和工程建设强制性标准进行勘察、设计的；

（二）采用新结构、新材料、新工艺的建设工程和特殊结构的建设工程，设计单位未在设计中提出保障施工作业人员安全和预防生产安全事故的措施建议的。

第五十七条 违反本条例的规定，工程监理单位有下列行为之一的，责令限期改正；逾期未改正的，责令停业整顿，并处10万元以上30万元以下的罚款；情节严重的，降低资质等级，直至吊销资质证书；造成重大安全事故，构成犯罪的，对直接责任人员，依照刑法有关规定追究刑事责任；造成损失的，依法承担赔偿责任：

（一）未对施工组织设计中的安全技术措施或者专项施工方案进行审查的；

（二）发现安全事故隐患未及时要求施工单位整改或者暂时停止施工的；

（三）施工单位拒不整改或者不停止施工，未及时向有关主管部门报告的；

（四）未依照法律、法规和工程建设强制性标准实施监理的。

第五十八条　注册执业人员未执行法律、法规和工程建设强制性标准的，责令停止执业3个月以上1年以下；情节严重的，吊销执业资格证书，5年内不予注册；造成重大安全事故的，终身不予注册；构成犯罪的，依照刑法有关规定追究刑事责任。

第五十九条　违反本条例的规定，为建设工程提供机械设备和配件的单位，未按照安全施工的要求配备齐全有效的保险、限位等安全设施和装置的，责令限期改正，处合同价款1倍以上3倍以下的罚款；造成损失的，依法承担赔偿责任。

第六十条　违反本条例的规定，出租单位出租未经安全性能检测或者经检测不合格的机械设备和施工机具及配件的，责令停业整顿，并处5万元以上10万元以下的罚款；造成损失的，依法承担赔偿责任。

第六十一条　违反本条例的规定，施工起重机械和整体提升脚手架、模板等自升式架设设施安装、拆卸单位有下列行为之一的，责令限期改正，处5万元以上10万元以下的罚款；情节严重的，责令停业整顿，降低资质等级，直至吊销资质证书；造成损失的，依法承担赔偿责任：

（一）未编制拆装方案、制定安全施工措施的；

（二）未由专业技术人员现场监督的；

（三）未出具自检合格证明或者出具虚假证明的；

（四）未向施工单位进行安全使用说明，办理移交手续的。

施工起重机械和整体提升脚手架、模板等自升式架设设施安装、拆卸单位有前款规定的第（一）项、第（三）项行为，经有关部门或者单位职工提出后，对事故隐患仍不采取措施，因而发生重大伤亡事故或者造成其他严重后果，构成犯罪的，对直接责任人员，依照刑法有关规定追究刑事责任。

第六十二条　违反本条例的规定，施工单位有下列行为之一的，责令限期改正；逾期未改正的，责令停业整顿，依照《中华人民共和国安全生产法》的有关规定处以罚款；造成重大安全事故，构成犯罪的，对直接责任人员，依照刑法有关规定追究刑事责任：

（一）未设立安全生产管理机构、配备专职安全生产管理人员或者分部分项工程施工时无专职安全生产管理人员现场监督的；

（二）施工单位的主要负责人、项目负责人、专职安全生产管理人员、作业人员或者特种作业人员，未经安全教育培训或者经考核不合格即从事相关工作的；

（三）未在施工现场的危险部位设置明显的安全警示标志，或者未按照国家有关规定在施工现场设置消防通道、消防水源、配备消防设施和灭火器材的；

（四）未向作业人员提供安全防护用具和安全防护服装的；

（五）未按照规定在施工起重机械和整体提升脚手架、模板等自升式架设设施验收合格后登记的；

（六）使用国家明令淘汰、禁止使用的危及施工安全的工艺、设备、材料的。

第六十三条　违反本条例的规定，施工单位挪用列入建设工程概算的安全生产作业环境及安全施工措施所需费用的，责令限期改正，处挪用费用20%以上50%以下的罚款；造成损失的，依法承担赔偿责任。

第六十四条 违反本条例的规定，施工单位有下列行为之一的，责令限期改正；逾期未改正的，责令停业整顿，并处 5 万元以上 10 万元以下的罚款；造成重大安全事故，构成犯罪的，对直接责任人员，依照刑法有关规定追究刑事责任：

（一）施工前未对有关安全施工的技术要求作出详细说明的；

（二）未根据不同施工阶段和周围环境及季节、气候的变化，在施工现场采取相应的安全施工措施，或者在城市市区内的建设工程的施工现场未实行封闭围挡的；

（三）在尚未竣工的建筑物内设置员工集体宿舍的；

（四）施工现场临时搭建的建筑物不符合安全使用要求的；

（五）未对因建设工程施工可能造成损害的毗邻建筑物、构筑物和地下管线等采取专项防护措施的。

施工单位有前款规定第（四）项、第（五）项行为，造成损失的，依法承担赔偿责任。

第六十五条 违反本条例的规定，施工单位有下列行为之一的，责令限期改正；逾期未改正的，责令停业整顿，并处 10 万元以上 30 万元以下的罚款；情节严重的，降低资质等级，直至吊销资质证书；造成重大安全事故，构成犯罪的，对直接责任人员，依照刑法有关规定追究刑事责任；造成损失的，依法承担赔偿责任：

（一）安全防护用具、机械设备、施工机具及配件在进入施工现场前未经查验或者查验不合格即投入使用的；

（二）使用未经验收或者验收不合格的施工起重机械和整体提升脚手架、模板等自升式架设设施的；

（三）委托不具有相应资质的单位承担施工现场安装、拆卸施工起重机械和整体提升脚手架、模板等自升式架设设施的；

（四）在施工组织设计中未编制安全技术措施、施工现场临时用电方案或者专项施工方案的。

第六十六条 违反本条例的规定，施工单位的主要负责人、项目负责人未履行安全生产管理职责的，责令限期改正；逾期未改正的，责令施工单位停业整顿；造成重大安全事故、重大伤亡事故或者其他严重后果，构成犯罪的，依照刑法有关规定追究刑事责任。

作业人员不服管理、违反规章制度和操作规程冒险作业造成重大伤亡事故或者其他严重后果，构成犯罪的，依照刑法有关规定追究刑事责任。

施工单位的主要负责人、项目负责人有前款违法行为，尚不够刑事处罚的，处 2 万元以上 20 万元以下的罚款或者按照管理权限给予撤职处分；自刑罚执行完毕或者受处分之日起，5 年内不得担任任何施工单位的主要负责人、项目负责人。

第六十七条 施工单位取得资质证书后，降低安全生产条件的，责令限期改正；经整改仍未达到与其资质等级相适应的安全生产条件的，责令停业整顿，降低其资质等级直至吊销资质证书。

第六十八条 本条例规定的行政处罚，由建设行政主管部门或者其他有关部门依照法定职权决定。

违反消防安全管理规定的行为，由公安消防机构依法处罚。

有关法律、行政法规对建设工程安全生产违法行为的行政处罚决定机关另有规定的，从其规定。

第八章　附　　则

第六十九条　抢险救灾和农民自建低层住宅的安全生产管理，不适用本条例。

第七十条　军事建设工程的安全生产管理，按照中央军事委员会的有关规定执行。

第七十一条　本条例自 2004 年 2 月 1 日起施行。

附录四　工程监理企业资质管理规定

建设部令第102号

第一章　总　　则

第一条　为了加强对工程监理企业资质管理，维护建筑市场秩序，保证建设工程的质量、工期和投资效益的发挥，根据《中华人民共和国建筑法》、《建设工程质量管理条例》，制定本规定。

第二条　在中华人民共和国境内申请工程监理企业资质，实施对工程监理企业资质管理，适用本规定。

第三条　工程监理企业应当按照其拥有的注册资本、专业技术人员和工程监理业绩等资质条件申请资质，经审查合格，取得相应等级的资质证书后，方可在其资质等级许可的范围内从事工程监理活动。

第四条　国务院建设行政主管部门负责全国工程监理企业资质的归口管理工作。国务院铁道、交通、水利、信息产业、民航等有关部门配合国务院建设行政主管部门实施相关资质类别工程监理企业资质的管理工作。

省、自治区、直辖市人民政府建设行政主管部门负责本行政区域内工程监理企业资质的归口管理工作。省、自治区、直辖市人民政府交通、水利、通信等有关部门配合同级建设行政主管部门实施相关资质类别工程监理企业资质的管理工作。

第二章　资质等级和业务范围

第五条　工程监理企业的资质等级分为甲级、乙级和丙级，并按照工程性质和技术特点划分为若干工程类别。

工程监理企业的资质等级标准如下：

（一）甲级

1. 企业负责人和技术负责人应当具有15年以上从事工程建设工作的经历，企业技术负责人应当取得监理工程师注册证书；

2. 取得监理工程师注册证书的人员不少于25人；

3. 注册资本不少于100万元；

4. 近三年内监理过五个以上二等房屋建筑工程项目或者三个以上二等专业工程项目。

（二）乙级

1. 企业负责人和技术负责人应当具有10年以上从事工程建设工作的经历，企业技术负责人应当取得监理工程师注册证书；

2. 取得监理工程师注册证书的人员不少于 15 人；

3. 注册资本不少于 50 万元；

4. 近三年内监理过五个以上三等房屋建筑工程项目或者三个以上三等专业工程项目。

（三）丙级

1. 企业负责人和技术负责人应当具有 8 年以上从事工程建设工作的经历，企业技术负责人应当取得监理工程师注册证书；

2. 取得监理工程师注册证书的人员不少于 5 个；

3. 注册资本不少于 10 万元；

4. 承担过两个以上房屋建筑工程或者一个以上专业工程项目。

第六条 甲级工程监理企业可以监理经核定的工程类别中一、二、三等工程；乙级工程监理企业可以监理经核定的工程类别中二、三等工程；丙级工程监理企业可以监理经核定的工程类别中三等工程。

第七条 工程监理企业可以根据市场需求，开展家庭居室装修监理业务。具体管理办法另行规定。

第三章 资质申请和审批

条八条 工程监理企业应当向企业注册所在地的县级以上地方人民政府建设行政主管部门申请资质。

中央管理的企业直接向国务院建设行政主管部门申请资质，其所属的工程监理企业申请甲级资质的，由中央管理的企业向国务院建设行政主管部门申请，同时向企业注册所在地省、自治区、直辖市人民政府建设行政主管部门报告。

第九条 新设立的工程监理企业，到工商行政管理部门登记注册并取得企业法人营业执照后，方可到建设行政主管部门办理资质申请手续。

新设立的工程监理企业申请资质，应当向建设行政主管部门提供下列资料：

（一）工程监理企业资质申请表；

（二）企业法人营业执照；

（三）企业章程；

（四）企业负责人和技术负责人的工作简历、监理工程师注册证书等有关证明材料；

（五）工程监理人员的监理工程师注册证书；

（六）需要出具的其他有关证件、资料。

第十条 工程监理企业申请资质升级，除向建设行政主管部门提供本规定第九条所列资料外，还应当提供下列资料：

（一）企业原资质证书正、副本；

（二）企业的财务决算年报表；

（三）《监理业务手册》及已完成代表工程的监理合同、监理规划及监理工作总结。

第十一条 甲级工程监理企业资质，经省、自治区、直辖市人民政府建设行政主管部门审核同意后，由国务院建设行政主管部门组织专家委员会进行评审，并提出初审意见；其中涉及铁道、交通、水利、信息产业、民航工程等方面监理企业资质的，由省、自治区、直辖市人民政府建设行政主管部门征得同级有关专业部门审核同意后，报国务院建设行政主管部门，由国务院建设行政主管部门送国务院有关部门初审。国务院建设行政主管部门根据初审意见审批。

审核部门应当对工程监理企业的资质条件和申请资质提供的资料审查核实。

第十二条 乙、丙级工程监理企业资质，由企业注册所在地省、自治区、直辖市人民政府建设行政主管部门审批；其中交通、水利、通信等方面的工程监理企业资质，由省、自治区、直辖市人民政府建设行政主管部门征得同级有关部门初审同意后审批。

第十三条 申请甲级工程监理企业资质的，国务院建设行政主管部门每年定期集中审批一次。国务院建设行政主管部门应当在工程监理企业申请材料齐全后3个月内完成审批。由有关部门负责初审的，初审部门应当从收齐工程监理企业的申请材料之日起1个月内完成初审。国务院建设行政主管部门应当将审批结果通知初审部门。

国务院建设行政主管部门应当将经专家评审合格和国务院有关部门初审合格的甲级资质的工程监理企业名单及基本情况，在中国工程建设和建筑业信息网上公示。经公示后，对于工程监理企业符合资质条件的，予以审批，并将审批结果在中国工程建设和建筑业信息网上公告。

申请乙、丙级工程监理企业资质的，实行即时审批或者定期审批，由省、自治区、直辖市人民政府建设行政主管部门规定。

第十四条 新设立的工程监理企业，其资质等级按照最低等级核定。并设一定的暂定期。

第十五条 由于企业改制，或者企业分立，合并后组建设立的工程监理企业，其资质等级根据实际达到的资质条件，按照本规定的审批程序核定。

第十六条 工程监理企业申请晋升资质等级，在申请之日前一年内有下列行为之一的，建设行政主管部门不予批准：

（一）与建设单位或者工程监理企业之间相互串通投标，或者以行贿等不正当手段谋取中标的；

（二）与建设单位或者施工单位串通，弄虚作假、降低工程质量的；

（三）将不合格的建设工程、建筑材料、建筑构配件和设备按照合格签字的；

（四）超越本单位资质等级承揽监理业务的；

（五）允许其他单位或者个人以本单位的名义承揽工程的；

（六）转让工程监理业务的；

（七）因监理责任而发生过三级以上工程建设重大质量事故或者发生过两起以上四级工程建设质量事故的；

（八）其他违反法律法规的行为。

第十七条 工程监理企业资质条件符合资质等级标准，且未发生本规定第十六条所列行为的，建设行政主管部门颁发相应资质等级的《工程监理企业资质证书》。

《工程监理企业资质证书》分为正本和副本，由国务院建设行政主管部门统一印刷，正、副本具有同等法律效力。

第十八条　任何单位和个人不得涂改、伪造、出借、转让《工程监理企业资质证书》，不得非法扣压、没收《工程监理企业资质证书》。

第十九条　工程监理企业在领取新的《工程监理企业资质证书》的同时，应当将原资质证书交回原发证机关予以注销。

工程监理企业因破产、倒闭、撤销、歇业的，应当将资质证书交回原发证机关予以注销。

第四章　监督管理

第二十条　县级以上人民政府建设行政主管部门和其他有关部门应当加强对工程监理企业资质的监督管理。

禁止任何部门采取法律、行政法规规定以外的其他资信、许可等建筑市场准入限制。

第二十一条　建设行政主管部门对工程监理企业资质实行年检制度。

甲级工程监理企业资质，由国务院建设行政主管部门负责年检；其中铁道、交通、水利、信息产业、民航等方面的工程监理企业资质，由国务院建设行政主管部门会同国务院有关部门联合年检。

乙、丙级工程监理企业资质，由企业注册所在地省、自治区、直辖市人民政府建设行政主管部门负责年检；其中交通、水利、通信等方面的工程监理企业资质，由建设行政主管部门会同同级有关部门联合年检。

第二十二条　工程监理企业资质年检按照下列程序进行：

（一）工程监理企业在规定时间内向建设行政主管部门提交《工程监理企业资质年检表》、《工程监理企业资质证书》、《监理业务手册》以及工程监理人员变化情况及其他有关资料，并交验《企业法人营业执照》。

（二）建设行政主管部门会同有关部门在收到工程监理企业年检资料后40日内，对工程监理企业资质年检做出结论，并记录在《工程监理企业资质证书》副本的年检记录栏内。

第二十三条　工程监理企业资质年检的内容，是检查工程监理企业资质条件是否符合资质等级标准，是否存在质量、市场行为等方面的违法违规行为。

工程监理企业年检结论分为合格、基本合格、不合格三种。

第二十四条　工程监理企业资质条件符合资质等级标准，且在过去一年内未发生本规定第十六条所列行为的年检结论为合格。

第二十五条　工程监理企业资质条件中监理工程师注册人员数量、经营规模未达到资质标准，但不低于资质等级标准的80%，其他各项均达到标准要求，且在过去一年内未发生本规定第十六条所列行为的，年检结论为基本合格。

第二十六条　有下列情形之一的，工程监理企业的资质年检结论为不合格：

（一）资质条件中监理工程师注册人员数量、经营规模的任何一项未达到资质等级标准的80%，或者其他任何一项未达到资质等级标准；

（二）有本规定第十六条所列行为之一的。

已经按照法律、法规的规定予以降低资质等级处罚的行为，年检中不再重复追究。

第二十七条 工程监理企业资质年检不合格或者连续两年基本合格的，建设行政主管部门应当重新核定其资质等级。新核定的资质等级应当低于原资质等级，达不到最低资质等级标准的，取消资质。

第二十八条 工程监理企业连续两年年检合格，方可申请晋升上一个资质等级。

第二十九条 降级的工程监理企业，经过一年以上时间的整改，经建设行政主管部门核查确认，达到规定的资质标准，且在此期间内未发生本规定第十六条所列行为的，可以按照本规定重新申请原资质等级。

第三十条 在规定时间内没有参加资质年检的工程监理企业，其资质证书自行失效，且一年内不得重新申请资质。

第三十一条 工程监理企业遗失《工程监理企业资质证书》，应当在公众媒体上声明作废。其中，甲级监理企业应当在中国工程建设和建筑业信息网上声明作废。

第三十二条 工程监理企业变更名称、地址、法定代表人、技术负责人等，应当在变更后一个月内，到原审批部门办理变更手续。其中，由国务院建设行政主管部门审批的企业除企业名称变更由国务院建设行政主管部门办理外，企业地址、法定代表人、技术负责人的变更委托省、自治区、直辖市人民政府建设行政主管部门办理，办理结果向国务院建设行政主管部门备案。

第五章 罚 则

第三十三条 以欺骗手段取得《工程监理企业资质等级证书》承揽工程的，吊销资质证书，处合同约定的监理酬金 1 倍以上 2 倍以下的罚款；有违法所得的，予以没收。

第三十四条 未取得《工程监理企业资质等级证书》承揽监理业务的，予以取缔，处合同约定的监理酬金 1 倍以上 2 倍以下的罚款；有违法所得的，予以没收。

第三十五条 超越本企业资质等级承揽监理业务的，责令停止违法行为，处合同约定的监理酬金 1 倍以上 2 倍以下的罚款；可以责令停业整顿，降低资质等级；情节严重的，吊销资质证书；有违法所得的，予以没收。

第三十六条 转让监理业务的，责令改正，没收违法所得，处合同约定的监理酬金 25%以上 50%以下的罚款；可以责令停业整顿，降低资质等级；情节严重的，吊销资质证书。

第三十七条 工程监理企业允许其他单位或者个人以本企业名义承揽监理业务的，责令改正，没收违法所得，处合同约定的监理酬金 1 倍以上 2 倍以下的罚款；可以责令停业整顿，降低资质等级；情节严重的，吊销资质证书。

第三十八条 有下列行为之一的，责令改正，处 50 万元以上 100 万元以下的罚款，降低资质等级或者吊销资质证书；有违法所得的，予以没收，造成损失的，承担连带赔偿责任：

（一）与建设单位或者施工单位串通，弄虚作假、降低工程质量的；

（二）将不合格的建设工程、建筑材料、建筑构配件和设备按照合格签字的。

第三十九条　工程监理单位与被监理工程的施工承包单位以及建筑材料、建筑构配件和设备供应单位有隶属关系或者其他利害关系承担该项建设工程的监理业务的，责令改正，处5万元以上10万元以下的罚款降低资质等级或者吊销资质证书；有违法所得的，予以没收。

第四十条　本规定的责令停业整顿、降低资质等级和吊销资质证书的行政处罚，由颁发资质证书的机关决定；其他行政处罚，由建设行政主管部门或者其他有关部门依照法定职权决定。

第四十一条　资质审批部门未按照规定的权限和程序审批资质的，由上级资质审批部门责令改正，已审批的资质无效。

第四十二条　从事资质管理的工作人员在资质审批和管理工作中玩忽职守、滥用职权、徇私舞弊的，依法给予行政处分；构成犯罪的，依法追究刑事责任。

第六章　附　　则

第四十三条　省、自治区、直辖市人民政府建设行政主管部门可以根据本规定制定实施细则，并报国务院建设行政主管部门备案。

第四十四条　本规定由国务院建设行政主管部门负责解释。

第四十五条　本规定自发布之日起施行。1992年1月1日建设部颁布的《工程建设监理单位资质管理试行办法》（建设部令第16号）同时废止。

附录五 建设工程监理范围和规模标准规定

建设部第86号令 2001年1月17日

第一条 为了确定必须实行监理的建设工程项目具体范围和规模标准，规范建设工程监理活动，根据《建设工程质量管理条例》，制定本规定。

第二条 下列建设工程必须实行监理：

（一）国家重点建设工程；

（二）大中型公用事业工程；

（三）成片开发建设的住宅小区工程；

（四）利用外国政府或者国际组织贷款、援助资金的工程；

（五）国家规定必须实行监理的其他工程。

第三条 国家重点建设工程，是指依据《国家重点建设项目管理办法》所确定的对国民经济和社会发展有重大影响的骨干项目。

第四条 大中型公用事业工程，是指项目总投资额在3 000万元以上的下列工程项目：

（一）供水、供电、供气、供热等市政工程项目；

（二）科技、教育、文化等项目；

（三）体育、旅游、商业等项目；

（四）卫生、社会福利等项目；

（五）其他公用事业项目。

第五条 成片开发建设的住宅小区工程，建筑面积在5万平方米以上的住宅建设工程必须实行监理；5万平方米以下的住宅建设工程，可以实行监理，具体范围和规模标准，由省、自治区、直辖市人民政府建设行政主管部门规定。

为了保证住宅质量，对高层住宅及地基、结构复杂的多层住宅应当实行监理。

第六条 利用外国政府或者国际组织贷款、援助资金的工程范围包括：

（一）使用世界银行、亚洲开发银行等国际组织贷款资金的项目；

（二）使用国外政府及其机构贷款资金的项目；

（三）使用国际组织或者国外政府援助资金的项目。

第七条 国家规定必须实行监理的其他工程是指：

（一）项目总投资额在3 000万元以上关系社会公共利益、公众安全的下列基础设施项目：

（1）煤炭、石油、化工、天然气、电力、新能源等项目；

（2）铁路、公路、管道、水运、民航以及其他交通运输业等项目。

（3）邮政、电信枢纽、通信、信息网络等项目；

（4）防洪、灌溉、排涝、发电、引（供）水、滩涂治理、水资源保护、水土保持等水利建设项目；

（5）道路、桥梁、地铁和轻轨交通、污水排放及处理、垃圾处理、地下管道、公共停车场等城市基础设施项目；

（6）生态环境保护项目；

（7）其他基础设施项目。

（二）学校、影剧院、体育场馆项目。

第八条　国务院建设行政主管部门会同国务院有关部门，可以对本规定确定的必须实行监理的建设工程具体范围和规模标准进行调整。

第九条　本规定由国务院建设行政主管部门负责解释。

第十条　本规定自发布之日起施行。

参 考 文 献

1 韩明主编．土木工程建设监理．天津：天津大学出版社，2001
2 熊广忠主编．工程建设监理手册．北京：中国建筑工业出版社
3 刘津明，韩明主编．土木工程施工．天津：天津大学出版社，2001
4 中国建设监理协会编．全国监理工程师培训考试参考资料．北京：知识产权出版社，2003
5 中国建筑工程总公司编．建筑工程施工工艺标准．北京：中国建筑工业出版社，2003
6 张青虎，孙述虎主编．智能建筑工程质量验收规范培训教材与标准表格．北京：中国物价出版社，2004
7 葛乃康主编．信息工程建设监理．北京：电子工业出版社，2002
8 谭伟贤．信息工程监理设计、施工、验收．北京：电子工业出版社，2003